CorelDRAW X5 平面设计精粹

陈　杰　编著

清华大学出版社

北　京

内 容 简 介

CorelDRAW是当今最出色的一款图像编辑软件和矢量绘图软件，在平面设计领域一直占据着主导地位。它以超强的功能和直观的操作界面成为图形设计领域中的佼佼者，通过该软件可以创建出一个神奇的图像世界。

本书的最大特点是内容直观、实例精彩、脉络清晰，具有很强的实用性和指导性。本书以具体设计步骤为主线，以图片作导引，并且在每一章节中都安排了“主题介绍”及“技术分析”，让读者在学习过程中更显轻松自如。

本书可供广大从事广告、美术、多媒体设计的人员及动画爱好者阅读，也可作为高校相关专业老师教学和学生自学的参考用书。对一些高级图像设计者来说，也能起到借鉴和参考作用。本书配套光盘包括书中所有实例的源文件及相关素材。

图书在版编目(CIP)数据

CorelDRAW X5平面设计精粹/陈杰编著. —北京：清华大学出版社，2012.1

ISBN 978-7-302-27040-9

Ⅰ. ①C… Ⅱ. ①陈… Ⅲ. ①图形软件，CorelDRAW X5 Ⅳ. ①TP391.41

中国版本图书馆CIP数据核字(2011)第204180号

责任编辑：陆卫民 邹 杰
封面设计：杨玉兰
版式设计：北京东方人华科技有限公司
责任校对：王 晖
责任印制：何 芊
出版发行：清华大学出版社 **地 址：**北京清华大学学研大厦A座
http://www.tup.com.cn **邮 编：**100084
社 总 机：010-62770175 **邮 购：**010-62786544
投稿与读者服务：010-62776969，c-service@tup.tsinghua.edu.cn
质 量 反 馈：010-62772015，zhiliang@tup.tsinghua.edu.cn
印 刷 者：北京鑫丰华彩印有限公司
装 订 者：三河市金元印装有限公司
经 销：全国新华书店
开 本：185×260 **印 张：**18 **字 数：**417千字
附DVD1张
版 次：2012年1月第1版 **印 次：**2012年1月第1次印刷
印 数：1～4000
定 价：59.00元

产品编号：038064-01

前　　言

CorelDRAW X5是Corel公司推出的一款非常优秀的矢量图形设计软件，它以编辑方式简便实用、操作界面人性化、所支持的素材格式广泛等优势，得到众多图形绘制人员、平面设计人员和爱好者的青睐。被广泛应用于广告设计、装潢设计、插画设计、包装设计及版式设计等与平面设计相关的各个领域。

本书通过典型性的实例，全面介绍了CorelDRAW X5在实践应用中的神奇功效。全书实例精彩、丰富，具有超强的实用价值，不仅适用于专业的图像设计人员、Web设计人员、桌面出版人员，也适用于各类感兴趣的读者。

很多读者朋友都希望购买的书以工作中的实例为主，并加以分析，而且实例所涉及的知识点、技巧都要列举出来，便于读者在工作中能够自我创新。为了满足读者的需要，本书采用实例、知识和技能并重的形式，宗旨就是使读者学以致用，真正领悟CorelDRAW X5在工作中的无穷魅力！如果读者对CorelDRAW X5的基本操作已经比较熟练，能制作一些简单的文字、按钮和图形等效果，但是在面对比较复杂的招贴、广告、画册、书籍封面等无从下手时，那么本书将为您提供指导，让您在实际运用中得心应手。

本书具有以下特色。

(1) 实例代表性强。本书的所有实例都是精心挑选出来的，极具代表性，涉及广告中的许多应用领域，如商用实物绘制、封面制作、包装、招贴和产品广告等。

(2) 详尽的分析。市面上一些实例类计算机图书中，对于实例的处理一般都是直接讲解绘制的操作步骤，注重一步一步教读者做实例，而缺乏必要的分析过程，不能使读者达到学以致用的目的。实际上，大多数实例往往有很多种制作方法，对这些方法的详细分析可以使读者在制作时采用最佳的方法，学会触类旁通。本书每个实例分析部分都有“主题介绍和技术分析”等小栏目，向读者详细分析本实例的制作特点、实现途径以及创意技法等，使读者在动手制作之前就做到胸有成竹。

(3) 兼顾相关知识的讲解。一般来说，每个实例均会涉及一定的知识点，本书在“温馨小提示”和“章节小絮”栏目中，向读者讲解本实例所涉及的相关专业知识点，以及需要注意的问题和操作技巧，确保读者学习知识的完整性及系统性。

(4) 完整的操作过程。操作步骤的讲解详尽易懂，没有步骤跳跃，只要读者按照书中的操作步骤进行，即可得到相应的实例效果。除主题实例设计的详细讲解之外，还有“触类旁通”实例的详解。“触类旁通”栏目也是本书的一大亮点，让读者在学习本实例的制作方法后再巩固相关的知识。

本书内容编 排深入浅出、图文并茂，将软件的使用技巧、图形创意与广告理念融为一体，力求以最简洁、最优化的方法制作出相应的图形效果。本书内容共分11章，每一章分别为两个或两个以上典型实例，共24例。

以下是各章节的具体内容。

第1章：商用实物的绘制。主要包括数码相机的绘制方法、具体步骤、主题介绍和技

术分析，在“触类旁通”实例中详细讲解了小汽车的绘制方法及具体步骤。

第2章：人物绘制。主要包括时尚女孩的绘制方法、具体步骤、主题介绍和技术分析，在“触类旁通”实例中详细讲解了卡通人物的绘制方法及具体步骤。

第3章：杂志封面设计。主要包括财经杂志封面设计的方法、具体步骤、主题介绍和技术分析，在“触类旁通”实例中详细讲解了军事杂志封面设计的方法及具体步骤。

第4章：报刊广告设计。主要包括报纸广告设计的方法、具体步骤、主题介绍和技术分析，在“触类旁通”实例中详细讲解了期刊广告设计的方法及具体步骤。

第5章：户外喷绘广告设计。主要包括户外喷绘广告设计的方法、具体步骤、主题介绍和技术分析，在“触类旁通”实例中详细讲解了展板易拉宝设计的方法及具体步骤。

第6章：DM广告设计。主要包括楼宇DM广告设计的方法、具体步骤、主题介绍和技术分析，在“触类旁通”实例中详细讲解了演唱会DM广告设计的方法及具体步骤。

第7章：包装盒设计。主要包括软件包装外盒设计的方法、具体步骤、主题介绍和技术分析，在“触类旁通”实例中详细讲解了化妆品包装盒设计的方法及具体步骤。

第8章：宣传画册设计。主要包括宣传画册设计的方法、具体步骤、主题介绍和技术分析，在“触类旁通”实例中详细讲解了贺卡设计的方法及具体步骤。

第9章：标志与VI设计。主要包括标志LOGO设计的方法、具体步骤、主题介绍和技术分析，在“触类旁通”实例中详细讲解了VI设计的方法及具体步骤。

第10章：公益海报设计。主要包括公益海报设计的方法、具体步骤、主题介绍和技术分析，在“触类旁通”实例中详细讲解了电影海报设计的方法及具体步骤。

第11章：室内展厅设计。主要包括室内展厅设计的方法、具体步骤、主题介绍和技术分析，在“触类旁通”实例中详细讲解了简约居室客厅设计的方法及具体步骤。

本书附送的光盘中收录了书中所有实例的源文件，主要包括每一章节的主题实例和“触类旁通”实例，以及各个实例所需要的素材，以便读者在学习过程中使用。

本书集实用性、操作性、指导性于一体，版面美观、图例清晰，并具有很强的针对性。本书由陈杰编著，另外，赵亚虎、陈益国、邓东、郭志辉、陈鹏、赵亚兰、陈阳梅、钟静、陈红梅、赵素红等也为全书的编写做了大量的工作和努力，在此一并表示感谢。

在创作过程中，由于时间仓促，错误在所难免，希望广大读者批评指正。同时，预祝读者朋友们尽快精通CorelDRAW软件，并成为绘图高手。

编　者

CONTENTS 目录

NEW FINANCIAL SECTOR
新财界
纳斯达克的“中国概念”
纳斯达克上市揭密
黄金期货上市
互联网时代的新贵

当代军事
CMD
CONTEMPORARY MILITARY DIGEST
文摘
01
2009
世界军事惊叹号
21世纪各国核战略

美丽大巴“魅力转身”
Red Element & fem

蒙牛
早餐奶
营养早点到!
地址：北京市海淀区玉泉路
北京地区订购电话：010-52345678, 53456789

Kingzu 海信广场金座购物中心
贵宾专线：010-8008808800

杰尘
杰尘
杰尘

杰尘
杰尘
杰尘
杰尘

迎新春

ELECTRIC POWER TECHNOLOGIC ECONOMICSSS
EPTE
电力技术经济

第9章　标志与VI设计 193

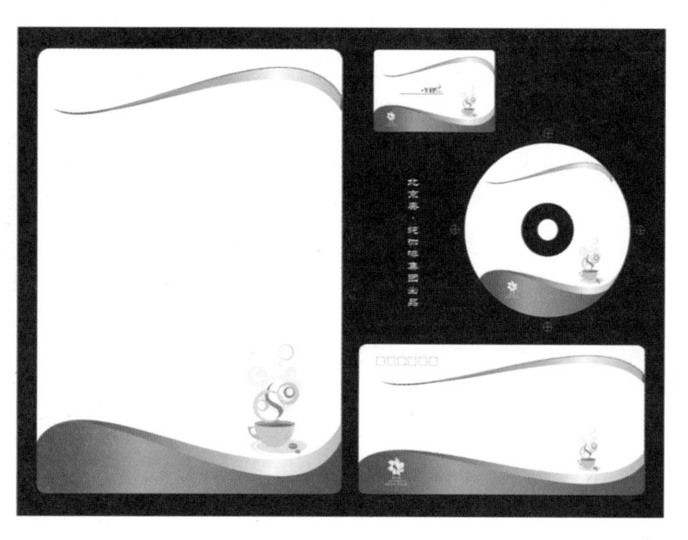

关爱地球 热爱生命

5
月18日
驿动年华
SUPERMAN

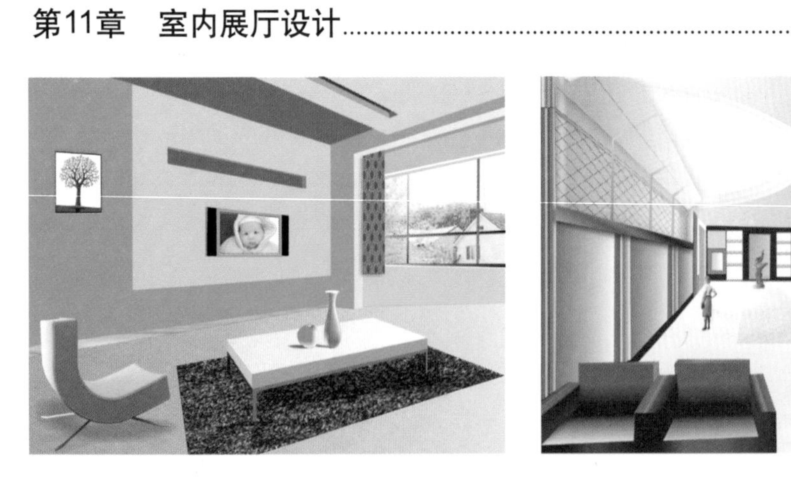

通过对本章的学习，能够学到以下内容。

* 了解点、线、面、体的关系，了解绘画作品的构成及表现形式。
* 熟练掌握矩形工具、贝塞尔工具、渐变填充工具、交互式调和工具、交互式封套工具、交互式填充工具、3点椭圆形工具、交互式透明工具、图样填充工具、交互式阴影工具、交互式立体化工具等工具的应用。
* 熟练掌握数码相机及小汽车的绘制方法。

1.1 关于点、线、面、体

点、线、面、体是设计的四大要素，确切地说，是视觉语言的概念元素。所谓概念元素是指那些不实际存在的、不可见的，但为人们意念所能感觉到的东西。概念元素是通过视觉元素见之于画面，视觉元素包括形象的大小、形状、色彩和肌理等。

点在几何学上是两线相交构成，它只有位置，没有大小。在广告设计中，点具有视觉上的作用力，自由点的构成具有动势的感觉，垂直和水平的点具有平衡的感觉。

线是点移动的轨迹，具有长度的特性，也是面的界限或交叉。线的性质是，在现实形态里，线都是自己独立存在的，我们称为积极线；平面形态的临界和立体的棱边虽然有线的存在，但是它们依靠面而存在，我们称之为消极线。线具有情感作用、指示作用和分离空间的作用。广告设计可用线的概念而创造新的造型。

面是线移动的轨迹，是具有面积而没有厚度的形，线移动的方式不同而形成不同的面。面的另一种意义是立体的界限或境界。面还具有单位群化作用，由抽象的形到具体的形的转变，使广告画面产生韵律感。

体是由面的移动或旋转轨迹形成的，立体也是实际占据的空间位置，可用于从任何角度都可以观看又直接触摸得到的物体。立体不是形而是形态，从不同角度不同方向观看就具有不同的形态。立体广泛运用于包装、户外POP广告等设计上。

构图创作时要考虑诸多因素之间的关系，在注意视觉要素的点、线、面、体等要素的构成形式时，还要很好地把握表现形式与结构形式，以及题材内容与形式之间的关系，找到彼此之间的切合点。简言之，构图就是把人、景、物安排在画面中以获得最佳布局，是把形象结合起来的方法，是揭示形象的全部手段总和。

绘画创作的立意是通过视觉要素构成与表现的，立意是整个构成形式与题材的主题内容相统一的过程。在内容上，我们平时要注意收集生活素材，在绘画创作中，无论采用哪种方法，无论要表现什么内容，只要遵循客观事实，注意生活积累，就可以很好地把握题材内容与构成形式的关系，创作出上乘佳作。

1.2 数码相机的绘制

下面结合美术专业知识，应用软件工具绘制一台时尚的数码相机。

1.2.1 绘制数码相机线稿图

Step 01

选择“文件”→“新建”菜单命令，设置页面为宽150毫米、高100毫米，其他参数设置为默认值，或选择“版面”→“页面设置”菜单命令，并将背景颜色设置为白色。

注：在设置页面时可适当按比例缩小页面尺寸，这样可大大提高运算速度。

Step 02

综合利用工具箱中的“贝塞尔工具”、“矩形工具”、“钢笔工具”、“椭圆形工具”、“3点椭圆形工具”、“2点线工具”等绘制数码相机线稿(也可以用铅笔、钢笔在白纸上直接以速写形式勾画出数码相机的大致轮廓，再扫描导入亦可)。如图1-1(a)所示。

图1-1(a)

注：先绘制线稿图将有利于在后面的数码相机部件的绘制，为绘制每个部件起到参照物作用，使各部件保持大小比例的平衡。如果数码相机绘制完成，即可删除。

1.2.2 绘制数码相机的正面

绘制数码相机的正面，如图1-1(b)所示，具体操作步骤如下。

图1-1(b)

Step 01

单击工具箱中的“矩形工具”，绘制一矩形，制作数码相机的正面面板，并选择“排列”→“转为曲线”菜单命令增加节点进行调整；选中调整好的面板图形，单击工具箱中的“渐变填充工具”或“交互式填充工具”，进行参数设置，调节色标的CMYK值依次设置为“70、59、52、40”和“30、24、26、0”，填充图形；选中填充后的图形的同时单击工具箱中的“无轮廓工具”，去掉轮廓线，效果如图1-2所示。

Step 02

单击工具箱中的“贝塞尔工具”绘制异形小面板图形并选中该图形，单击工具箱中

的“渐变填充工具”或“交互式填充工具”，进行参数设置，调节色标的 CMYK 值依次设置为“46、34、24、10”和“7、4、3、0”，填充图形，选中填充后的图形的同时，单击工具箱中的“无轮廓工具”，去掉轮廓线，效果如图 1-3 所示。

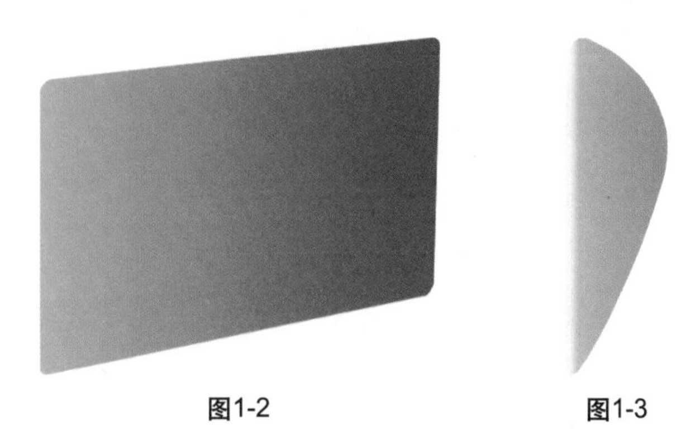

图1-2　　图1-3

Step 03

选中图 1-3 所示图形，选择“编辑”→“复制并粘贴”菜单命令，将其变形后，单击工具箱中的“均匀填充工具”，进行参数设置，调节色标的 CMYK 值设置为“60、50、45、30”，填充图形，效果如图 1-4 所示。

Step 04

选中图1-3、图1-4所示图形，选择“排列”→“顺序”→“向后一层”菜单命令，单击工具箱中的“交互式调和工具”，制作图形调和效果，效果如图1-5所示，并选择“排列”→“群组”菜单命令，将其置于图1-2的上层，效果如图1-6所示。

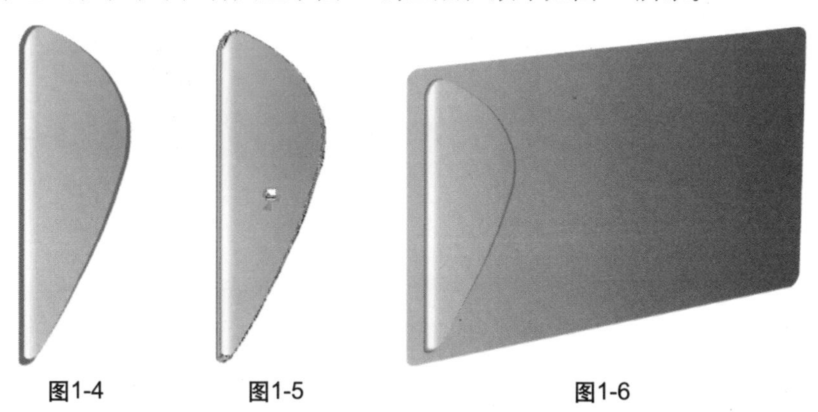

图1-4　　图1-5　　图1-6

Step 05

单击工具箱中的“矩形工具”绘制矩形，选中该矩形，单击工具箱中的“交互式封套工具”进行调节(也可以单击工具箱中的“贝塞尔工具”绘制图形)。单击工具箱中的“均匀填充工具”，进行参数设置，CMYK值依次设置为“8、98、100、1”、“30、0、66、0”、“6、71、100、0”和“79、67、31、13”，填充图形，效果如图1-7所示，选中图形的同时，单击工具箱中的“轮廓笔工具”并选择“无”，效果如图1-8所示。

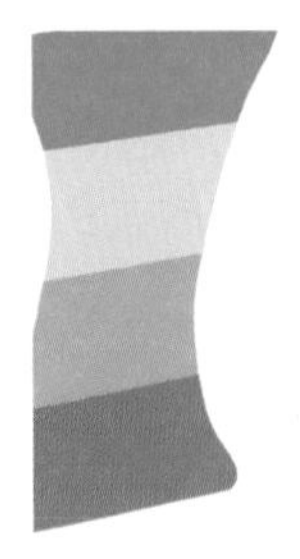

图1-7

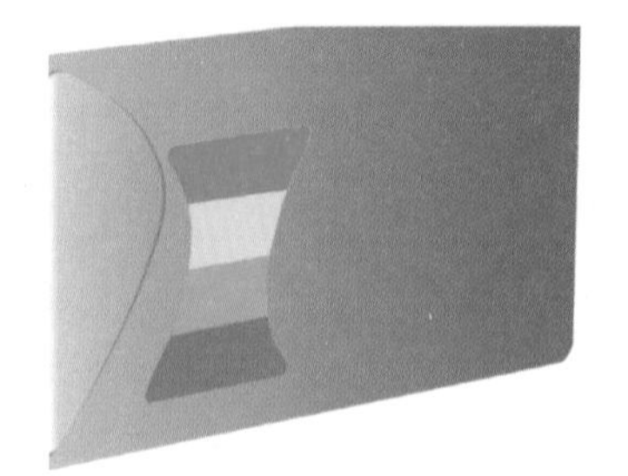

图1-8

Step 06

单击工具箱中的□“矩形工具”和□“形状工具”，绘制相机的取景框，选中绘制的图形，选择“效果”→“添加透视”菜单命令，将其变形并排列；分别单击工具箱中的■“渐变填充工具”或□“交互式填充工具”，再选择■“均匀填充工具”填充图形，其中渐变可交互式填充参数的CMYK值依次设置为“46、34、24、10”、“7、4、3、0”，均匀填充中的颜色设置为黑色，效果如图1-9所示。

Step 07

单击工具箱中的□“椭圆形工具”绘制一椭圆形，并复制缩放将其排列，单击工具箱中的■“渐变填充工具”、□“交互式填充工具”，再选择■“均匀填充工具”填充图形，在其中进行渐变或交互式填充参数设置，调节色标的CMYK值依次设置为“60、40、0、40”、“40、40、0、60”，均匀填充中的CMYK值设置为“0、0、0、100”，选中中间两椭圆形，单击工具箱中的□“交互式调和工具”制作出调和效果，效果如图1-10所示。

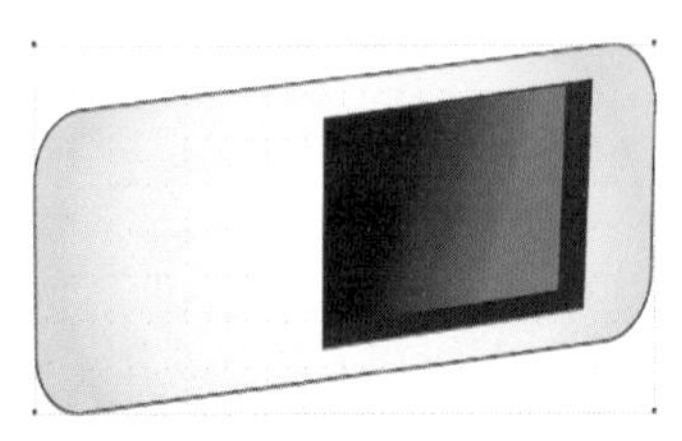

图1-9

图1-10

Step 08

单击工具箱中的□“贝塞尔工具”和□“3点椭圆形工具”，绘制闪光灯的反光，单击工具箱中的■“均匀填充工具”并将颜色设置为白色，填充图形，如图1-11所示，单击工具箱中的□“交互式透明工具”，制作闪光灯的反光图形的透明效果，如图1-12所示，效果如图1-13所示。

图1-11

图1-12

图1-13

Step 09

单击工具箱中的"3点矩形工具"，绘制相机正面闪光框图形，单击工具箱中的"均匀填充工具"，填充颜色设置为黑色，填充图形。复制图形并缩放后将其排列，选中图形的同时单击工具箱中的"轮廓笔工具"并选择"无"；单击工具箱中的"图样填充工具"，按图1-14所示进行设置；单击"渐变填充工具"或"交互式填充工具"填充图形；选择"位图"→"转换为位图"菜单命令，并单击工具箱中的"交互式透明工具"和"交互式阴影工具"，制作图形的透明及阴影效果，效果如图1-15所示。

Step 10

选中如图1-5、图1-7、图1-13、图1-15所示的4个图形，分别选择"排列"→"群组"菜单命令，放置群组后的图形到正面板上进行排列，效果如图1-16所示。

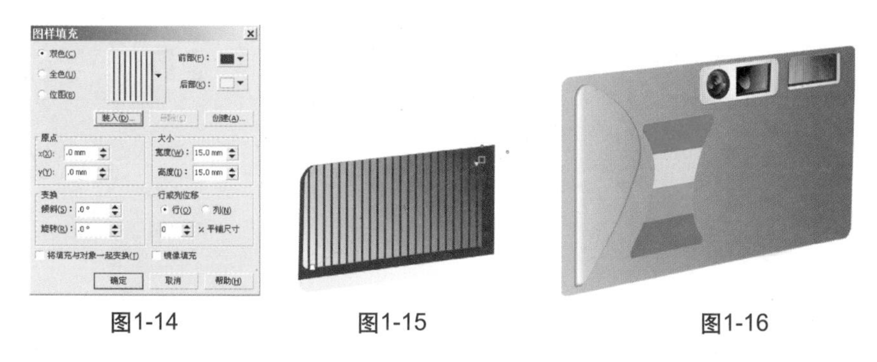

图1-14　　图1-15　　图1-16

1.2.3 绘制数码相机的镜头

Step 01

单击工具箱中的"3点椭圆形工具"，绘制镜头的椭圆图形，单击工具箱中的"均匀填充工具"，将颜色设置为黑色进行填充，再复制一个图形，按比例放大，将其设置为白色，并排列在黑椭圆之后。再次复制椭圆形并选中它，单击工具箱中的"渐变填充工具"，进行参数设置，打开"预设"下拉列表框选择"64-柱面-灰色01"，并在"颜色调和"选项组中进行色彩调节，参数设置如图1-17所示，设置好参数后进行填充，效果如图1-18所示。

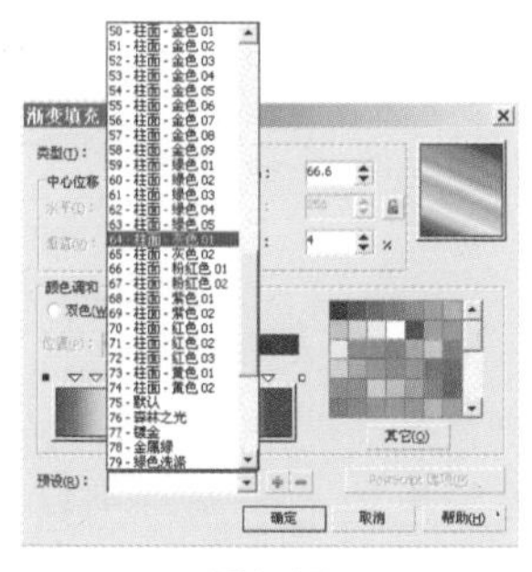

图1-17

图1-18

Step 02

镜头后部分的绘制原理与上一步相似，在此省略。复制后进行排列组合，选择“排列”→“造型”→“焊接或修剪”菜单命令，并进行复制以及按比例放大排列，分别单击工具箱中的■“均匀填充工具”、■“渐变填充工具”或◙“交互式填充工具”，填充图形，效果如图1-19所示。

图1-19

Step 03

将绘制的镜头置于前面所绘制数码相机的正面图形上，观看整体效果，以便进行镜头光源细部的处理。选中镜头最后两层椭圆形，单击工具箱中的◙“交互式立体化工具”、◙“交互式透明工具”，绘制出立体及透明效果，如图1-20所示，效果如图1-21所示。

图1-20

图1-21

Step 04

单击工具箱中的◙“椭圆形工具”和◙“艺术笔工具”，绘制镜头的反光，并设置反光为白色，单击工具箱中的“均匀填充工具”，进行参数设置，调节色标的CMYK值依次设置为“81、69、36、20”和“86、83、64、51”，填充图形，如图1-22所示。再单击工具箱中的“交互式透明工具”制作反光的透明效果，效果如图1-23所示。

图1-22

图1-23

Step 05

单击工具箱中的◙“贝塞尔工具”，在面板彩色块上绘制一个异形图形，颜色设置为白色，无轮廓；单击工具箱中的字“文本工具”输入面板上的说明文字，颜色设置为

白色，调节色标的CMYK值，依次设置为“96、94、50、24”、“39、100、98、3”和“60、45、33、5”，将文字变换字体及“旋转角度”，再将前面所绘制的图形进行排列组合，数码相机的正面图及镜头的效果即可完成，效果如图1-24所示。

图1-24

1.2.4 绘制数码相机的侧面、顶部及按钮

Step 01

单击工具箱中的□“矩形工具”，绘制数码相机顶部形状图形后，再单击工具箱中的“形状工具”，分别选中所绘制的图形，选择“效果”→“添加透视”菜单命令将其变形；单击工具箱中的“交互式填充工具”和■“均匀填充工具”，进行参数设置，其中交互式填充的CMYK值依次设置为“63、59、58、39”和“41、35、32、0”，均匀填充中的CMYK值设置为“63、59、58、39”，填充图形。选中上盖面填充图形，单击工具箱中的“交互式透明工具”，绘制出透明效果，效果如图1-25所示。

图1-25

Step 02

按照步骤1的方法，单击工具箱中的□“矩形工具”，绘制数码相机的侧面形状图形后，再单击工具箱中的“形状工具”，分别选中图形，选择“效果”→“添加透视”菜单命令将其变形；单击工具箱中的“交互式填充工具”和■“均匀填充工具”，进行参数设置，调节色标的CMYK值依次设置为“48、27、26、0”、“22、9、12、0”、“19、7、10、0”、“58、42、27、2”和“0、0、0、0”，填充图形。选中数码相机的侧面图形并复制一份，再选择“位图”→“转换为位图”及“位图”→“三维效

图1-26

果”→“浮雕”菜单命令，并分别将所绘制的图形复制后填充为黑色，并移到后面一层，挪位后，再将其作为不透明投影，数码相机的侧面效果如图1-26所示。

Step 03

单击工具箱中的“椭圆形工具”，绘制数码相机的旋转按钮图形，单击工具箱中的“渐变填充工具”或“交互式填充工具”，参数设置如图1-27所示，填充图形。将椭圆图形复制并移位，填充颜色并设置为黑色作为投影效果，选中所绘制图形的同时单击工具箱中的×“无轮廓笔工具”，将轮廓线去除，效果如图1-28所示。

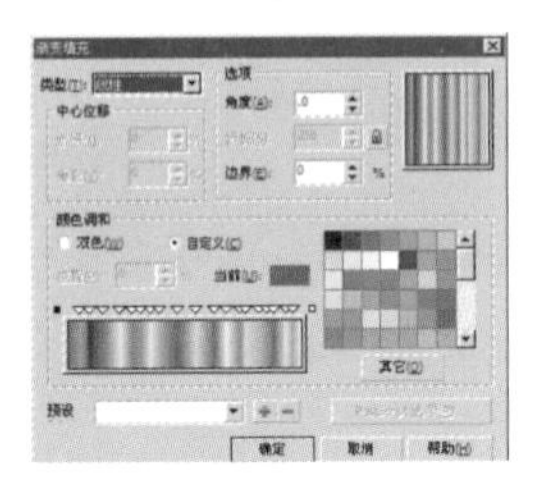

图1-27

图1-28

Step 04

选中上一步绘制的按钮椭圆图形，将其复制并变形排列，单击工具箱中的“渐变填充工具”或“交互式填充工具”，进行参数设置，将填充“类型”设置为“圆锥”，在“颜色调和”选项组中选中“自定义”单选按钮，调节色标的CMYK值依次设置为“63、59、58、37”、“40、37、37、24”、“0、0、0、20”、“44、40、40、25”、“35、33、33、20”、“60、53、53、55”、“41、38、38、24”、“16、15、15、9”、“61、56、56、36”和“9、8、8、5”，填充图形。选中图形，单击工具箱中的×“无轮廓工具”，将轮廓线去除，按钮效果如图1-29所示。

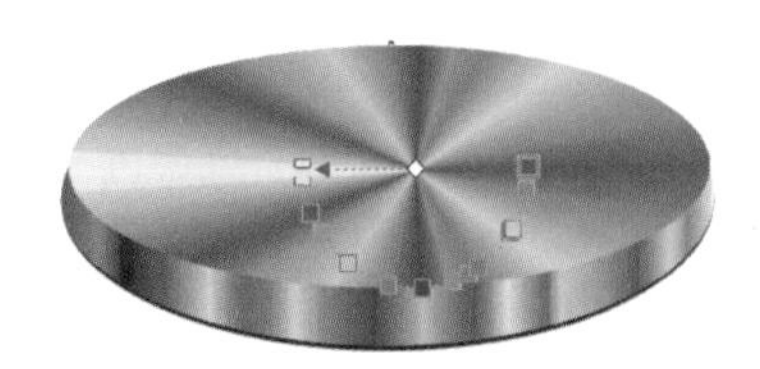

图1-29

Step 05

按照步骤4的方法，将填充“类型”设置为“线性”，在“颜色调和”选项组中选中“自定义”单选按钮，调节色标的CMYK值依次设置为“0、0、0、100”、“0、0、0、9”、“0、0、0、28”；“0、0、0、100”和“0、0、0、0”，填充图形。选中按钮椭圆图形，单击工具箱中的×“无轮廓工具”，将轮廓线去除，如图1-30和图1-31所示，按钮内环效果如图1-32所示。

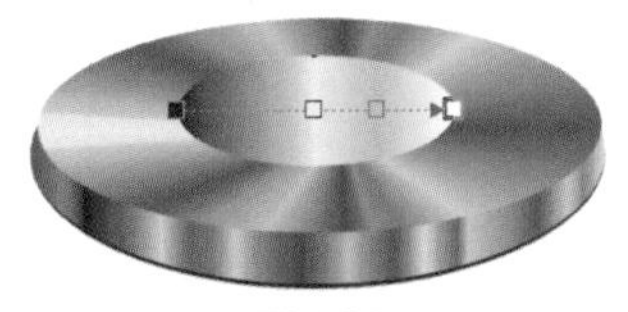

图1-30

图1-31

图1-32

Step 06

单击工具箱中的“矩形工具”，绘制长条形按钮图形后，再单击工具箱中的“形状工具”调整圆弧边角，选中调整后的长条按钮复制两份，并分别选中，单击工具箱中的“渐变填充工具”、“交互式填充工具”，再选择“均匀填充工具”，进行参数设置，其中渐变填充和交互式填充的CMYK值依次设置为“63、59、58、37”、“54、50、50、32”、“13、12、12、8”、“49、46、45、29”、“59、55、55、35”、“33、30、30、19”、“14、13、13、22”、“44、41、41、26”和“0、0、0、20”；均匀填充中的CMYK值设置为“0、0、0、100”和“63、59、58、37”。选中填充后的图形，单击工具箱中的“无轮廓工具”，将轮廓线去除，效果如图1-33所示。需要注意的是，图形原本是重叠的，将其分开排列是便于读者看清楚。

Step 07

选中步骤6中如图1-33所示的上面两层图形，单击工具箱中的“交互式调和工具”制作调和效果，并将调和后的图形与黑色长条图形进行排列，效果如图1-34所示。

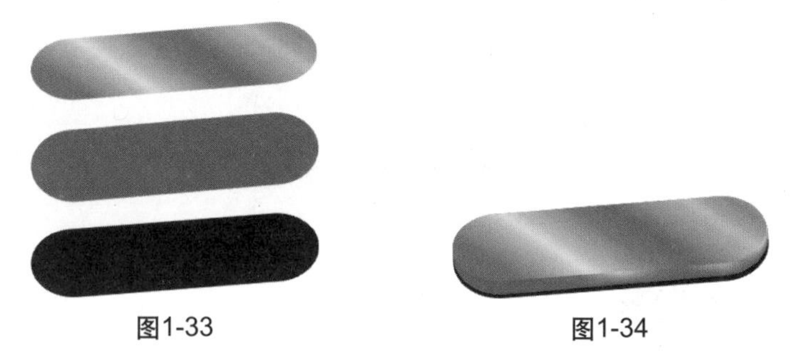

图1-33 图1-34

Step 08

单击工具箱中的“椭圆形工具”，并同时按住Ctrl键绘制正圆图形来制作数码相机的螺丝帽效果图，单击工具箱中的“交互式填充工具”和“轮廓笔工具”进行参数设置，轮廓线颜色设置为黑色，线宽设置为0.176mm；将填充“类型”设置为“射线”，在“颜色调和”选项组中选中“双色”单选按钮，调节色标的CMYK值依次设置为“0、0、0、100”和“0、0、0、0”，填充图形，效果如图1-35所示。

Step 09

选中图1-35所示图形，选择“位图”→“转换为位图”以及选择“位图”→“三维效果”→“浮雕”菜单命令，进行参数设置，浮雕的“深度”为15、“层次”为302、“方向”为360，“浮雕色”选中“灰色”，按钮的浮雕效果如图1-36所示，再选中该图形，选择“复制”→“粘贴”菜单命令，同时按住Shift键，将复制的正圆图形同倍扩大或缩小进行排列，按钮效果如图1-37所示。

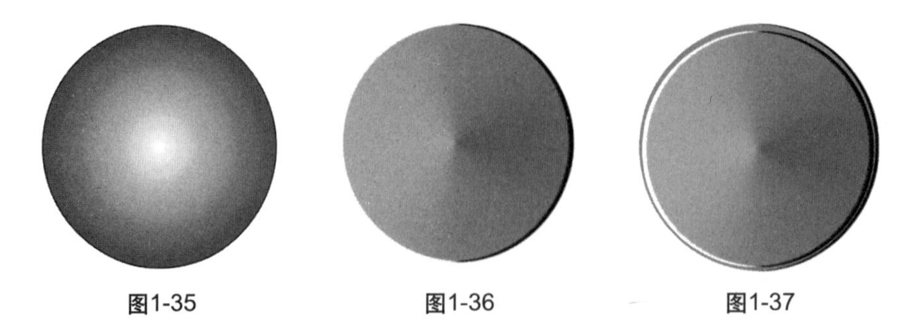

图1-35　图1-36　图1-37

Step 10

单击工具箱中的 “矩形工具”，绘制数码相机螺丝帽拧口图形并进行排列，单击工具箱中的 “均匀填充工具”，进行参数设置；调节色标的 CMYK 值依次设置为“0、0、0、100”、“0、0、0、50”和“0、0、0、0”，填充图形；选择“排列”→“群组”菜单命令以及选择“位图”→“模糊”→“高斯式模糊”菜单命令，如图 1-38、图 1-39 所示；将其置于上一步骤绘制的正圆按钮中，并复制后将其倒置排列，数码相机按钮的最终效果如图 1-40 所示。

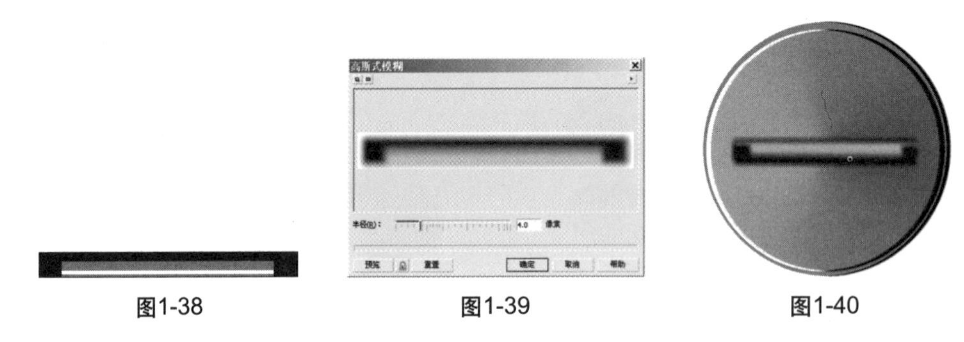

图1-38　图1-39　图1-40

Step 11

将本小节步骤1～10中绘制的图形，选择“排列”→“顺序”菜单命令以及选择“效果”→ “添加透视”菜单命令排列图形并增加透视效果；单击工具箱中的 “钢笔工具”、 “折线工具”、 “交互式透明工具”和 “交互式阴影工具”，绘制数码相机的反光及细节投影部分，得到最终数码相机的成品稿，效果如图1-41所示。

图1-41

Step 12

单击工具箱中的 “矩形工具”、 “贝塞尔工具”，绘制数码相机的背景图形，并结合 “交互式透明工具”绘制透明效果后，即可获得数码相机的阴影效果；单击工具箱中的 “渐变填充工具”或“交互式填充工具”，进行参数设置，调节色标的CMYK值依次设置为“0、0、0、35”和“0、0、0、0”，填充图形，数码相机最终效果如图1-42所示。

图1-42

1.2.5 绘制数码相机主题介绍和技术分析

通过观察本实例，可以将数码相机的整体图形划分为4部分，分别为绘制数码相机线稿，绘制数码相机的正面，绘制数码相机的镜头，绘制数码相机的侧面、顶部及按钮。下面将本实例中所使用的技术和解决方案进行深入剖析。

1．线稿

直接使用工具箱中的"贝塞尔工具"、"矩形工具"、"钢笔工具"、"椭圆形工具"和"3点椭圆形工具"等结合起来绘制数码相机线稿。

2．正面

相机正面所包括的要素较多，在绘制的过程中反复应用了工具箱中的"矩形工具"、"贝塞尔工具"、"渐变填充工具"、"均匀填充工具"、"交互式调和工具"、"交互式封套工具"、"形状工具"、"交互式填充工具"、"椭圆形工具"、"3点椭圆形工具"、"交互式透明工具"、"图样填充工具"、"交互式阴影工具"、"交互式立体化工具"和"艺术笔工具"等；另外在设置颜色的把握上要特别强调其层次与协调性，突出其金属质感，只有这样画面才不会显得突兀。

3．镜头

此部分已经包含在相机的正面图形上，具体应用的工具见以上内容，在此不赘述。

4．侧面、顶部及按钮

将线稿作为参照物，应用了工具箱中的"矩形工具"、"椭圆形工具"、"渐变填充工具"、"交互式调和工具"、"交互式透明工具"、"交互式阴影工具"，同时选择了"效果"→"添加透视"菜单命令，"位图"→"转换为位图"菜单命令和"位图"→"三维效果"→"浮雕"菜单命令，绘制其图形效果。再应用工具箱中的"钢笔工具"和"折线工具"绘制数码相机的反光及细节投影部分。细节不可忽

略，往往能决定其图形的质感。

1.3　触类旁通——小汽车的绘制

1.3.1　绘制小汽车的线稿

选择“文件”→“新建”菜单命令，设置页面的宽为250mm、高为180mm，其他参数设置为默认值。单击工具箱中的“贝塞尔工具”、“钢笔工具”和“手绘工具”等，绘制小汽车线稿图，效果如图1-43所示。需要注意的是，在页面设置尺寸时都可以适当按比例缩小，从而大大提高运算速度。

注：先绘制线稿图有利于在后面的实质绘制小汽车过程中平衡比例，对绘制每一部件起到参照物作用。如果汽车绘制完稿，即可删除。

图1-43

1.3.2　绘制小汽车的前身

绘制小汽车的前身，效果如图1-44所示。

图1-44

Step 01

单击工具箱中的“贝塞尔工具”，绘制小汽车的引擎盖图形，单击工具箱中的“渐变填充工具”，进行参数设置，将填充“类型”设置为“线性”，在“颜色调和”选项组中选中“自定义”单选按钮，调节色标的CMYK值依次设置为“84、73、73、91”、“29、27、24、45”、“20、0、0、80”和“5、5、5、47”，填充图形。选中填充后的图形，单击工具箱中的“无轮廓工具”，将轮廓线去除，效果如图1-45所示。

图1-45

Step 02

单击工具箱中的“贝塞尔工具”，绘制引擎盖上的异形图形并选中，单击工具箱中的“渐变填充工具”及“交互式透明工具”，进行参数设置，将填充“类型”设置为“线性”，在“颜色调和”选项组中选中“自定义”单选按钮，调节色标的CMYK值依次设置为“70、61、74、58”、“18、0、0、73”、“20、0、0、80”和“0、0、0、10”，填充图形。选中填充后的图形，单击工具箱中的“无轮廓工具”，将轮廓线去除，如图1-46所示，引擎盖上的异形图形效果如图1-47所示。

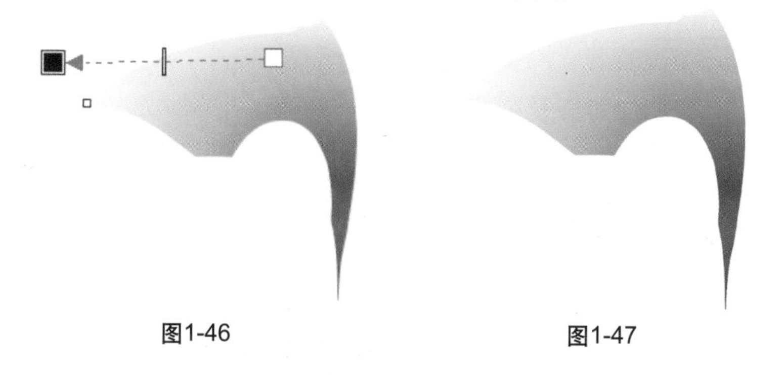

图1-46　　图1-47

Step 03

单击工具箱中的“贝塞尔工具”，绘制小汽车前身的形状图形并选中，单击工具箱中的“渐变填充工具”，进行参数设置，将填充“类型”设置为“线性”，在“颜色调和”选项组下选中“自定义”单选按钮，调节色标的CMYK值设置为“70、61、74、58”、“49、42、51、40”和“0、0、0、0”，填充图形，选中填充后的图形，单击工具箱中的“无轮廓工具”，将轮廓线去除，效果如图1-48所示。

图1-48

Step 04

单击工具箱中的“贝塞尔工具”，绘制小汽车引擎盖接口缝隙图形并选中，单击工具箱中的“渐变填充工具”及“交互式透明工具”，进行参数设置，在“颜色调和”选项组中选中“自定义”单选按钮，将填充“类型”设置为“线性”，调节色标的CMYK值设置为“84、73、73、91”和“0、0、0、0”，填充图形，如图1-49所示，选中填充后的图形，单击工具箱中的“无轮廓工具”，将轮廓线去除，引擎盖接口缝隙效果如图1-50所示。

Step 05

选中步骤1～步骤4所绘的图形，选择“排列”→“群组”菜单命令，或按Ctrl+G组合键，如图1-51所示。

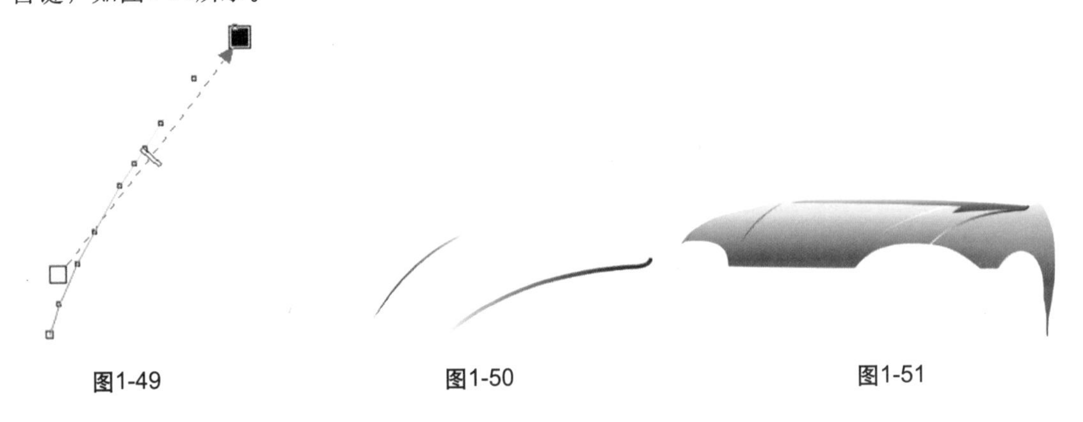

图1-49　　图1-50　　图1-51

1.3.3　绘制小汽车的侧身及前身车嘴

绘制小汽车的侧身及前身车嘴，如图1-52所示，具体操作步骤如下。

图1-52

Step 01

单击工具箱中的“贝塞尔工具”，绘制小汽车的车门形状图形并选中。单击工具箱中的“渐变填充工具”，进行参数设置，将填充“类型”设置为“线性”，在“颜色调和”选项组中选中“自定义”单选按钮，调节色标的CMYK值依次设置为“84、73、73、91”、“42、33、35、46”、“19、12、15、23”、“6、0、3、9”、“15、0、7、27”、“53、44、45、58”和“9、0、5、14”，填充图形。选中填充后的图形，单击工具箱中的“无轮廓工具”，将轮廓线去除，小汽车车门效果如图1-53所示。

Step 02

单击工具箱中的“贝塞尔工具”，绘制小汽车的车嘴形状图形并选中。单击工具箱中的“渐变填充工具”进行参数设置，将填充“类型”设置为“线性”，在“颜色调和”选项组下选中“自定义”单选按钮，调节色标的CMYK值依次设置为“63、56、72、51”、“6、5、7、5”、“60、53、69、49”和“0、0、0、0”，填充图形。选中填充后图形，单击工具箱中的“无轮廓工具”，将轮廓线去除，车嘴效果如图1-54所示。

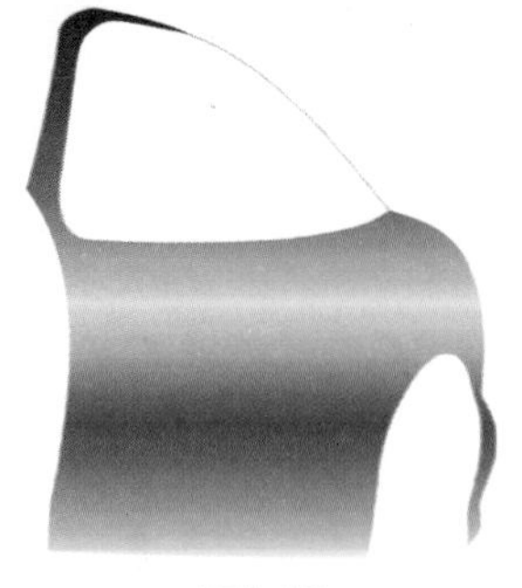

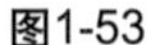

图1-53

图1-54

Step 03

单击工具箱中的“贝塞尔工具”，绘制车嘴细节形状图形并选中。单击工具箱中的“渐变填充工具”，进行参数设置，将填充“类型”设置为“线性”，在“颜色调和”选项组中选中“自定义”单选按钮，调节色标的CMYK值依次设置为“57、54、48、88”、“15、14、13、23”、“44、42、37、67”、“54、51、45、83”、“47、44、39、72”、“4、4、4、6”和“0、0、0、0”，填充图形。选中填充后的图形，单击工具箱中的“无轮廓工具”，将轮廓线去除，车嘴细节形状图形效果如图1-55所示。

Step 04

单击工具箱中的“贝塞尔工具”，绘制小汽车的车嘴中的形状图形并选中。单击工具箱中的“渐变填充工具”，进行参数设置，将填充“类型”设置为“线性”，颜色设置为黑色渐变到白色，单击工具箱中的“交互式调和工具”，制作调和效果，选中调和后的图形，单击工具箱中的“无轮廓工具”，将轮廓线去除，如图1-56所示，效果如图1-57所示。

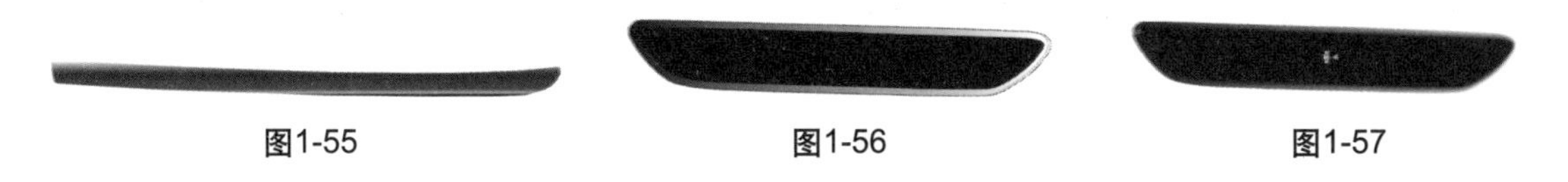

图1-55　　图1-56　　图1-57

Step 05

单击工具箱中的“贝塞尔工具”，绘制小汽车的车嘴金属横式形状图形并选中。单击工具箱中的“渐变填充工具”，进行参数设置，将填充“类型”设置为“线性”，在“颜色调和”选项组中选中“自定义”单选按钮，调节色标的 CMYK 值依次设置为“57、54、48、88”、“5、5、5、8”、“32、31、27、49”和“0、0、0、0”;“57、54、48、88”、“4、4、8、3”、“7、7、6、11”、“38、32、36、58”和“0、0、0、0”;“0、0、0、90”、“0、0、0、11”、“0、0、0、65”和“0、0、0、0”，填充图形。选中填充后的图形，单击工具箱中的“无轮廓工具”，将轮廓线去除，如图 1-58 所示。

Step 06

单击工具箱中的 “贝塞尔工具”，绘制车嘴金属竖式形状图形并选中。单击工具箱中的 “渐变填充工具”，参数设置为默认值，并去除轮廓线。单击工具箱中的 “交互式透明工具”，制作透明效果，如图1-59、图1-60所示，车嘴金属竖式图形效果如图1-61所示。

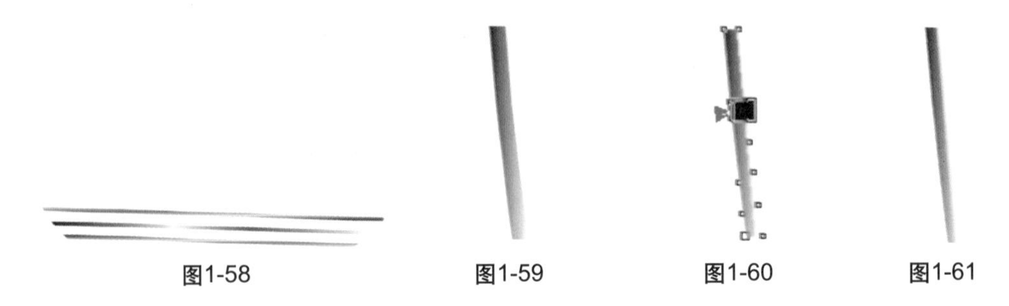

图1-58　　图1-59　　图1-60　　图1-61

Step 07

针对绘制的图1-58、图1-61所示的图形，选择“编辑”菜单下的“复制”和“粘贴”菜单命令，再选择“排列”→“顺序”→“到前部”菜单命令，或按Shift+PageUp组合键，如图1-62所示。

Step 08

将图1-59与图1-63所示图形进行组合，选择“排列”→ “群组”菜单命令，或按Ctrl+G组合键，车嘴中的网状金属构架效果如图1-64所示。

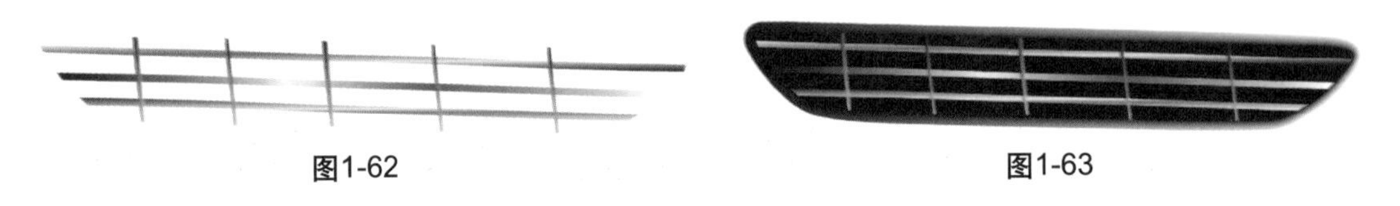

图1-62　　图1-63

Step 09

单击工具箱中的 “贝塞尔工具”，绘制小汽车的车嘴细节形状图形并选中。单击工具箱中的 “渐变填充工具”，参数设置为默认值，并去除轮廓线，效果如图1-65所示。

图1-64　　图1-65

Step 10

分别选中步骤9中所绘图形，单击工具箱中的 “均匀填充工具”，颜色设置为黑色，单击 “渐变填充工具”，参数设置为默认值，并去除轮廓线，效果如图1-66所示。

Step 11

单击工具箱中的“贝塞尔工具”，绘制车嘴小型挡板形状图形并选中。单击工具箱中的“渐变填充工具”，进行参数设置，将填充“类型”设置为“线性”，在“颜色调和”选项组中选中“自定义”单选按钮，调节色标的CMYK值分别设置为“0、0、0、100”、“60、5、30、29”和“0、0、0、0”，并去除轮廓线。选中填充后的挡板形状图形，单击工具箱中的“交互式透明工具”，制作透明效果，效果如图1-67所示。

图1-66　　图1-67

Step 12

针对本小节步骤2～步骤11所绘制的图形，选择“排列”→“顺序”菜单命令，调整各部件之间的位置关系，并将其进行缩放，选择“排列”→“群组”菜单命令或按Ctrl+G组合键将其群组，小汽车的车嘴整体图形效果如图1-68所示。

图1-68

1.3.4 绘制小汽车的顶棚、车室、挡风玻璃、反光镜等

绘制小汽车的顶棚、车室、挡风玻璃、反光镜等，具体操作步骤如下图1-69所示。

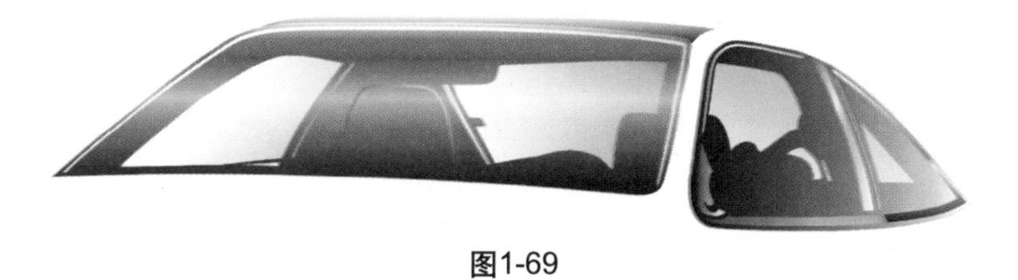

图1-69

Step 01

单击工具箱中的“贝塞尔工具”，绘制小汽车的车棚形状图形并分别选中。单击工具箱中的“渐变填充工具”，进行参数设置，将填充“类型”设置为“线性”，在“颜色调和”选项组中选中“自定义”单选按钮，调节色标的CMYK值依次设置为“84、73、

73、91”、“8、0、0、33”、“20、0、0、80”、“34、24、24、52”和“0、0、0、0”；“84、73、73、91”、“20、0、0、80” 和“0、0、0、0”；“84、73、73、91”、“0、0、0、0”；填充图形。选中小汽车的车棚全部图形，单击工具箱中的“无轮廓工具”，将轮廓线去除，车棚效果如图 1-70 所示。

Step 02

分别单击工具箱中的“贝塞尔工具”、“钢笔工具”以及“3点曲线工具”，绘制图形并选中。单击工作面板上的CMYK调色板的白色色块，进行填充设置，并去除轮廓线。注意：背景矩形色块不属于本步骤要绘制的最终图形，而是便于衬托而绘制的中间图形，完成后要进行删除，如图1-71所示。分别选中图形，单击工具箱中的“交互式透明工具”，制作透明效果，如图1-72所示。

图1-70

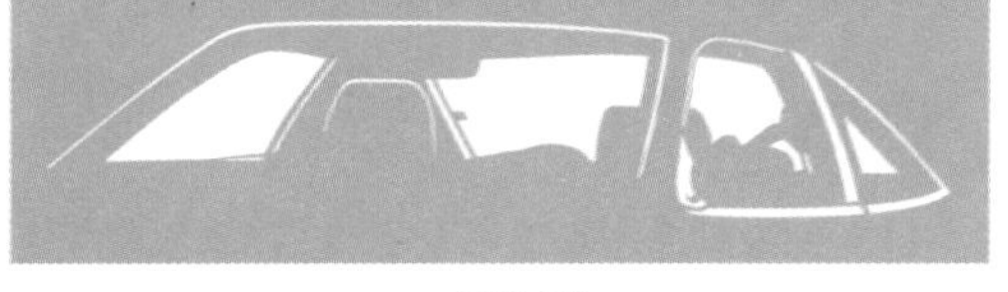

图1-71

Step 03

分别制作小汽车室内的图形效果，单击工具箱中的“渐变填充工具”，进行参数设置，将填充“类型”设置为“线性”，在“颜色调和”选项组中选中“自定义”单选按钮，调节色标的CMYK值设置为“0、0、0、20”、“2、0、0、4”和“0、0、0、0”，填充图形，并单击工具箱中的“交互式透明工具”制作透明效果，如图1-73所示。

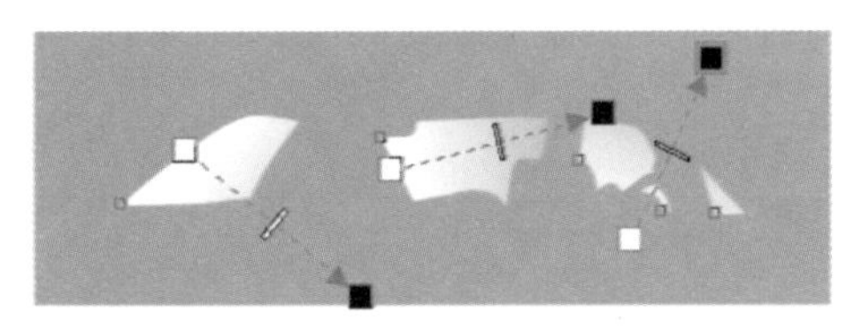

图1-72

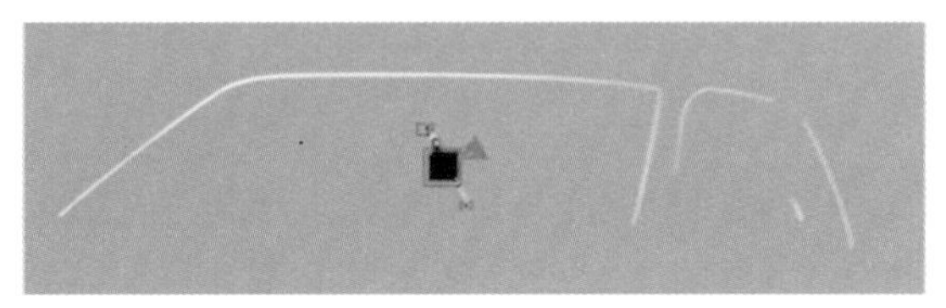

图1-73

Step 04

绘制车窗细节部分，单击工具箱中的“贝塞尔工具”和“钢笔工具”绘制车窗细节形状图形，并分别选中图形，单击工具箱中的“渐变填充工具”再单击工具箱中的“交互式调和工具”进行参数设置，将填充“类型”设置为“线性”，在“颜色调和”选项组下选中“自定义”单选按钮，调节色标的 CMYK 值分别设置为“100、85、9、39”和“0、0、0、0”；“0、0、0、100”、“0、0、0、10”、“0、0、0、67”和“0、0、0、0”；“0、0、0、100”、“0、0、0、0”，填充图形；制作调和效果，效果如图 1-74 ～图 1-76 所示。

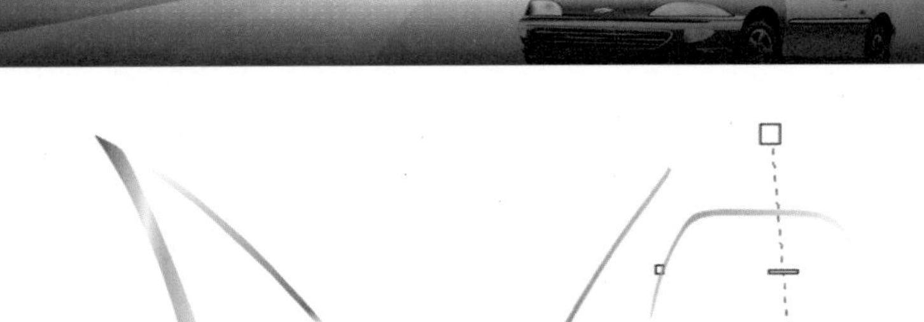

图1-74　　图1-75　　图1-76

Step 05

针对本小节步骤1～步骤4所绘制的车窗细节图形，重复选择“排列”→“顺序”菜单命令，调整各部件位置关系，并选择“排列”→“群组”菜单命令，如图1-77所示，小汽车的顶棚以及车室效果如图1-78所示。

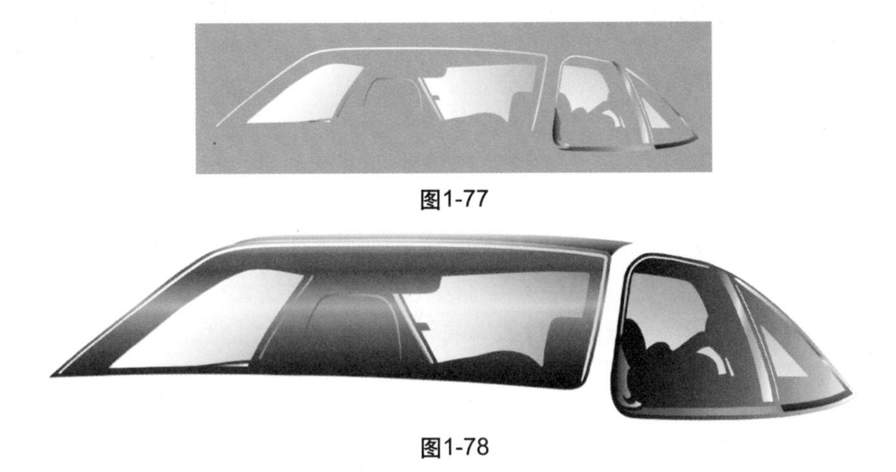

图1-77

图1-78

Step 06

单击工具箱中的“贝塞尔工具”，绘制小汽车的左侧反光镜图形并选中。单击工具箱中的“渐变填充工具”进行参数设置，将填充“类型”设置为“线性”，在“颜色调和”选项组中选中“自定义”单选按钮，调节色标CMYK值设置为“20、0、0、400”和“0、0、0、0”，再单击工具箱中的“均匀填充工具”，颜色设置为黑色，单击工具箱中的“无轮廓工具”，将轮廓线去除，左侧反光镜形状效果如图1-79所示。

Step 07

选中上一步所绘制的两个图形，单击工具箱中的“交互式调和工具”，制作调和效果，如图 1-80 所示，左侧反光镜的调和效果如图 1-81 所示。单击工具箱中的“交互式阴影工具”，制作阴影效果，如图 1-82 所示，左侧反光镜效果如图 1-83 所示。

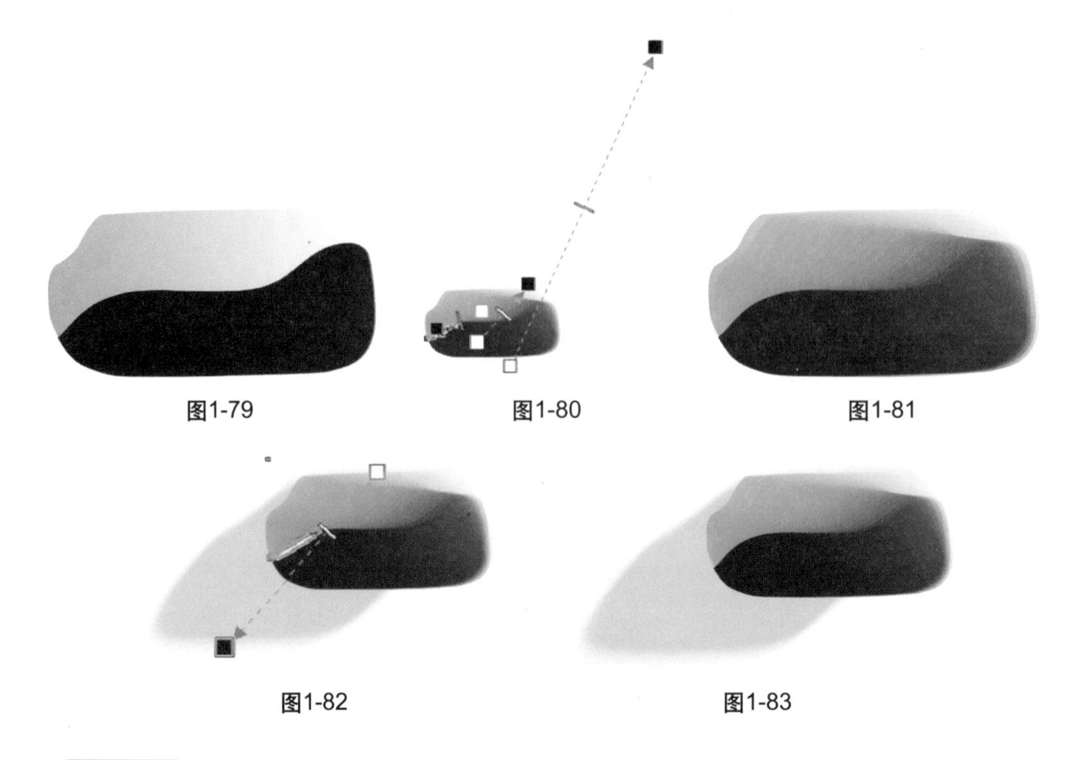

图1-79　图1-80　图1-81

图1-82　图1-83

Step 08

单击工具箱中的“贝塞尔工具”，绘制小汽车的右侧反光镜图形并选中。单击工具箱中的“渐变填充工具”，进行参数设置，将填充“类型”设置为“线性”，在“颜色调和”选项组中选中“自定义”单选按钮，调节色标的CMYK值依次设置为“70、61、74、58”、“60、52、63、49”、“18、0、0、68”、“0、0、0、20”、“20、0、0、80”、“67、59、71、56”、“18、0、0、69”、“9、2、2、31”、“6、2、2、13”、“3、3、3、2”和“0、0、0、0”，填充图形。再单击工具箱中的“交互式阴影工具”，制作阴影效果，单击工具箱中的×“无轮廓工具”，将轮廓线去除，如图1-84、图1-85所示，小汽车的右侧反光镜效果如图1-86所示。

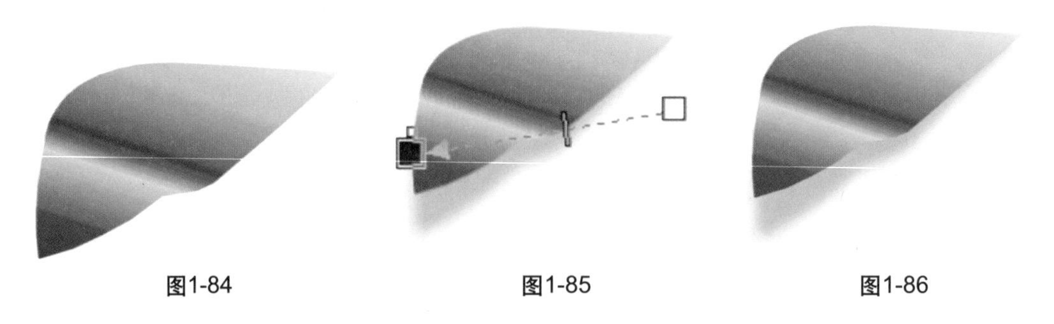

图1-84　图1-85　图1-86

Step 09

将本小节所绘制的图形进行适当缩放，调整各部件的比例关系，选择“排列”→“顺序”菜单命令，调整各部分的相互位置关系，小汽车的顶棚、车室、挡风玻璃及反光镜等效果如图1-87所示。

图1-87

1.3.5 绘制小汽车轮胎

绘制小汽车轮胎，具体操作步骤如下图1-88所示。

图1-88

Step 01

单击工具箱中的“椭圆形工具”，并同时按住Ctrl键绘制一个小汽车轮胎正圆图形；选择“编辑”→“复制、编辑”→“粘贴”菜单命令，可获得两个同心圆。选择复制的圆，按住Shift键向内或外拖动，放大或缩小到合适位置。将两圆同时选中，选择“排列”→“结合”菜单命令；单击工具箱中的“填充工具”，将填充“类型”设置为“线性”，在“颜色调和”选项组中选中“自定义”单选按钮，调节色标的CMYK值依次设置为“83、72、73、90”和“47、40、50、40”，填充图形。单击工具箱中的“无轮廓工具”，将轮廓线去除，轮胎形状如图1-89所示。

Step 02

将以上两个填充后的环形图重叠并适当缩小，选择“排列”→“顺序”菜单命令。然后再选中整个重叠图，单击工具箱中的“交互式调和工具”，即可获得两图形的调和效果，调和后的轮胎效果如图1-90所示。

图1-89

图1-90

Step 03

绘制轮胎金属大轴

(1) 单击工具箱中的"椭圆形工具"，并同时按住Ctrl键绘制一个正圆；选择"编辑"→"复制、编辑"→"粘贴"菜单命令，可获得两个同心圆。

(2) 选择复制的圆，按住Shift键向外拖动，放大到合适位置，单击工具箱中的"渐变填充工具"，进行参数设置，将填充"类型"设置为"线性"，在"颜色调和"选项组中选中"自定义"单选按钮，调节色标的CMYK值依次设置为"20、0、0、80"、"1、0、0、5"、"14、0、0、54"和"0、0、0、0"，填充图形，并单击工具箱中的"无轮廓工具"，将轮廓线去除。采用类似方法，再复制一个圆，轮胎金属大轴内径效果如图1-91所示。

(3) 选择上面的圆，单击工具箱中的"均匀填充工具"，将颜色设置为黑色，填充图形；选择"排列"→"顺序"→"到前部"菜单命令，或按Shift+PgUp组合键，大轴内径效果如图1-92所示。

图1-91

图1-92

(4) 单击工具箱的"贝塞尔工具"，绘制小汽车轮胎齿轮金属轴图形并选中。单击工具箱中的"渐变填充工具"进行参数设置，将填充"类型"设置为"线性"，在"颜色调和"选项组中选中"自定义"单选按钮，调节色标的CMYK值依次设置为"20、0、0、80"、"15、0、0、58"、"2、0、0、9"、"18、0、0、70"、"19、0、0、75"和"0、0、0、0"，填充图形，效果如图1-93所示。单击工具箱中的"无轮廓工具"，将轮廓线去除。选择"编辑"→"复制、编辑"→"粘贴"菜单命令，重复复制4份。单击工具箱中的"自由变换工具"，进行旋转排列；并选择"排列"→"群组"菜单命令，齿轮金属轴效果如图1-94所示。

(5) 选中图1-94所示图形，选择“效果”→“图框精确裁剪”→“放置在容器中”菜单命令，出现大黑色箭头时，单击上面的黑色圆，即或获得轮胎金属大轴，效果如图1-95所示。如果放置位置需要调整，可反复选择“效果”→“图框精确裁剪”→“提取内容或效果”→“图框精确裁剪”→“编辑内容”菜单命令。

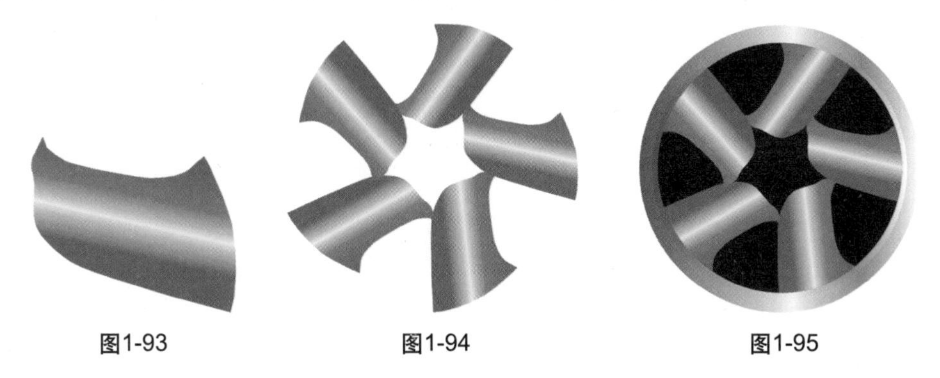

图1-93　　图1-94　　图1-95

Step 04

绘制轮胎中心小内轴

(1) 单击工具箱中的“椭圆形工具”，并同时按住 Ctrl 键绘制一个正圆，制作小内轴的螺丝帽；选择“编辑”→“复制、编辑”→“粘贴”菜单命令，可获得两个同心圆。选择上面的圆，单击工具箱中的“均匀填充工具”，颜色设置为黑色，填充图形；选择“排列”→“顺序”→“到后部”菜单命令或按 Shift+PgDn 组合键。

(2) 选择复制的圆，按住Shift键向外拖动，放大到合适位置，单击工具箱中的“渐变填充工具”。进行参数设置，将填充“类型”设置为“线性”，在“颜色调和”选项组中选中“自定义”单选按钮，调节色标的CMYK值依次设置为“20、0、0、80”和“0、0、0、0”，填充图形，并单击工具箱中的“无轮廓工具”，将轮廓线去除，轮胎中心小内轴螺丝帽效果如图1-96所示。

(3) 选中图形，单击工具箱中的“交互式调和工具”，即可获得两图形的调和效果，如图1-97、图1-98所示。

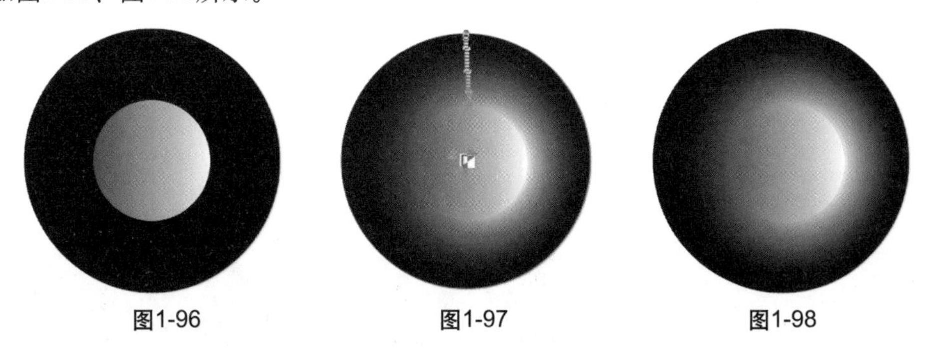

图1-96　　图1-97　　图1-98

(4) 单击工具箱中的“椭圆形工具”，并同时按住Ctrl键绘制一个正圆，制作螺丝帽边界投影；选择“编辑”→“复制、编辑”→“粘贴”菜单命令，将一正圆移位，单击工具箱的“轮廓画笔对话框”为“1点轮廓”，轮廓线颜色设置分别为黑色和白色，如图1-99所示。方形蓝色底纹不在此范畴，只是起衬托作用。

(5) 选中螺丝帽边界的两个正圆图形，单击工具箱中的“交互式调和工具”，即可获得两图形的调和效果，如图1-100、图1-101所示。

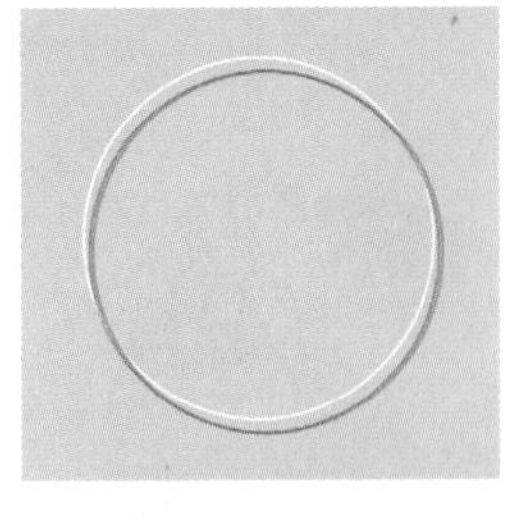

图1-99

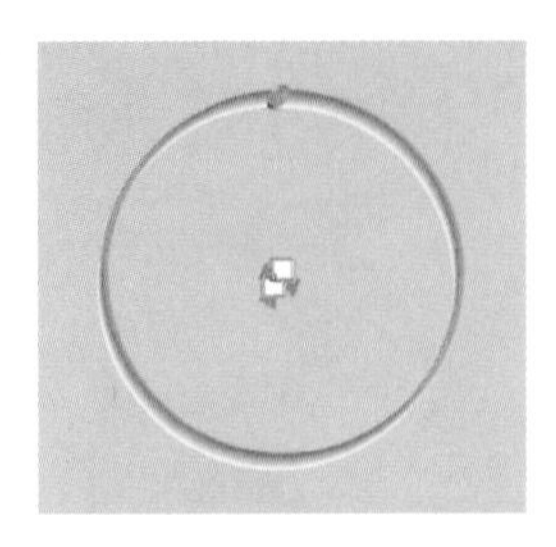

图1-100

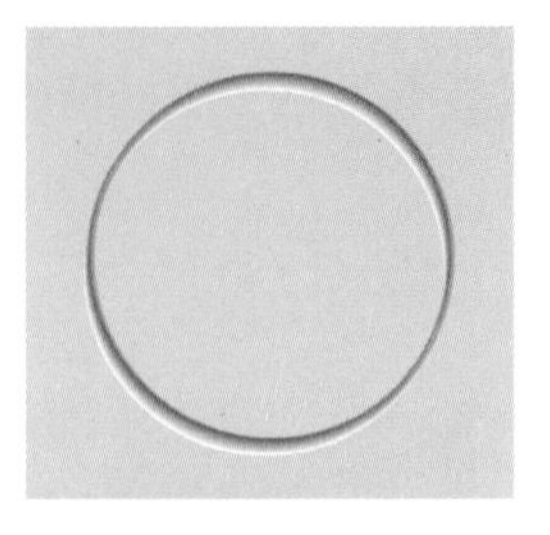

图1-101

(6) 将以上绘制的图1-98，图1-101选择“排列”→“顺序、排列”→“群组”菜单命令，轮胎中心小内轴螺丝帽效果如图1-102所示。重复选择“编辑”→“复制、编辑”→“粘贴”菜单命令，并进行排列，小内轴螺丝帽整体效果如图1-103所示。

图1-102

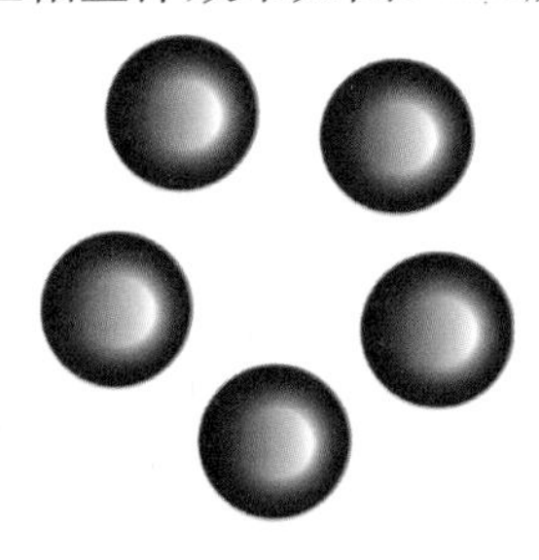

图1-103

(7) 单击工具箱中的“椭圆形工具”，并同时按住Ctrl键绘制一个正圆，制作中心内轴钢板；单击工具箱中的“渐变填充工具”，进行参数设置，将填充“类型”设置为“线性”，在“颜色调和”选项组下选中“自定义”单选按钮，调节色标的CMYK值依次设置为“0、0、20、80”、“4、0、0、16”、“14、0、0、54”、“4、0、0、16”、“20、0、0、80”和“0、0、0、0”，填充图形，单击工具箱中的“无轮廓工具”，将轮廓线去除，内轴钢板效果如图1-104所示。

(8) 将绘制的小内轴螺丝帽按钮图形置于填充正圆图形的上方，选择“排列”→“顺序”→“到前部”菜单命令，或按Shift+PageUp组合键，轮胎中心小内轴效果如图1-105所示。将以上绘制的轮胎截面图形，选择“排列”→“顺序”菜单命令；调节各部分之间的相互位置关系，并选择“排列”→“群组”菜单命令，轮胎整体效果如图1-106所示。

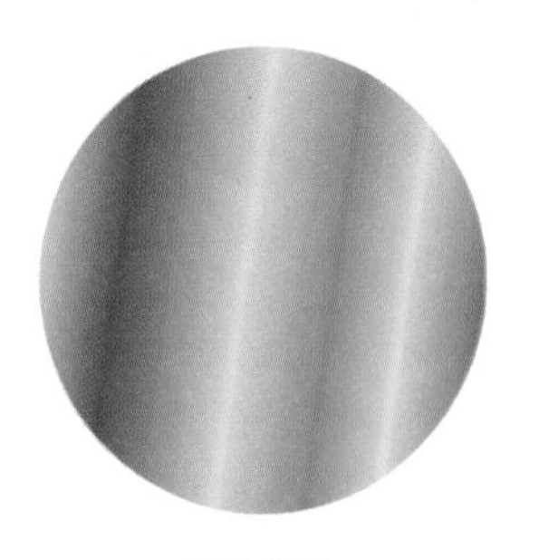

图1-104

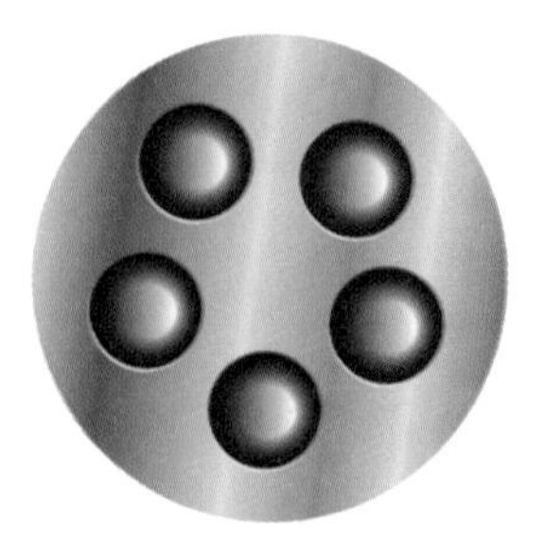

图1-105

图1-106

Step 05

单击工具箱中的"贝塞尔工具"，绘制轮胎厚度形状图形并选中。单击工具箱中的"均匀填充工具"，进行参数设置，调节色标的CMYK值设置为"83、72、73、90"，填充图形，单击工具箱中的"无轮廓工具"，将轮廓线去除，效果如图1-107所示。根据最初绘制的小汽车的线稿和实物图像作为参照物，将绘制的轮胎图形适当缩放及变形，并调节各部分的比例关系；选择"排列"→"顺序"菜单命令，调整各部件的位置关系，变换角度后的轮胎效果如图1-108所示。

Step 06

综合利用工具箱中的"贝塞尔工具"、"钢笔工具"和"3点曲线工具"，绘制轮胎齿轮线条形状，并单击工具箱中的"交互式透明工具"，制作图形的透明效果，透明后的齿轮效果如图1-109所示。选择"排列"→"群组"菜单命令，小汽车单独轮胎的整体效果如图1-110所示。

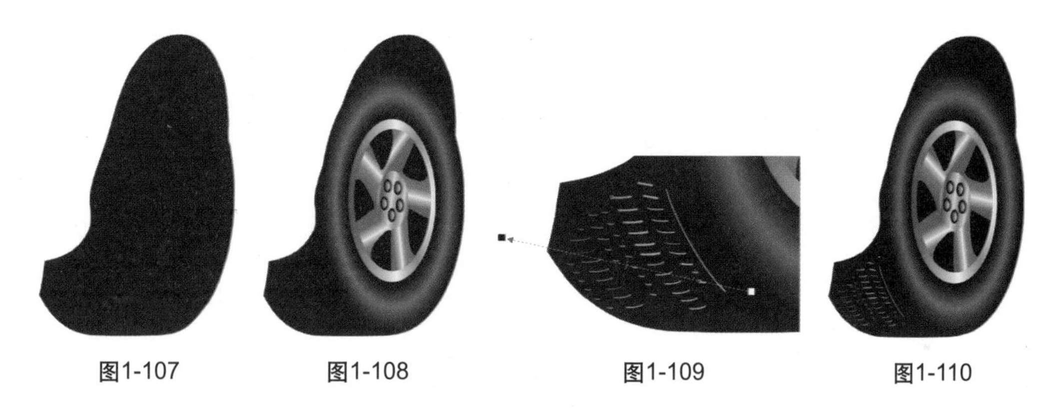

图1-107　图1-108　图1-109　图1-110

Step 07

选中图1-110所示图形，选择"编辑"→"复制"菜单命令和选择"编辑"→"粘贴"菜单命令，即可获得汽车的前、后轮胎。将最初绘制的线稿和实物图像作为参照物，再将轮胎图形适当缩放，进行直接拉伸变形，并单击工具箱中的"自由变换工具"，调节各部分的比例关系。选择"排列"→"顺序"菜单命令，调整各部件的位置关系，小汽车前后、轮胎的整体效果如图1-111所示。

Step 08

因汽车左侧轮胎被挡板遮盖，从视觉角度可以直接根据绘制的线稿图形，绘制另外一侧的轮胎形状图形，单击工具箱中的"均匀填充工具"，颜色设置为黑色，填充图形，小汽车另外一侧的轮胎视觉效果如图1-112所示。

图1-111　　　　　　　　　　　　图1-112

1.3.6　绘制小汽车大灯

绘制小汽车大灯，具体操作步骤如下图1-113所示。

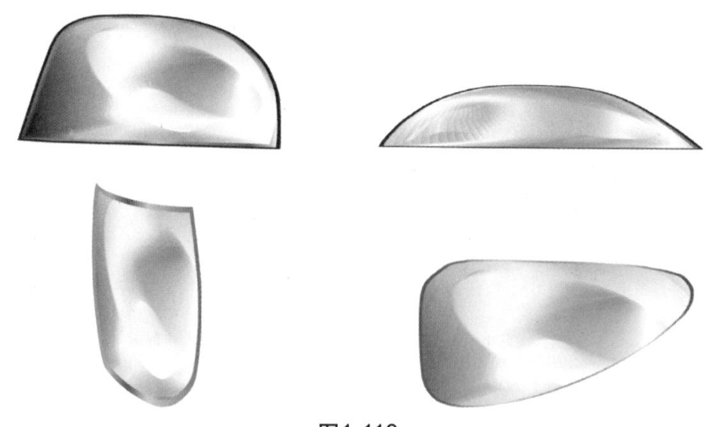

图1-113

1．绘制小汽车“左前大灯”

Step 01

单击工具箱中的“贝塞尔工具”，绘制小汽车“左前大灯”的形状图形并选中。单击工具箱中的“均匀填充工具”，进行参数设置，调节色标的CMYK值为“83、72、73、90”，填充图形，如图1-114所示。选中所绘图形，选择“编辑”→“复制、编辑”→“粘贴”菜单命令，按住Shift键将复制图层扩大，单击工具箱中的“渐变填充工具”，进行参数设置，将填充“类型”设置为“线性”，在“颜色调和”选项组中选中“自定义”单选按钮，调节色标的CMYK值依次设置为“20、0、0、80”、“9、0、0、35”、“20、0、0、80”、“5、0、0、22”、“20、0、0、80”和“0、0、0、0”，填充图形，填充后的“左前大灯”形状图形效果如图1-115所示。

图1-114

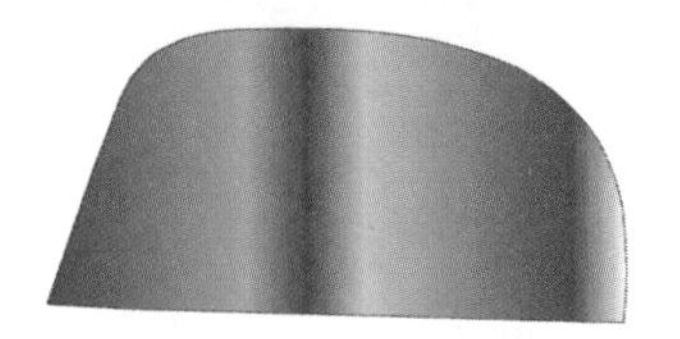

图1-115

Step 02

选中上一步所绘制的小汽车“左前大灯”的形状图形，选择“编辑”→“复制、编辑”→“粘贴”菜单命令，按住Shift键将复制图层缩小，单击工具箱中的“渐变填充工具”，进行参数设置，将填充“类型”设置为“线性”，在“颜色调和”选项组中选中“自定义”单选按钮，调节色标的CMYK值依次设置为“0、0、0、100”、“20、0、0、80”、“7、0、0、27”、“2、0、0、15”、“9、0、0、39”和“0、0、0、0”，填充图形，选中填充后的图形，单击工具箱中的“无轮廓工具”，将轮廓线去除，小汽车“左前大灯”填充图形效果如图1-116所示。将复制的两层图形填充后，单击工具箱中的“交互式调和工具”，即可获得两图形的调和效果，“左前大灯”的调和效果如图1-117所示。

图1-116

图1-117

Step 03

单击工具箱中的“椭圆工具”绘制反光镜的一个反光椭圆图形，单击工具箱中的“均匀填充工具”，颜色设置为白色。选中反光图形，单击工具箱中的“无轮廓工具”，将轮廓线去除。再选中所绘填充后的椭圆图形，选择“编辑”→“复制、编辑”→“粘贴”菜单命令，单击工具箱中的“渐变填充工具”，进行参数设置，将填充“类型”设置为“线性”，在“颜色调和”选项组中选中“自定义”单选按钮，调节色标的CMYK值依次设置为“20、0、0、40”和“0、0、0、0”，填充图形，如图1-118所示，再单击工具箱中的“交互式透明工具”，制作图形的透明效果。效果如图1-119所示。背景矩形色块不属于本步骤要绘制的最终图形，是为了便于衬托，完成后将其删除。

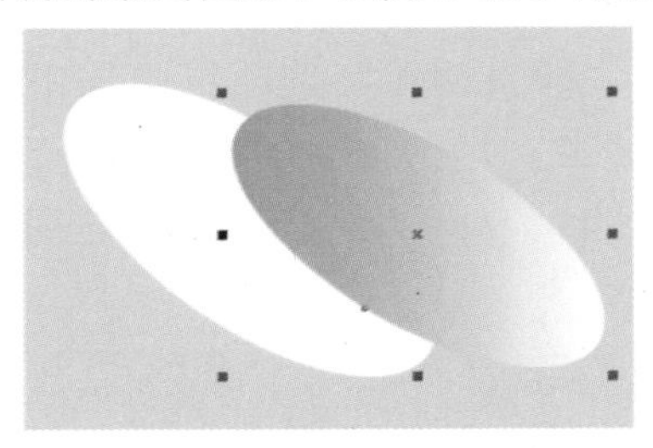

图1-118

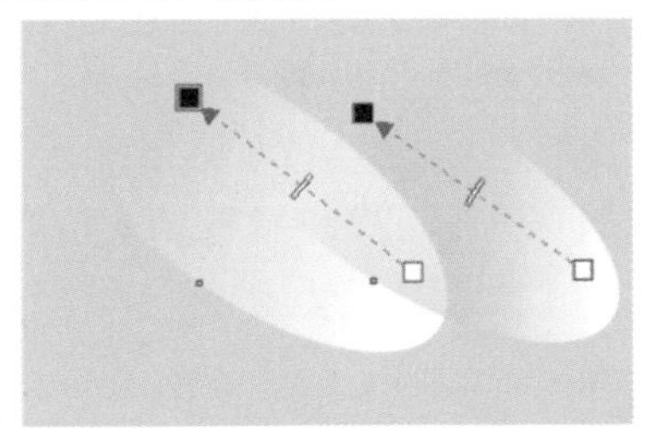

图1-119

Step 04

将图1-119所示调和效果的反光图形与两椭圆选中，选择“排列”→“顺序”菜单命令，如图1-120所示。单击工具箱中的“交互式调和工具”，获得两图形的调和效果后，再重复选中复制的小椭圆，单击工具箱中的“渐变填充工具”，填充图形，填充后的反光效果如图1-121所示。需要注意的是，背景矩形色块不属于本步骤，是为了便于衬托，完成后将其删除。

图1-120

图1-121

Step 05

将图1-114、图1-121所示两个图形进行适当缩放，调节彼此之间的比例关系。选择“排列”→“顺序”菜单命令，调整各部分之间的相互位置关系，小汽车的“左前大灯”效果如图1-122所示。

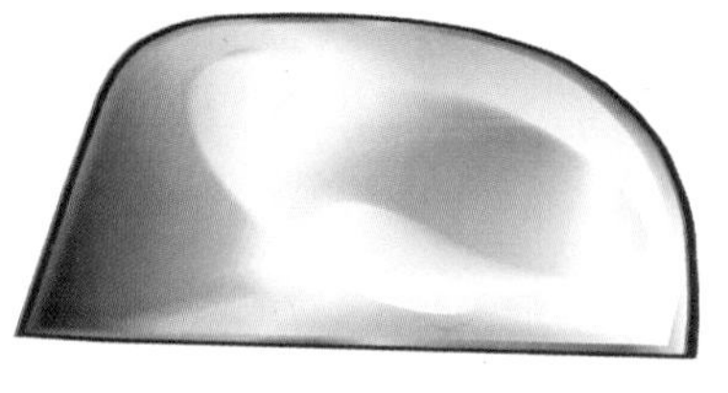

图1-122

2．绘制小汽车“右前大灯”

Step 01

单击工具箱中的“贝塞尔工具”，绘制“右前大灯”形状图形并选中。单击工具箱中的“均匀填充工具”进行参数设置，调节色标的CMYK值设置为“74、70、63、85”，填充图形，效果如图1-123所示。选中所绘图形，选择“编辑”→“复制、编辑”→“粘贴”菜单命令，单击工具箱中的“渐变填充工具”，进行参数设置，将填充“类型”设置为“线性”，在“颜色调和”选项组中选中“自定义”单选按钮，调节色标的CMYK值依次设置为“22、19、16、0”、“7、5、7、0”、“14、9、12、0”、“22、19、16、0”和“49、38、42、2”，填充图形，效果如图1-124所示。

Step 02

单击工具箱中的“椭圆形工具”绘制一个大灯上的反光椭圆图形，单击工具箱中的

■“均匀填充工具”，调节色标的CMYK值设置为“0、0、0、0”，填充图形，再选择“编辑”→“复制、编辑”→“粘贴”菜单命令，并移位排列，单击工具箱中的“渐变填充工具”，进行参数设置，将填充“类型”设置为“方角”，在“颜色调和”选项组中选中“自定义”单选按钮，调节色标的CMYK值依次设置为“20、0、0、40”和“0、0、0、0”。选中填充后的反光图形，单击工具箱中的×“无轮廓工具”，将轮廓线去除，大灯上的反光图形效果如图1-125所示。背景矩形色块不属于本步骤，而是为了便于衬托，完成后将其删除。

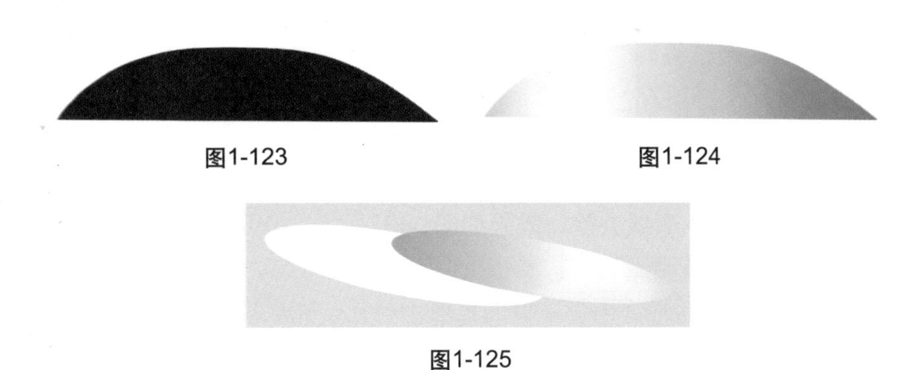

图1-123　　图1-124

图1-125

Step 03

分别选中大灯上的反光两椭圆图形，单击工具箱中的“交互式透明工具”，制作出图形的透明效果，反光透明效果如图1-126所示。将绘制的填充图形及两椭圆图形选中，选择“排列”→“顺序”菜单命令，反光效果如图1-127所示。选中上一步骤中的图1-125所示图形，单击工具箱中的“交互式调和工具”，即可获得两图形的调和效果，如图1-128所示，效果如图1-129所示。

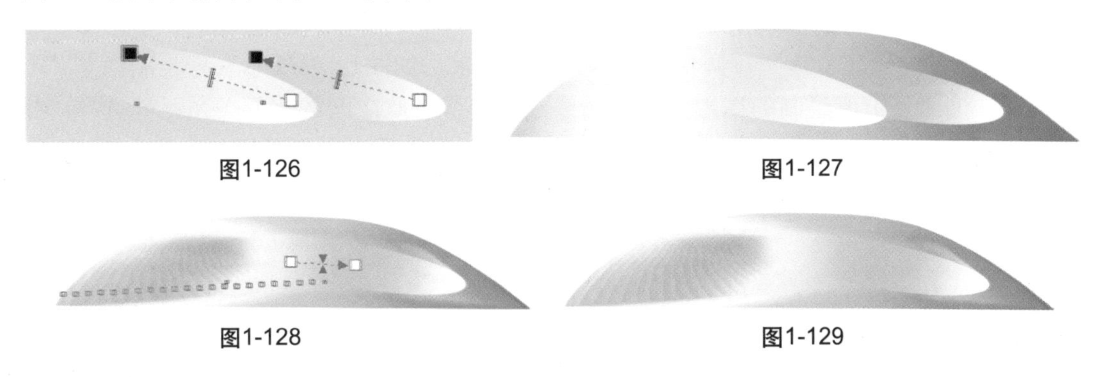

图1-126　　图1-127

图1-128　　图1-129

Step 04

重复选中复制的小椭圆图形，单击工具箱中的“渐变填充工具”，进行参数设置，将填充“类型”设置为“方角”，在“颜色调和”选项组中选中“自定义”单选按钮，调节色标的CMYK值依次设置为“20、0、0、40”和“0、0、0、0”，填充图形，如图1-130所示，效果如图1-131所示。

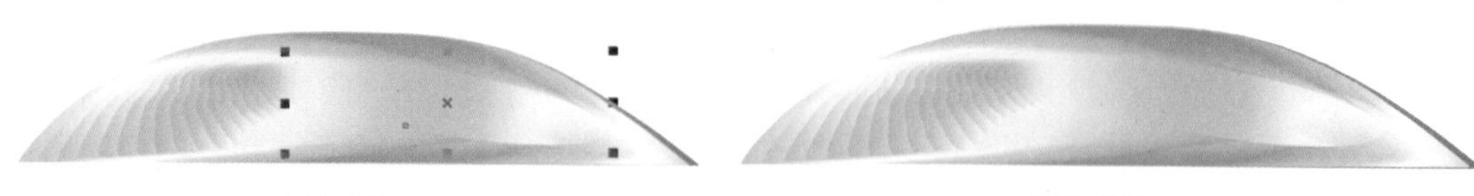

图1-130　　图1-131

Step 05

单击工具箱中的“贝塞尔工具”，绘制“右前大灯”中的光线反光图形并选中。单击工具箱中的“均匀填充对话框工具”，调节色标的CMYK值设置为“0、0、0、0”；选择“编辑”→“复制、编辑”→“粘贴”菜单命令，单击工具箱中的“渐变填充工具”，进行参数设置，将填充“类型”设置为“线性”，在“颜色调和”选项组中选中“自定义”单选按钮，调节色标的CMYK值依次设置为“20、0、0、60”、“1、0、0、4”、“5、0、0、15”和“0、0、0、0”，填充图形。选中填充后的图形，单击工具箱中的“无轮廓工具”，将轮廓线去除，效果如图1-132所示。分别选中所绘的反光图形，单击工具箱中的“交互式透明工具”，制作出图形的透明效果，如图1-133所示。背景矩形色块不属于本步骤要绘制的最终图形，目的是便于衬托，完成后将其删除。

图1-132

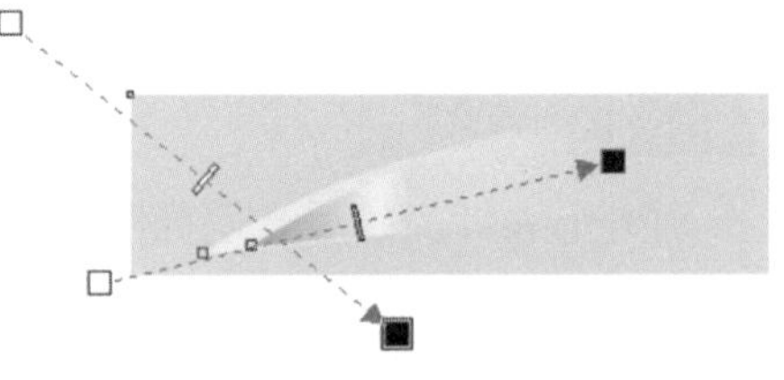

图1-133

Step 06

选中图1-131、图1-133所示图形，选择“排列”→“顺序”菜单命令，单击工具箱中的“交互式封套工具”，调整到适当的变形效果，如图1-134所示。将绘制汽车“右前大灯”该部分中所绘制的图形进行适当缩放，调节彼此之间的比例关系。并选择“排列”→“顺序”菜单命令，调整各部分之间的相互位置关系，小汽车的“右前大灯”效果如图1-135所示。

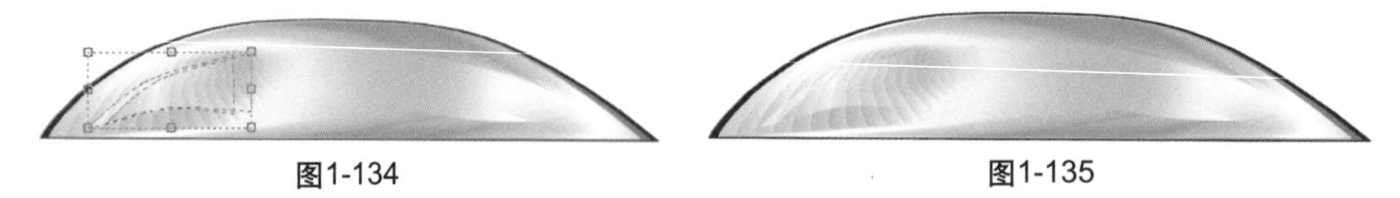

图1-134　　图1-135

3. 绘制小汽车“左前小灯”及“右前小灯”

Step 01

单击工具箱中的“贝塞尔工具”，绘制小汽车“右前大灯”的形状图形并选中。单击工具箱中的“渐变填充工具”，进行参数设置，将填充“类型”设置为“线性”，在

“颜色调和”选项组中选中“自定义”单选按钮，调节色标CMYK值依次设置为“20、0、0、80”、“9、0、0、35”、“20、0、0、80”、“5、0、0、22”、“20、0、0、80”和“0、0、0、0”，填充图形，效果如图1-136所示。选择“编辑”→“复制、编辑”→“粘贴”命令，按住Shift键将其复制图形同倍缩小，并填充为白色，选中填充后的图形，单击工具箱中的×“无轮廓工具”，将轮廓线去除，小汽车“右前大灯”形状效果如图1-137所示。

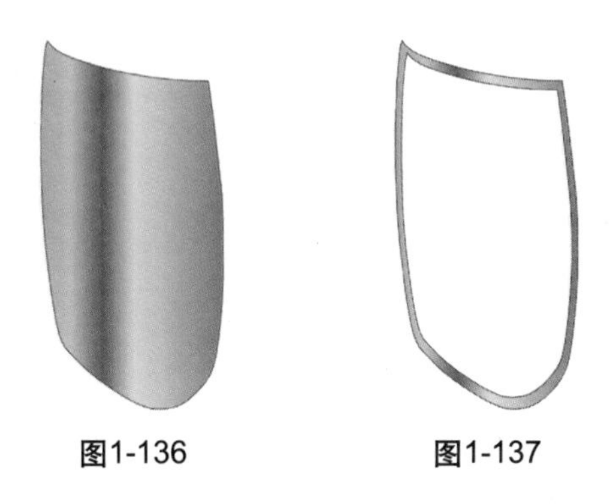

图1-136　　图1-137

Step 02

因小汽车“左前小灯”的绘制步骤与上面步骤中绘制的“左前大灯”图形的方法相同，即可直接沿用已绘制的“左前大灯”图形，小汽车的“左前小灯”效果如图1-138所示。

Step 03

选中已绘制的“左前大灯”图形，选择“效果”→“图框精确裁剪”→“放置在容器中”菜单命令，出现“大黑色箭头”时，单击绘制的白色区域图形。

因“右前小灯”的图形放置的位置需要调整，再反复选择“效果”→“图框精确裁剪”→“提取内容”菜单命令或者选择“效果”→“图框精确裁剪”→“编辑内容”菜单命令，并调整变形到适合位置，小汽车的“右前小灯”效果如图1-139所示。

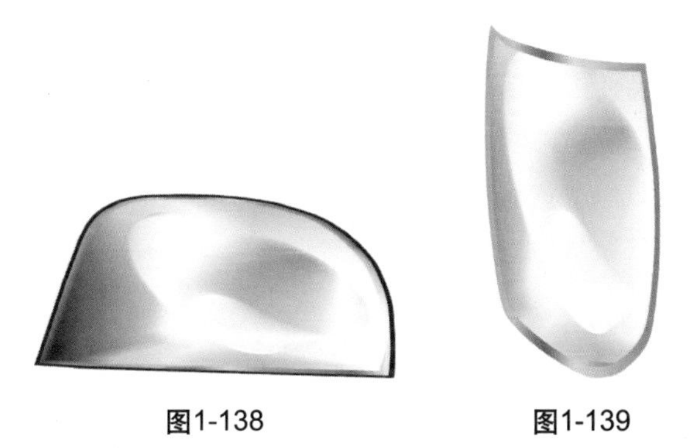

图1-138　　图1-139

Step 04

单击工具箱中的“贝塞尔工具”，绘制小汽车“右前小灯”形状图形并选中，单击工具箱中的“均匀填充工具”，进行参数设置，将填充“类型”设置为“射线”，在

“颜色调和”选项中选中“自定义”单选按钮，调节色标的CMYK值依次设置为“20、0、0、80”、“0、0、0、20”、“20、0、0、80”和“0、0、0、0”，填充图形，效果如图1-140所示。

Step 05

该部分以下步骤与绘制“左前小灯”方法相同，暂且省略。汽车“右前小灯”图形效果如图1-141所示。

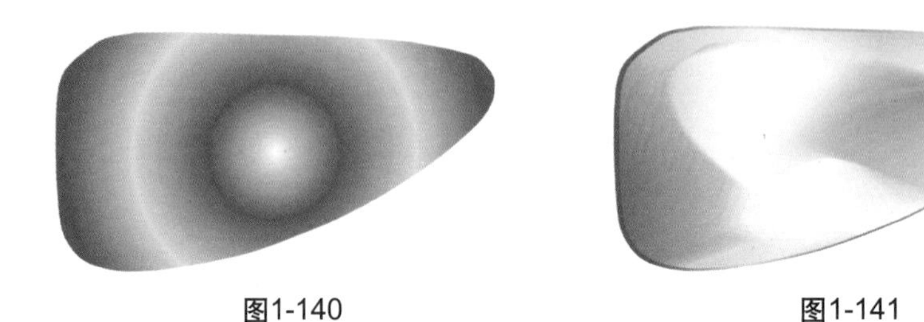

图1-140　　图1-141

1.3.7　绘制小汽车门梯、门柄、投影等

绘制小汽车门梯、门柄、投影等，具体操作步骤如下图1-142所示。

图1-142

1. 绘制小汽车门梯

Step 01

单击工具箱中的“贝塞尔工具”，绘制小汽车门梯形状图形并选中。单击工具箱中的“渐变填充工具”，进行参数设置，将填充“类型”设置为“线性”，在“颜色调和”选项组中选中“自定义”单选按钮，调节色标的CMYK值依次设置为“84、73、73、91”、“2、2、2、3”、“78、68、68、85”、“19、16、16、20”和“0、0、0、0”，填充图形，选中填充后的图形，单击工具箱中的×“无轮廓工具”，将轮廓线去除，门梯效果如图1-143所示。

Step 02

单击工具箱中的“贝塞尔工具”，绘制一条斜线，单击工具箱中的“渐变填充工具”，参数设置为默认值，如图1-144所示。

图1-143　　图1-144

Step 03

单击工具箱中的“贝塞尔工具”，绘制门梯另一形状图形并选中。单击工具箱中的“均匀填充工具”进行参数设置，调节色标的CMYK值设置为“83、72、73、90”，填充图形，单击工具箱中的“交互式阴影工具”，制作出图形的阴影效果，如图1-145所示。选中门梯图形，单击工具箱中的“无轮廓工具”，将轮廓线去除。根据最初绘制的小汽车线稿和实物图像将其作为参照物，将绘制的图形适当缩放，调节各部分的比例关系；选择“排列”→“顺序”菜单命令，调整各部件的位置关系，效果如图1-146所示。

图1-145　　图1-146

Step 04

单击工具箱中的“贝塞尔工具”，绘制小汽车门柱形状图形并选中。单击工具箱中的“均匀填充工具”进行参数设置，调节色标的CMYK值设置为“83、72、73、90”，填充图形，选中图形，单击工具箱中的“无轮廓工具”，将轮廓线去除，横向门柱效果如图1-147所示。

图1-147

Step 05

选择“编辑”→“复制、编辑”→“粘贴”菜单命令，将复制的图形选中，单击工具箱中的“渐变填充工具”，进行参数设置，将填充“类型”设置为“线性”，在“颜色调和”选项组中选中“自定义”单选按钮，调节色标的CMYK值依次设置为“57、54、48、88”、“20、0、0、80”、“4、4、4、6”、“3、0、0、11”、“10、2、2、33”和“0、0、0、0”填充图形，小汽车横向门柱的效果如图1-148所示。

Step 06

将以上绘制小汽车门梯的图形重叠并适当缩放，调节各部分的比例关系；选择“排列”→“顺序及排列”→“群组”菜单命令，小汽车的横向门柱效果如图1-149所示。

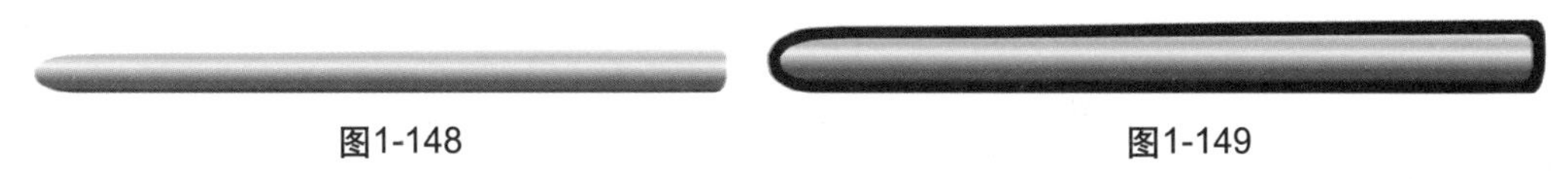

图1-148　　图1-149

2．绘制小汽车门柄

Step 01

单击工具箱中的“3点曲线工具”，绘制小汽车门柄椭圆图形；单击工具箱中的“渐变填充工具”，进行参数设置，将填充“类型”设置为“线性”，在“颜色调和”选

项组中选中“自定义”单选按钮，调节色标的CMYK值依次设置为“20、0、0、80”和“0、0、0、0”，填充图形。选中填充后的图形，单击工具箱中的“无轮廓工具”，将轮廓线去除，效果如图1-150所示。

Step 02

选中图 1-150 所示图形，选择“编辑”→“复制、编辑”→“粘贴”菜单命令，将复制的椭圆图形选中，单击工具箱中的“渐变填充工具”，并进行参数设置，将填充“类型”设置为“线性”，在“颜色调和”选项组中选中“自定义”单选按钮，调节色标的 CMYK 值依次设置为“0、0、0、100、“20、0、0、80”、“0、0、0、7”、“0、0、0、24”、“0、0、0、4”和“0、0、0、0”，填充图形，并将填充后的图形再次复制一份拉伸变形，效果如图 1-151 所示。

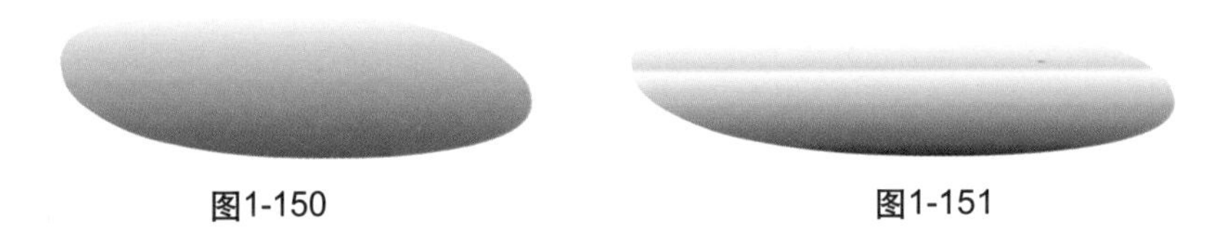

图1-150　　图1-151

Step 03

单击工具箱中的“椭圆形工具”，绘制一个门柄的椭圆图形，单击工具箱中的“渐变填充工具”，进行参数设置，将填充“类型”设置为“线性”，在“颜色调和”选项组中选中“自定义”单选按钮，调节色标的CMYK值依次设置为“20、0、0、80、“20、0、0、78”、“0、0、0、10”和“0、0、0、0”，填充图形。选中填充后的图形，单击工具箱中的“自由变换工具”，将门柄稍作倾斜。单击工具箱中的“无轮廓工具”，将轮廓线去除，小汽车门柄椭圆图形效果如图1-152所示。

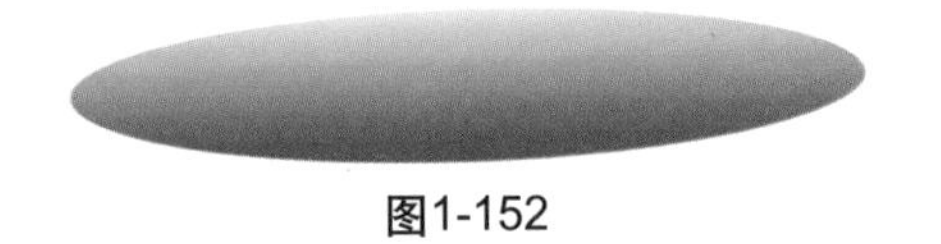

图1-152

Step 04

选中图1-152所示图形，单击工具箱中的“交互式透明工具”，制作出图形的透明效果，如图1-153所示。将绘制的门柄椭圆图形重叠并适当缩放，调节各部分的比例关系；选择“排列”→“顺序及排列”→“群组”，小汽车的门柄效果如图1-154所示。

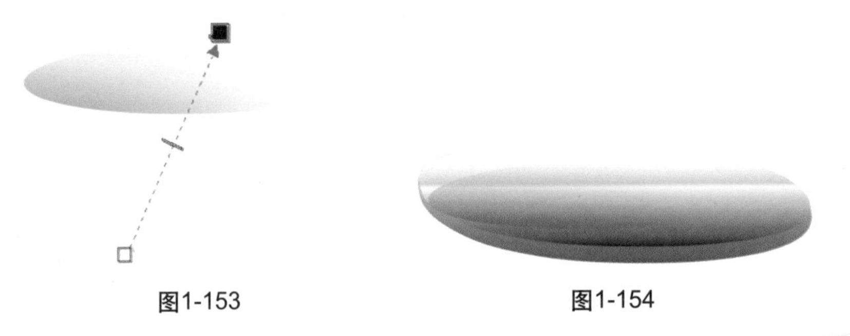

图1-153　　图1-154

Step 05

单击工具箱中的“贝塞尔工具”，分别绘制小汽车门手柄形状图形并选中。单击工具箱中的■“均匀填充工具”进行参数设置，调节色标的CMYK值依次设置为“83、72、73、90”和“25、17、17、0”，填充图形，手柄形状如图1-155、图1-156所示。

图1-155　　图1-156

Step 06

将上一步绘制的两个图形的按比例适当缩小，选择“排列”→“顺序”菜单命令，如图1-157所示。单击工具箱中的“交互式调和工具”，制作出图形的调和效果，门手柄的调和效果如图1-158所示。

图1-157　　图1-158

Step 07

将最初绘制的小汽车线稿和实物图像作为参照物，并将绘制的图形按比例适当缩放，调节各部分的比例关系；选择“排列”→“顺序”菜单命令，调整各部分的位置关系，小汽车门柄的整体效果如图1-159所示。

图1-159

Step 08

单击工具箱中的“椭圆形工具”，绘制一个椭圆图形的门锁，单击工具箱中的“渐变填充工具”，进行参数设置，将填充“类型”设置为“线性”，在“颜色调和”选项组中选中“自定义”单选按钮，调节色标的CMYK值依次设置为“20、0、0、80”和“0、0、0、0”，填充图形。选中填充后的图形，单击工具箱中的“交互式透明工具”，制作出图形的透明效果，如图1-160所示。选择“编辑”→“复制、编辑”→“粘贴”菜单命令，获得复制后的门锁图形效果如图1-161所示。

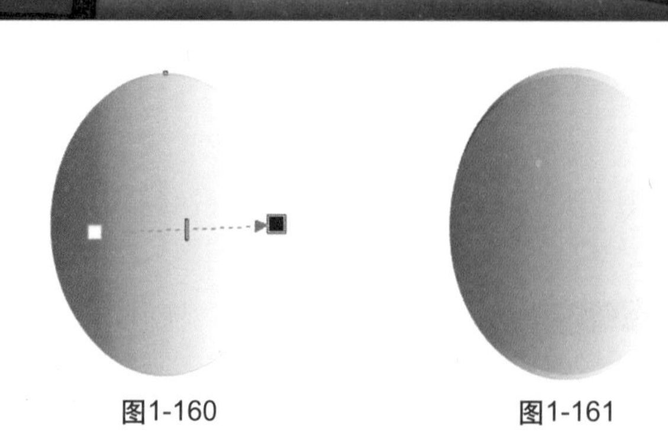

图1-160　　图1-161

Step 09

单击工具箱中的“贝塞尔工具”，绘制小汽车地面阴影形状图形并选中。单击工具箱中的“均匀填充工具”，颜色设置为黑色，填充图形，再单击工具箱中的“交互式阴影工具”，制作出图形的阴影效果，地面阴影效果如图1-162所示。

Step 10

选中上一步阴影效果图形，选择“排列”→“分离阴影群组”菜单命令，并重复选择“编辑”→“复制、编辑”→“粘贴”菜单命令，将复制的图形部分变形，变形后的阴影效果如图1-163所示，效果如图1-164所示。选择“排列”→“顺序”菜单命令，调整各阴影效果图形的位置关系，小汽车投影效果，如图1-165所示。

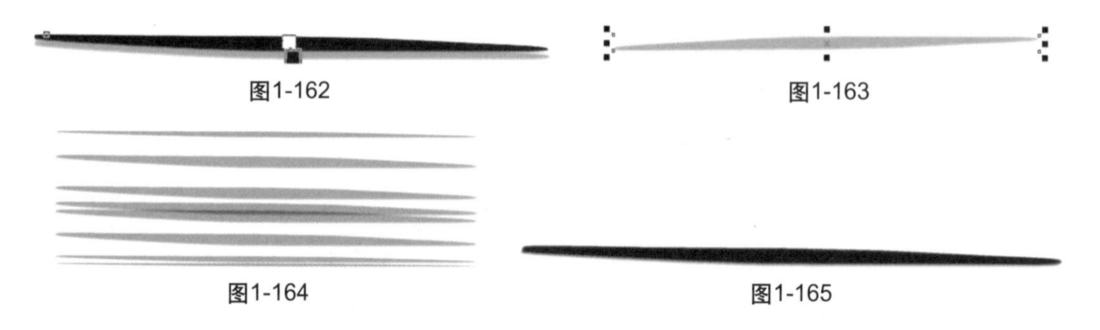

图1-162　　图1-163

图1-164　　图1-165

1.3.8 绘制小汽车的细节、添加标志及各部件的图像组合

Step 01

单击工具箱中的“贝塞尔工具”，绘制小汽车的细节部分，调出文件夹中的LOGO“标志”图形，如图1-166所示。选中已绘制的细节图，单击工具箱中的“渐变填充工具”，进行参数设置，将填充“类型”设置为“线性”，在“颜色调和”选项组中选中“自定义”单选按钮，调节色标的CMYK值依次设置为“20、0、0、80”、“19、0、0、76”和“0、0、0、0”，填充图形，效果如图1-167所示。将所绘制的细节图形适当缩放，置于合适位置，小汽车的细节部分效果如图1-168所示。背景矩形色块不属于本步骤要绘制的最终图形，是为了便于衬托而绘制的中间图形，完成后将其删除。

图1-166　　　　图1-167

图1-168

Step 02

将最初绘制的小汽车线稿和实物图像作为参照物，并将以上七大部分所绘制的小汽车图形按比例适当缩放，调节各部分的比例关系；选择“排列”→“顺序”菜单命令，调整各部分的位置关系；并选择“排列”→“群组”菜单命令，小汽车整体效果如图1-169所示。

图1-169

1.3.9　绘制小汽车背景图

Step 01

选择“文件”→“导入”菜单命令，将素材底图P01导入版面中并调整图像大小，如图1-170所示，再将已绘制的小汽车图形去除底部阴影，效果如图1-171所示。

图1-170

图1-171

Step 02

选中已绘制的小汽车图形，将其复制一份，选择“位图”→“转换为位图”菜单命令，单击属性栏上的“垂直镜像”按钮，制作垂直镜像图形；并选中复制后的镜像图，单击工具箱中的“交互式透明工具”，制作图像的透明效果，参数设置如图1-172所示；选择“排列”→“顺序”菜单命令，将小汽车合成图形融合到背景图形当中。小汽车在背景画面中的最终效果如图1-173所示。

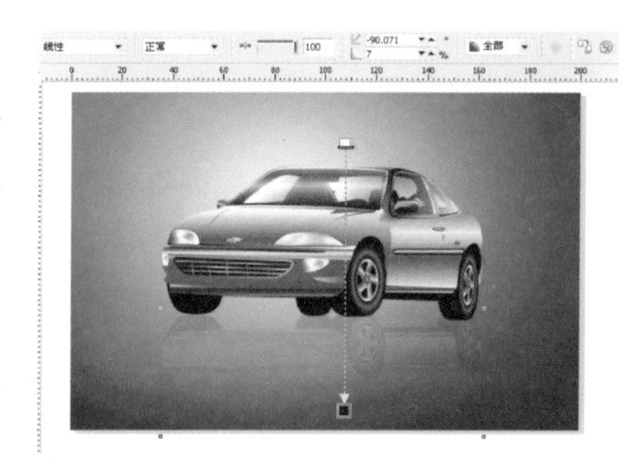

图1-172

图1-173

温馨小提示：

在 CorelDraw 中，我们可以使用其中的手绘工具进行任意地“发挥”，不过，一旦发挥过头，不小心把线条画歪了或画错了，该如何处理呢？也许，会想到将线条删除或者做几次撤销工作，其实还有一种更灵活的方法就是按下 Shift 键，然后进行反向擦除就可以了。另外，在转换为位图时，需要根据填充色的色彩模式来确定位图转换的颜色模式，否则会出现颜色偏暗或偏亮的情况。

章节小絮

从当今数字艺术设计的发展来看，高科技手段的确给设计及绘画带来便利，但它无法替代我们的大脑，无法具备设计的创造性思维，在数字艺术设计中，“人脑”和“电脑”是缺一不可的，设计者既要具备一定的艺术写实表达能力，能够用绘画的技能表现设计内涵为设计作构思，又要具备一定的计算机技能，能够熟练运用平面、三维设计软件设计产生出优秀的作品，即基础绘画和计算机技能在数字艺术设计中是相辅相成的。本章节根据数码相机以及小汽车的结构造型，应用了软件中的大量工具，层次分明的对其加以绘制。

第2章　人物绘制

通过对本章的学习，能够学到以下内容。

* 了解人物的绘制流程及方法。
* 熟练掌握贝塞尔工具、矩形工具、3点椭圆形工具、形状工具、钢笔工具、手绘工具、多边形工具、粗糙笔刷工具、均匀填充工具、渐变填充工具、底纹填充工具、交互式透明工具、交互式阴影工具、轮廓笔工具、自由变换工具等的应用。
* 熟练掌握人物构架以及头部五官等的绘制方法和技巧。

2.1 关于人物绘制

人物绘制是从最基本的人物五官表情绘制开始，到透视的画法，再到人物的个性化，最后到整个人物的成功绘制。人物绘制的过程略显复杂，主要原因是人的面部特征不容易把握，也就是形的塑造难度比较大。

人物绘制技法概述

绘制人物，尤其是人物的五官，是一件要求很细致的工作——不同人的脸是由相同的“部件”(五官)组成的，而正是这些部件的细微变化造成了人和人长相的不同。

1．“三庭五眼”的概念

人的面部虽然各有不同，但也同时存在一定的共性，这个共性就是人面部“三庭五眼”的结构关系。“三庭”，即发际线到两个眉梢之间的虚拟线为一庭；眉梢线到鼻尖虚拟线为一庭；鼻尖线到下颚为一庭，这几条线间的距离大致是相等的，我们常称这几条线中间的部分为“三庭”。“五眼”，即人眼水平位置的虚拟连线平均分为五份，每份为一个眼睛的宽度——两眼之间的宽度相当于一只眼睛的宽度，眼尾到脸侧的宽度同样相当于一只眼睛的宽度，我们常称这五份为“五眼”。

绘画时所观察到“三庭五眼”的距离相等性只体现在人脸与观察者正对时。当人的脸部仰视或俯视的时候，所观察到的“三庭”会发生透视的变化，“五眼”基本不变；人脸侧对观察者的时候，所观察到的“五眼”会发生透视的变化，“三庭”基本不变。

根据画种的不同，对“三庭五眼”的表现方法也不同，比如，漫画创作的过程会将人物的某一特征夸大，使其造型表现得更生动；抽象画更是经常打破这个规律的典范。

2．人物脸型的把握

不同人的脸型也是不同的，如果用几何形状来归纳的话，分正梯、倒梯形、长方形、圆形和正方形等。用几何形状归纳人脸的方法可以有效地抓住人物脸型的特征，非常有利于对整体的刻画。

3．绘制人物的方法

绘制人物的方法有以下具体步骤。

(1) 先归纳人脸部的大致形状，快速、粗略地勾勒结构线，结构线应包括脸部轮廓大致形状和“三庭五眼”的结构关系。

(2) 根据粗略结构线，大致勾绘面部轮廓和五官形状。

(3) 根据细化的辅助线，绘制精确的脸部轮廓和五官形状的路径。

(4) 将面部添上适当的颜色，再进行相应部位的细部刻画。

(5) 最后将颜色和形状不妥当的地方进行调整，完成人物脸部的绘制。

2.2 人物绘制

2.2.1 绘制女孩的线稿图

Step 01

绘制女孩的线稿图如图2-1(a)所示。

选择“文件”→“新建”菜单命令，设置页面的宽为297mm，高为210mm，其他参数设置为默认值。

注：在设置页面时都可适当按比例缩小页面尺寸，这样可大大提高运算速度。

图2-1 (a)

Step 02

单击工具箱中的“贝塞尔工具”、“手绘工具”、“艺术笔工具”“钢笔工具”、“椭圆形工具”和“3点椭圆形工具”等结合起来绘制人物线稿。也可用铅笔、钢笔在空白纸上以速写形式勾画人物的大致轮廓，然后用扫描仪导入到计算机中，效果如图 2-1(b) 所示。

注：先绘制线稿有利于在后面的实质绘制“女孩”时平衡比例，绘制每一部分起到参照作用。整体效果绘制完，即可删除线稿。

图2-1 (b)

2.2.2 绘制女孩的皮肤

Step 01

绘制女孩的皮肤时，可以将人物线稿作为参照物，选中人物身体上的皮肤部位后进行绘制。选中人物右手图形，单击工具箱中的“渐变填充工具”或“交互式填充工具”，进行参数设置，将填充“类型”设置为“线性”，“选项”中的角度为 −51.6、−85.6，边界为 16、1；在“颜色调和”选项组中选中“自定义”单选按钮，调节色标的 CMYK 值依

次设置为“7、27、22、0”、“2、16、15、0”和“7、38、40、0”；“7、27、22、0”、“2、16、15、0”和“3、13、13、0”，进行填充。

Step 02

按照上一步骤1的方法，分别选中人物身体上的皮肤部位，以及左手和右手图形，单击工具箱中的“渐变填充工具”，进行参数设置，将填充“类型”设置为“线性”，“选项”中的角度为-4.8、“边界”为10；“颜色调和”选项组中选中“自定义”单选按钮，调节色标的CMYK值依次设置为“7、27、22、0”、“7、19、16、0”、“0、20、20、0”、“7、38、40、0”和“8、40、60、0”，填充图形。选中填充后的图形，单击工具箱中的“交互式网状填充工具”对填充图形进行调节，如图2-2所示；单击工具箱中的“无轮廓工具”，将轮廓线去除，皮肤效果如图2-3所示。

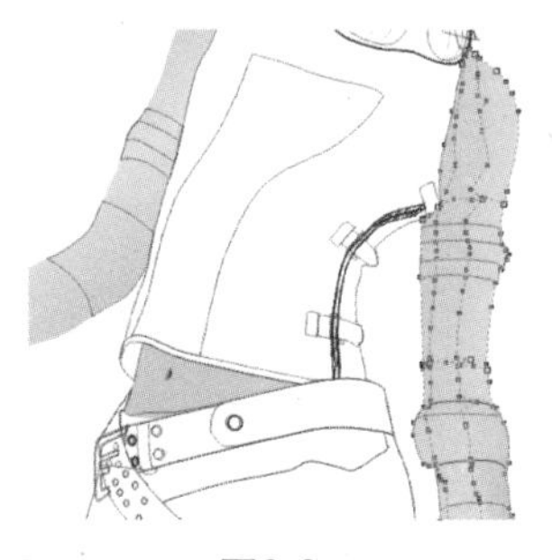

图2-2

图2-3

Step 03

选中人物脸部各部分结构图形，分别单击工具箱中的“均匀填充工具”，进行参数设置，调节色标的CMYK值依次设置为“7、19、16、0”，“35、85、99、2”，“18、44、57、0”和“10、43、35、0”，填充图形；单击工具箱中的“交互式透明工具”，并将“属性栏”上的“透明度类型”选择为“线性”，分别制作出图形透明效果，如图2-4所示。单击工具箱中的“无轮廓工具”，将轮廓线去除。

图2-4

Step 04

按照步骤3的方法并选中图形，绘制人物身上皮肤，单击工具箱中的“渐变填充工具”或“交互式填充工具”，进行参数设置，将填充“类型”设置为“线性”，“选项”中的角度为-31，边界为5；在“颜色调和”选项组中选中“自定义”单选按钮，调节色标的CMYK值依次设置为“7、27、22、0”、“5、27、43、0”和“7、27、22、0”，填充图形。

Step 05

绘制人物腹部细节，单击工具箱中的“椭圆形工具”，绘制椭圆图形并选中；选择

“排列”→“转换为曲线”接着选择“复制”→“粘贴”菜单命令；单击工具箱中的■“渐变填充工具”，进行参数设置，将填充“类型”设置为“线性”,“选项”及“边界”均为0；在“颜色调和”选项组中单击“双色”单选按钮，调节色标的CMYK值依次设置为“48、92、98、7”和“0、0、0、0”，“77、84、80、58”和“0、0、0、0”，填充图形，并将其排列重叠。

Step 06

选中2.2.1小节和2.2.2小节中所绘制的图形，选择“位图”→“转换为位图”菜单命令，并单击工具箱中的□“交互式阴影工具”，绘制其阴影效果；结合以上步骤绘制女孩图形，效果如图2-5所示。

图2-5

2.2.3 绘制女孩的帽子及头发

Step 01

将2.2.1小节中所绘制的人物线稿作为参照物，分别选中帽子的前、后、顶部分。单击工具箱中的■“渐变填充工具”，进行参数设置，将填充“类型”设置为“线性”,“选项”中的“角度”分别为57、38，“边界”为26；在“颜色调和”选项组中单击“双色”单选按钮，调节色标的CMYK值依次设置为“21、31、15、0”和“0、0、0、0”，“18、18、7、0”和“0、0、0、0”，填充图形。

Step 02

绘制帽顶，单击工具箱中的“渐变填充工具”，进行参数设置，将填充“类型”设置为“射线”，“中心位移”中的“水平”为2，“垂直”为42，“选项”中的“边界”为21；在“颜色调和”选项组中单击“双色”单选按钮，调节色标的CMYK值依次设置为“0、0、0、0”和“3、9、5、0”，填充图形。选中帽子后部分，单击工具箱中的□“交互式透明工具”，在属性选项组中编辑透明度，设置“透明度类型”为“线型”，制作图形透明效果。单击工具箱中的×“无轮廓工具”，将轮廓线去除，如图2-6所示。

Step 03

绘制帽子的装饰星形图案，单击工具箱中的□“多边形工具”，选择□“星形工具”绘制星形图案；单击工具箱中的■“均匀填充工具”，调节色标CMYK值设置为“22、86、91、0”，填充图形，并重复复制变形后将其排列。

Step 04

单击工具箱中的□“3点椭圆形工具”，绘制帽沿儿阴影的椭圆形后，选择“排列”→“转换为曲线”菜单命令，将其变形；单击工具箱中的■“渐变填充工具”，进行参数设置，将填充“类型”设置为“线性”，设置“选项”中的“角度”为37.2、“边界”为38；在“颜色调和”选项组中单击“双色”单选按钮，调节色标的CMYK值设置为“37、70、90、2”和“0、0、0、0”，填充图形；选择“排列”→“顺序”菜单命令

和选择“排列”→“群组”菜单命令。单击工具箱中的“无轮廓工具”，将轮廓线去除，帽子效果如图2-7所示。

图2-6　　图2-7

Step 05

选中线稿中绘制的头发，单击工具箱中的“均匀填充工具”进行参数设置，调节色标的CMYK值设置为“84、73、73、91”，填充图形；并单击工具箱中的“粗糙笔刷工具”，进行变形调节，绘制头发的光感效果，单击工具箱中的“均匀填充工具”，进行参数设置，调节色标的CMYK值设置为“72、74、89、42”，填充图形；绘制出头发高光部分。单击工具箱中的“橡皮擦工具”将不规则部分抹掉即可。

Step 06

绘制头发时为了让其更有质感，可以选中头发绘制的光感异形图，分别单击工具箱中的“交互式透明工具”，在“属性栏”上选择“编辑透明度”，制作出图形透明效果，如图2-8所示。选择“排列”→“顺序”菜单命令和选择“排列”→“群组”菜单命令。单击工具箱中的“无轮廓工具”，将轮廓线去除，头发效果如图2-9所示。

图2-8　　图2-9

2.2.4　绘制女孩面部五官及面部投影

1．绘制女孩眉毛及眼睛

Step 01

单击工具箱中的“贝塞尔工具”或“手绘工具”，绘制眉毛异形图，并结合

“粗糙笔刷工具”和“橡皮擦工具”调节图的形状；单击工具箱中的“均匀填充工具”，进行参数设置，调节色标的CMYK值设置为“80、84、75、58”，填充图形；选中右边眉毛图形，单击工具箱中的“交互式透明工具”，在属性栏上选择“编辑透明度”，制作出图形透明效果，效果如图2-10所示。

图2-10

Step 02

单击工具箱中的“椭圆形工具”，绘制女孩眼睛形状图形并选中，选择“排列”→“转换为曲线”菜单命令，将其变形；单击工具箱中的“渐变填充工具”或“交互式填充工具”，进行参数设置，将填充“类型”设置为“线性”，“选项”中的“角度”为147，边界为4；在“颜色调和”选项组中选中“自定义”单选按钮，调节色标的CMYK值依次设置为“0、0、0、40”、“0、0、0、11”和“0、0、0、0”，填充图形。

Step 03

选中女孩眼睛形状图形，单击工具箱中的“交互式透明工具”，并将“属性栏”上的“透明度类型”选择为“线性”，制作图形的透明效果，眼睛形状如图2-11、图2-12所示。单击工具箱中的“交互式阴影工具”，制作图形的阴影效果；选择“排列”→“打散阴影群组”菜单命令，并选中打散后的阴影图形，单击工具箱中的“交互式透明工具”，并在属性栏上的“透明度类型”选择为“线性”，制作透明效果，眼睛的阴影效果如图2-13、图2-14所示。

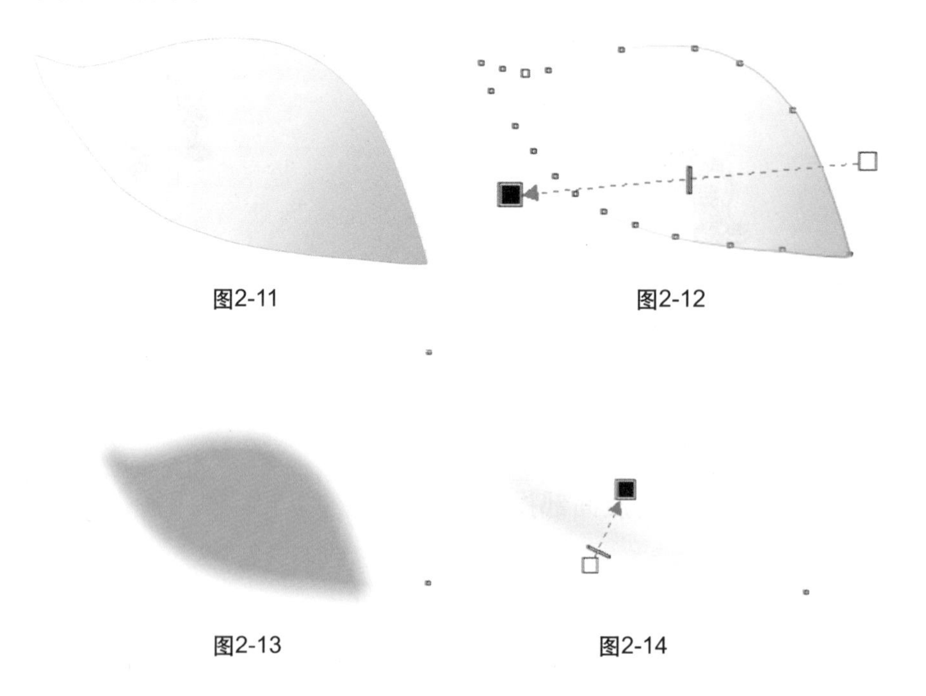

图2-11　图2-12

图2-13　图2-14

Step 04

单击工具箱中的“椭圆形工具”，绘制一个眼珠的椭圆图形并选中，选择“排列”→“转换为曲线”菜单命令，将其变形；单击工具箱中的“渐变填充工具”或“交互式填充工具”，进行参数设置，将填充“类型”设置为“射线”，“中心位移”中设置“水平”设置为-20，设置“垂直”为-5，“选项”中的“边界”为0；在“颜色调和”选项组中选中“自定义”单选按钮，调节色标的CMYK值依次设置为“100、100、100、100”、“92、87、60、43”和“0、0、0、20”，填充图形，眼珠的形状图形效果如图2-15所示。

Step 05

选中上一步骤4绘制的眼珠椭圆图形，单击工具箱中的“交互式透明工具”，并在属性栏上的“透明度类型”选择为“线性”，制作图形的透明效果。选择“编辑”→“复制”→“粘贴”菜单命令，并将其变形；选中复制的眼珠图形，单击工具箱中的“均匀填充工具”，颜色设置为黑色，填充图形；单击工具箱中的“交互式透明工具”，制作图形的透明效果，如图2-16所示。

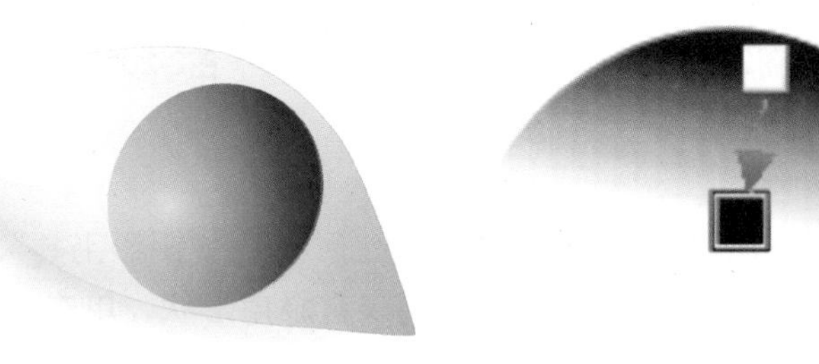

图2-15　　图2-16

Step 06

单击工具箱中的“椭圆形工具”绘制眼珠闪光椭圆形，选择“排列”→“转换为曲线”菜单命令，将其变形；单击工具箱中的“均匀填充工具”，颜色设置为黑色，填充图形，如图2-17所示。选择“排列”→“顺序”菜单命令，单击工具箱中的“无轮廓工具”，将轮廓线去除，效果如图2-18所示。

图2-17

图2-18

Step 07

单击工具箱中的"贝塞尔工具"，绘制眼线形状图，或者选择"窗口"→"泊坞窗"→"艺术笔"菜单命令，选中合适笔触进行绘制，眼线效果如图 2-19 所示。并将此图形复制 3 份，分别选中复制的 3 份图形，单击工具箱中的"渐变填充工具"或"交互式填充工具"，进行参数设置，分别将填充"类型"设置为"线性","选项"中的"角度"设置为 0、147、147，设置"边界"为 6、7、7；在"颜色调和"选项组中选中"自定义"单选按钮，调节色标的 CMYK 值依次设置为"100、100、100、100"、"77、39、5、50"和"100、100、100、100"，"0、0、0、100"和"0、0、0、30"，"0、0、0、100"、"0、0、0、45"和"0、0、0、30"，填充图形，效果如图 2-20 所示。

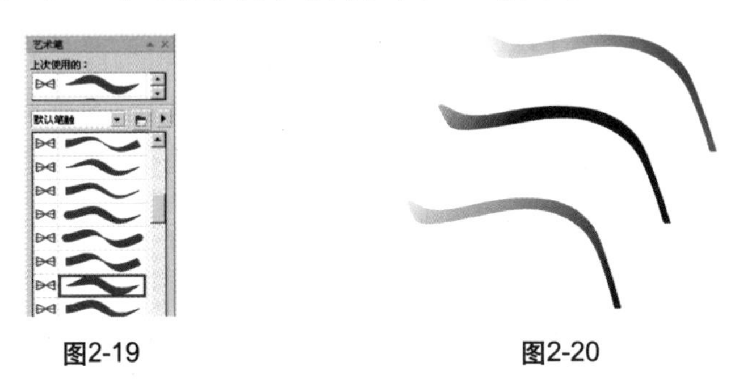

图2-19　　图2-20

Step 08

选中最底层的眼线图形，单击工具箱中的"交互式阴影工具"，制作图形的阴影效果，眼线阴影效果如图 2-21 所示。根据线稿人物眼角形状，单击工具箱中的"贝塞尔工具"绘制图形，颜色设置为黑色，填充图形；并单击工具箱中的"交互式透明工具"，制作图形的透明效果，眼角形状图形透明效果如图 2-22 所示。将图 2-18、图 2-21、图 2-22 所示图形进行适当缩放，调整各部分的比例关系；选择"排列"→"顺序"菜单命令和选择"排列"→"群组"菜单命令，右眼的整体效果如图 2-23 所示。

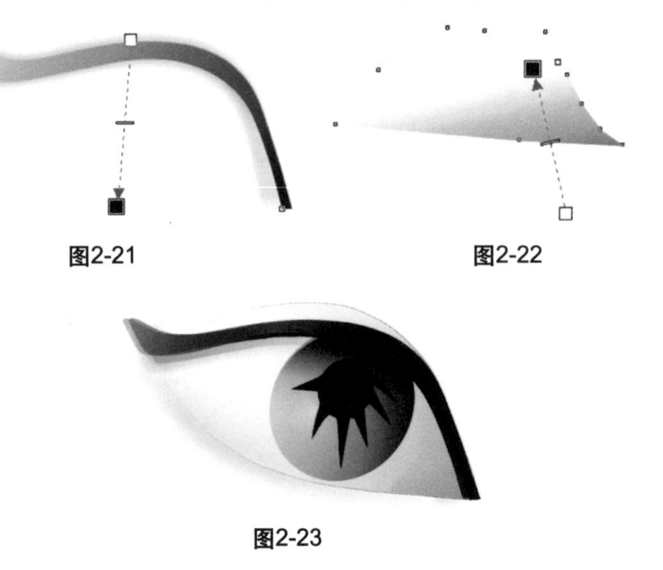

图2-21　　图2-22

图2-23

Step 09

单击工具箱中的“贝塞尔工具”，绘制眼睫毛的形状图形，并调整节点；单击工具箱中的“均匀填充工具”，颜色设置为黑色，填充图形；将其复制一份，调节色标的CMYK值设置为“59、93、94、18”，填充图形，单击工具箱中的“交互式透明工具”，制作图形的透明效果，眼睫毛的透明效果如图2-24所示。将图2-23，图2-24所示图形进行适当缩放，调整各部分的比例关系；选择“排列”→“顺序”菜单命令，女孩的右眼绘制即可完成，效果如图2-25所示。

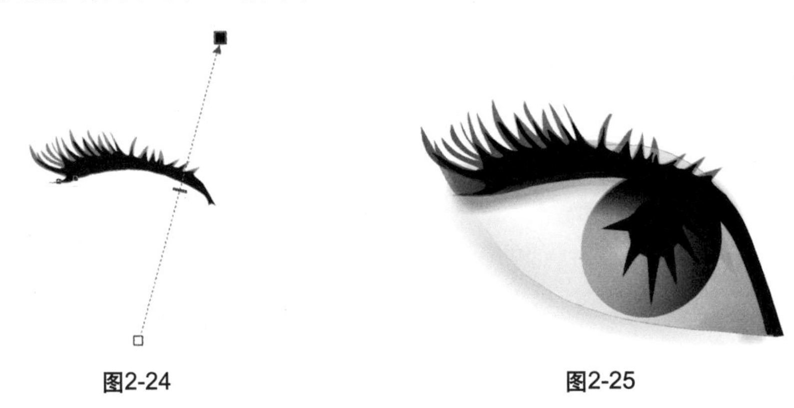

图2-24　　图2-25

Step 10

将以上绘制的“右眼”图形进行复制后稍作变形，调整光线，并单击工具箱中“自由变换工具”调整其位置关系，即可获得人物的“左眼”；该步骤在此不作赘述。根据人物线稿图形作为“参照物”，设置眼睛的位置关系，并调整位置大小，女孩的双眼绘制即可完成，效果如图2-26所示。

图2-26

2．绘制女孩鼻子、嘴巴、牙齿、樱桃等

Step 01

单击工具箱中的“贝塞尔工具”和“椭圆形工具”，绘制“女孩鼻子”形状图形，再单击工具箱中的“均匀填充工具”、“渐变填充工具”和“交互式填充工

具”，填充图形，进行渐变式交互式填充的参数设置，将填充“类型”设置为“线性”，“选项”中的角度为54.9，边界为0；在“颜色调和”选项组中选中“自定义”单选按钮，调节色标的CMYK值依次设置为“14、48、64、0”和“0、0、0、0”，“5、12、9、0”，“16、59、75、0”，“18、62、79、0”，其中均匀填充中的CMYK值依次设置为“48、92、98、7”和“77、84、80、58”。并再次单击工具箱中的“交互式透明工具”制作图形的透明效果。

Step 02

选中上一步绘制的鼻子椭圆图形，选择“排列”→“转换为曲线”菜单命令，将其变形，即可获得鼻孔及阴影效果。并同时结合鼻子的颜色值基调，单击工具箱中的“贝塞尔工具”和“椭圆形工具”绘制各种形状图形；分别单击工具箱中的“均匀填充工具”，进行参数设置，调节色标的CMYK值依次设置为“10、60、50、0”，“9、24、18、0”，“5、12、9、0”和“13、37、38、0”。选择“排列”→“顺序”菜单命令，并调整其位置大小，即或获得眼部的阴影效果，单击工具箱中的“无轮廓工具”，将轮廓线去除，效果如图2-27所示。

Step 03

将已绘制的女孩线稿图形作为参照物，选中前面步骤所绘制的眉毛、眼睛与鼻子及投影等；选择“排列”→“顺序”菜单命令，调整其位置比例关系。女孩鼻子绘制的整体效果即可呈现出来，鼻子效果如图2-28所示。

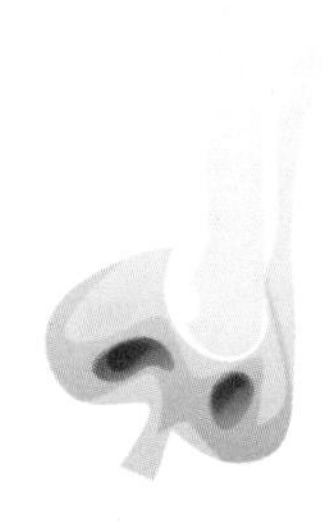

图2-27

图2-28

Step 04

单击工具箱中的“椭圆形工具”，绘制嘴巴椭圆图形，选择“排列”→“转换为曲线”菜单命令，嘴巴图形变形后并将其复制一份；分别单击工具箱中的“均匀填充工具”，调节色标的CMYK值设置依次为“11、98、93、0”和“0、0、0、100”，填充图形。选择“排列”→“顺序”菜单命令，并调整其位置大小。将填充为黑色的异形椭圆图形再复制一份，并将其与外围大的异形椭圆，重叠排列一并选中，单击“属性栏”中的“移除前面工具”，嘴巴效果如图2-29所示。

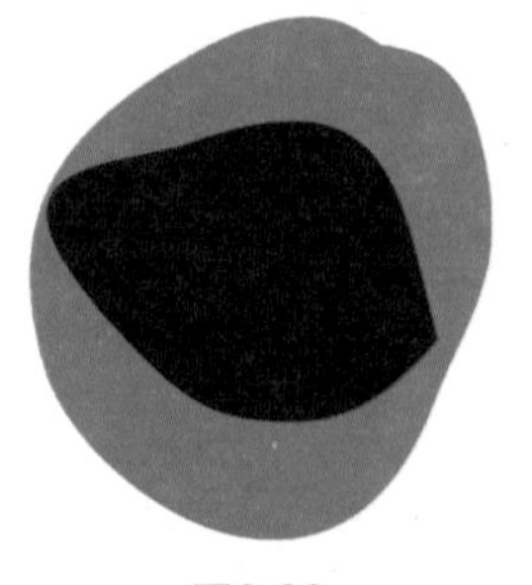

图2-29

Step 05

单击工具箱中的“贝塞尔工具”和“椭圆形工具”，绘制樱桃图形及嘴唇外围阴影，选择“排列”→“转换为曲线”菜单命令；单击工具箱中的“渐变填充工具”，进行参数设置，将填充“类型”设置为“射线”，“中心位移”中的“水平”设置为-8、“垂直”为1，“选项”中的“边界”为4；在“颜色调和”栏中选中“双色”单选按钮，调节色标CMYK值设置依次为“38、96、98、3”，“0、100、100、0”，填充图形；再单击工具箱中的“均匀填充工具”，进行参数设置，调节色标的CMYK值依次设置为“54、94、94、12”；“67、93、92、31”；“9、37、89、0”；“15、49、64、0”，“9、33、35、0”和“11、32、42、0”，填充图形。

Step 06

将步骤5绘制的图形选中，分别单击工具箱中的“交互式透明工具”，在“属性栏”上选择“编辑透明度”中的“透明度类型”分别为“线性”、“射线”，制作出图形透明效果，如图2-30所示。选择“排列”→“顺序”菜单命令和选择“排列”→“群组”菜单命令。单击工具箱中的“无轮廓工具”，将轮廓线去除，嘴巴及樱桃效果如图2-31所示。

Step 07

单击工具箱中的“贝塞尔工具”和“矩形工具”，绘制牙齿等形状，分别单击工具箱中的“均匀填充工具”，进行参数设置，调节色标的CMYK值依次设置为“19、44、46、0”、“0、0、0、0”和“13、65、80、0”，填充图形。单击工具箱中的“交互式透明工具”，在属性栏中选择“编辑透明度”中的“透明度类型”为“线性”制作出图形透明效果；选择“排列”→“顺序”菜单命令，并调整其位置大小。单击工具箱中的“无轮廓工具”，将轮廓线去除，牙齿效果如图2-32所示。

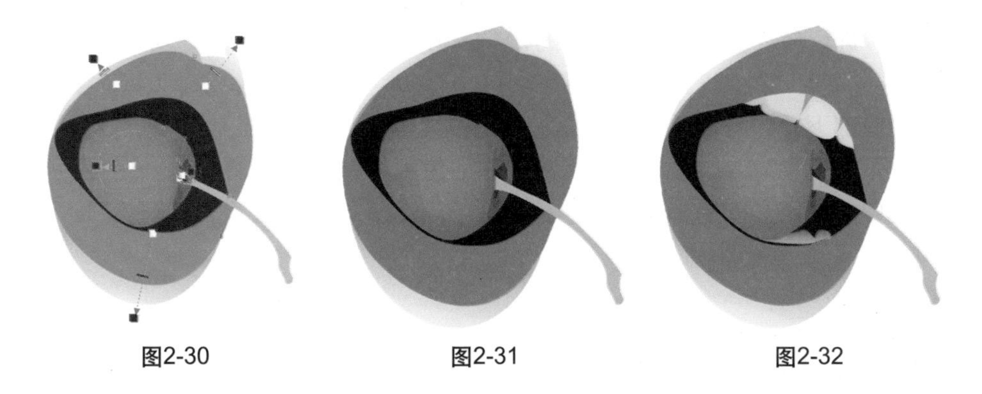

图2-30　　图2-31　　图2-32

Step 08

单击工具箱中的“贝塞尔工具”和“橡皮擦工具”，绘制嘴唇及樱桃的高光效果；分别单击工具箱中的“均匀填充工具”，调节色标的CMYK值依次设置为“9、15、5、0”、“8、80、24、0”、“8、94、78、0”、“9、13、32、0”和“0、0、0、0”，填充图形。分别单击工具箱中的“交互式透明工具”，在属性栏中选择“编辑透

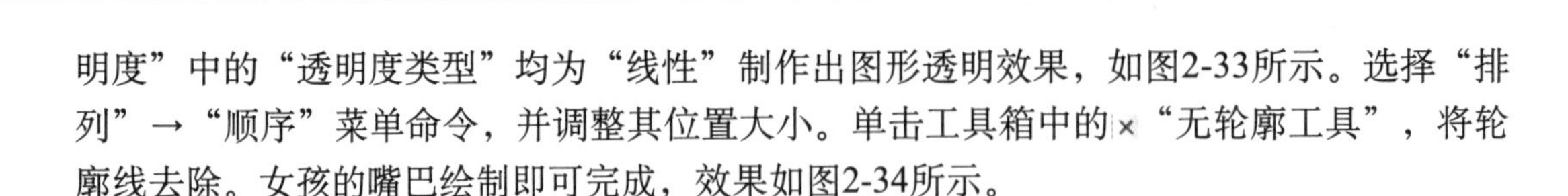

明度”中的“透明度类型”均为“线性”制作出图形透明效果，如图2-33所示。选择“排列”→“顺序”菜单命令，并调整其位置大小。单击工具箱中的 “无轮廓工具”，将轮廓线去除。女孩的嘴巴绘制即可完成，效果如图2-34所示。

Step 09

将前面步骤所绘制的眉毛、眼睛、鼻子、嘴巴及投影等图形选中，选择“排列”→“顺序”菜单命令，调整其位置比例关系。女孩的面部五官的整体图形效果如图2-35所示。

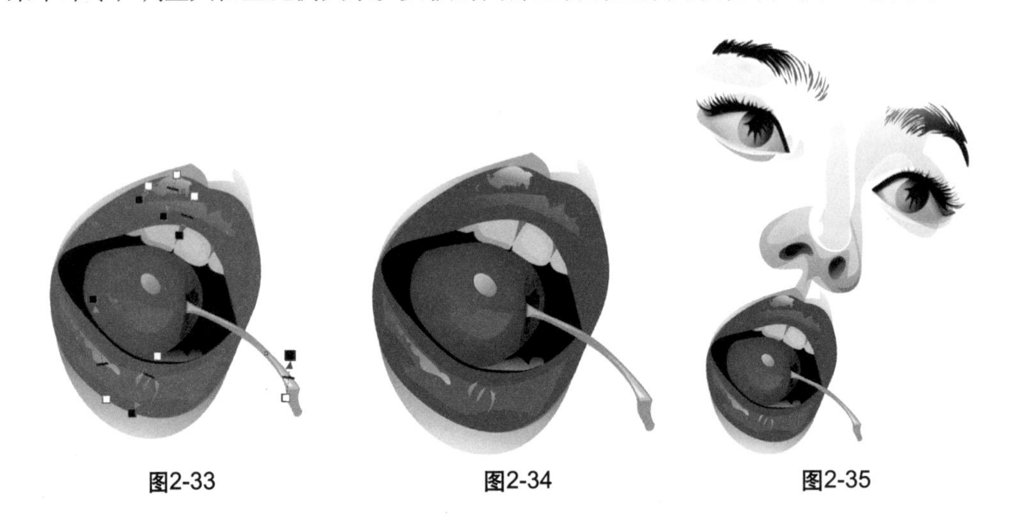

图2-33　图2-34　图2-35

Step 10

将女孩线稿图形作为参照物，并将以上步骤绘制的头部各元素图形选中，选择“排列”→“顺序”菜单命令，调整其位置比例关系。单击工具箱中的 “贝塞尔工具”，绘制人物脸部的阴影效果及高光效果；并分别选中图形后，再分别单击工具箱中的 “均匀填充工具”，进行参数设置，调节色标的CMYK值依次设置为“8、35、24、0”、“10、43、35、0”、“9、24、27、0”、“18、44、57、0”和“9、35、27、0”，填充图形。然后再选中脸部下颌的阴影部分，单击工具箱中的 “渐变填充工具”，进行参数设置，将填充“类型”设置为“线性”，“选项”中的角度为169.9，边界为2；在“颜色调和”选项组中选中“自定义”单选按钮，调节色标的CMYK值依次设置为“27、71、93、0”和“0、0、0、0”，填充图形。

Step 11

分别选中步骤10中绘制的各图形，单击工具箱中的 “交互式透明工具”，在属性栏上选择“编辑透明度”中的“透明度类型”均设置为“线性”，制作出图形透明效果；如图2-36所示。单击工具箱中的 “无轮廓工具”，将轮廓线去除。再将“女孩”的头部绘制各要素图形进行适当缩放，调整各部分的比例关系，选择“排列”→“顺序”菜单命令，并调整其位置大小；女孩的头部整体图形即可完成，头部整体效果如图2-37所示。

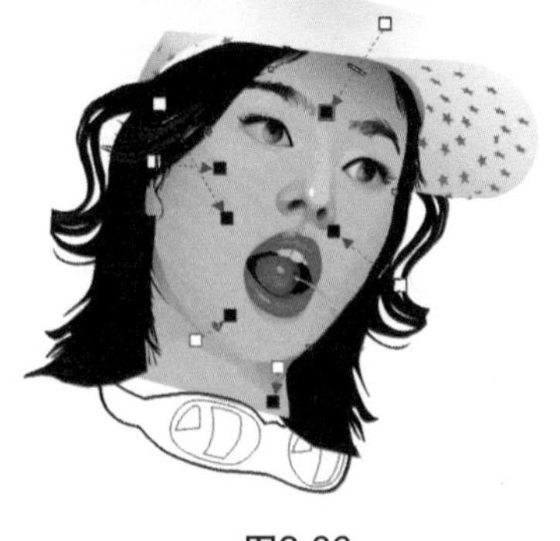

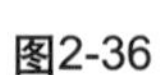

图2-36

图2-37

2.2.5 绘制女孩的衣服、裤子、皮带等

1．绘制女孩衣服及衣服饰品

Step 01

单击工具箱中的“贝塞尔工具”，分别绘制女孩衣服的形状图形并选中，单击工具箱中的“底纹填充工具”和“渐变填充工具”，参数设置如图2-38、图2-39所示；将填充“类型”设置为“圆锥”，“选项”中的角度为0，“中心位移”均为0；在“颜色调和”选项组中选中“自定义”单选按钮，调节色标的CMYK值依次设置为“0、0、20、100”，“0、0、9、25”，“0、0、2、7”，“0、0、15、80”和“0、0、0、0”，填充图形。选中重叠的小图形，单击工具箱中的“交互式透明工具”，制作图形的透明效果。单击工具箱中的“无轮廓工具”，将轮廓线去除，衣服效果如图2-40所示。

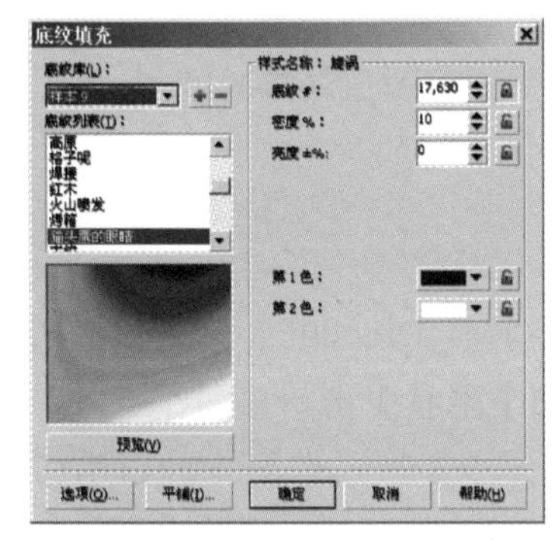

图2-38

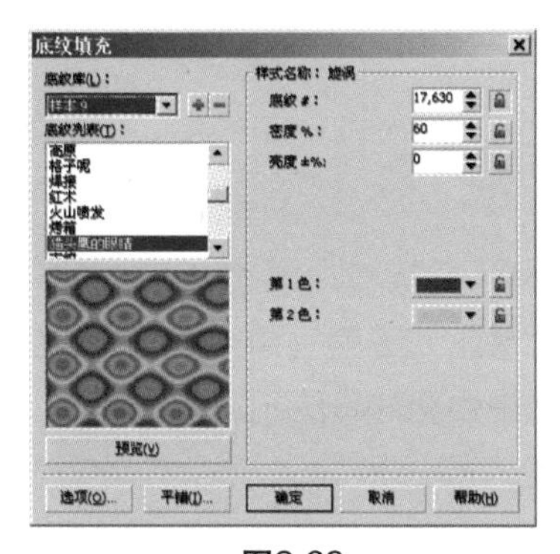

图2-39

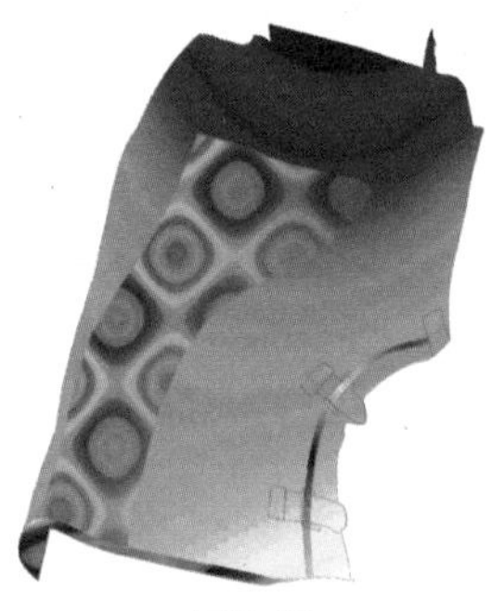

图2-40

Step 02

单击工具箱中的“贝塞尔工具”，绘制衣服的细节形状图；并分别选中各个衣服的细节形状图，单击工具箱中的“渐变填充工具”，分别进行参数设置，将填充“类型”设置为“线性”，“选项”中的角度为分别为71.6、33.7、0，边界为3、4、0；在“颜色调和”选项组中选中“自定义”单选按钮，调节色标的CMYK值依次设置为“0、0、0、100”，“0、0、2、25”、“0、0、4、31”、“0、0、20、60”、“0、0、16、48”、“0、0、7、56”和“0、

0、0、10”；“0、0、20、60”、“0、0、11、45”、“0、0、7、20”、“0、0、20、60”和“0、0、0、0”；“20、0、0、80”、“0、11、21、31”、“0、20、40、60”和“0、0、0、0”；“0、0、0、100”和“0、0、0、18”；“0、0、40、40”和“0、0、0、0”，填充图形。

Step 03

单击工具箱中的“交互式阴影工具”，制作图形的阴影效果。并分别选择“排列”→“顺序”菜单命令和选择“排列”→“打散阴影群组”菜单命令，将阴影搁置适合位置，如图2-41所示；将女孩线稿图形作为参照物，调整其位置比例关系，衣服细节效果如图2-42所示。

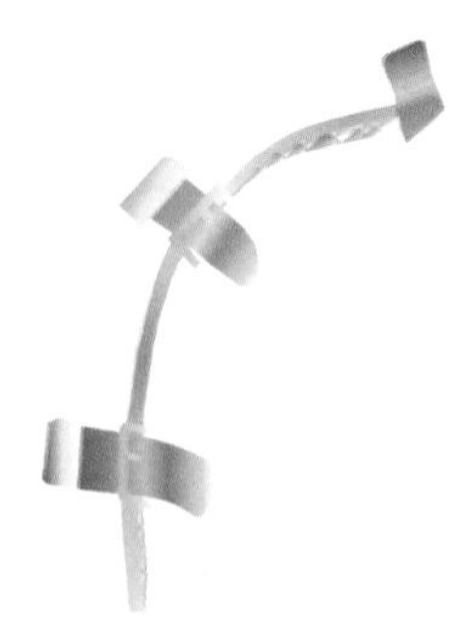

图2-41

图2-42

2．绘制女孩裤子及皮带饰品

Step 01

单击工具箱中的“贝塞尔工具”，绘制女孩裤子的形状图形，单击工具箱中的“底纹填充工具”，参数设置如图2-43所示，填充图形，裤子形状图形效果如图2-44、图2-45所示。

图2-43

图2-44

图2-45

Step 02

按照步骤1同样的方法绘制裤子细节图形，单击工具箱中的“交互式阴影工具”，制作图形的阴影效果，参数设置如图2-46所示，裤子细节效果如图2-47所示。

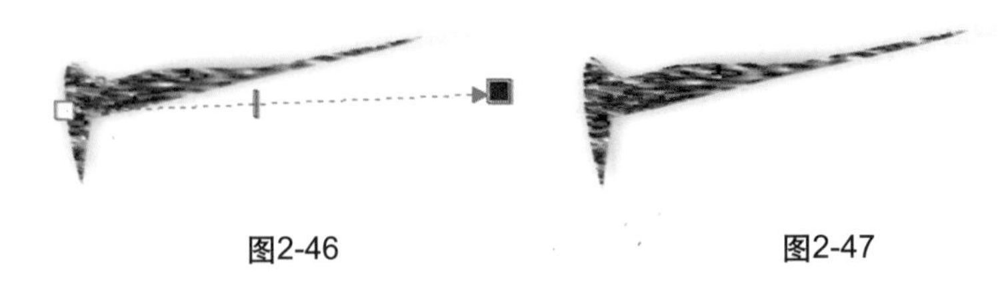

图2-46　　图2-47

Step 03

单击工具箱的“贝塞尔工具”，绘制裤子另一部分形状图形，单击工具箱中的“渐变填充工具”，进行参数设置，将填充“类型”设置为“线性”，“选项”中的“角度”及“边界”均设置为0；在“颜色调和”选项组中选中“自定义”单选按钮，调节色标的CMYK值依次设置为“20、0、0、80”、“0、0、0、20”、“5、0、0、20”、“20、0、0、80”和“5、0、0、20”，填充图形。单击工具箱中的“无轮廓工具”，将轮廓线去除，效果如图2-48所示。

Step 04

按照上面步骤 03 同样的方法绘制裤子皮带的形状图形，进行参数设置，将填充“类型”设置为“方角”、“线性”，“选项”中的“角度”、“边界”为 0；“颜色调和”选项组中选中“自定义”单选按钮，调节色标的 CMYK 值依次设置为“20、0、0、80”、“6、0、0、31”、“1、0、0、13”、“0、0、16、48”和“0、0、0、10”；“0、0、20、60”，“0、0、4、11”和“0、0、0、10”，填充图形。单击工具箱中的“无轮廓工具”，将轮廓线去除，皮带的形状图形效果如图 2-49、图 2-50 所示。

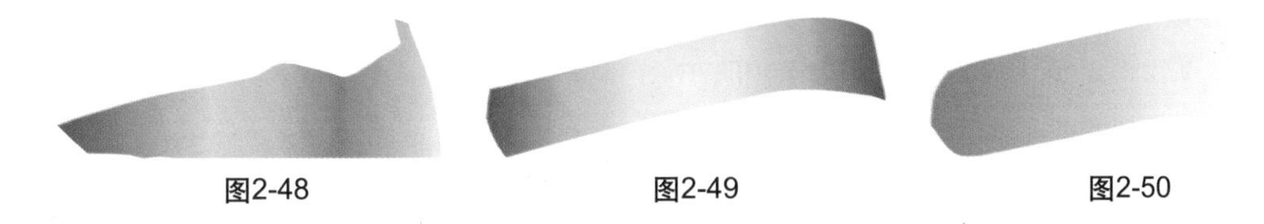

图2-48　　图2-49　　图2-50

Step 05

按照上面步骤 03 同样的方法绘制裤子皮带的另一部分形状图形，进行参数设置，将填充“类型”设置为“线性”，“选项”中的“角度”分别为 -29.1、0，“边界”分别为 9、0；在“颜色调和”选项组中选中“自定义”单选按钮，调节色标的 CMYK 值依次设置为“0、0、20、80”、“0、0、5、28”、“0、0、14、58”、“0、0、0、13”、“0、0、5、30”、“0、0、7、35”、“0、0、15、60”、“0、0、4、15”、“0、0、11、47”、“0、0、7、28”、“0、0、10、42”和“0、0、0、10”，填充图形。单击工具箱中的“无轮廓工具”，将轮廓线去除，效果如图 2-51、图 2-52 所示。

Step 06

单击工具箱的“贝塞尔工具”，绘制裤子皮带挂扣形状图并复制一份，并同时按住Shift键按比例扩大；选中图形，分别单击工具箱中的“渐变填充工具”、“均匀填充工具”，其中渐变填充参数设置时，将填充“类型”设置为“线性”，“选项”中的“角度”、“边界”均设置为0；在“颜色调和”选项组中选中“自定义”单选按钮，调节色标的CMYK值依次设置为“0、0、0、90”，“0、0、2、56”和“0、0、0、20”，填充图形；均匀填充参数设置时，调节色标的CMYK值设置为“37、36、40、1”，填充图形。单击工具箱中的“无轮廓工具”，将轮廓线去除，皮带挂扣效果如图2-53、图2-54所示。

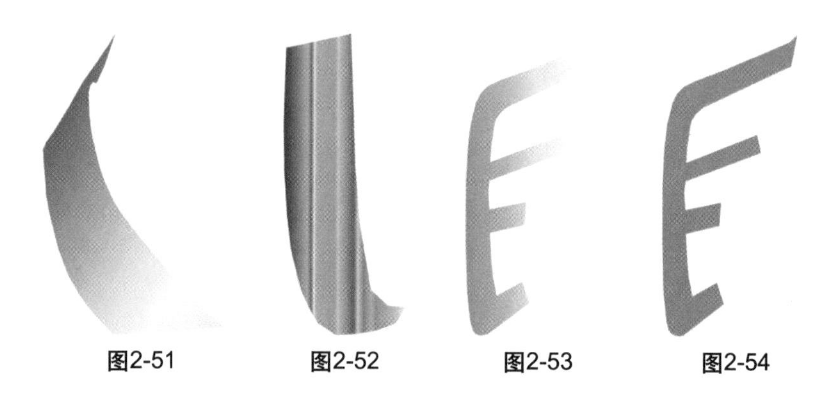

图2-51　　图2-52　　图2-53　　图2-54

Step 07

根据上一步中的方法均匀填充皮带挂扣图形，将其按比例稍扩大后，选择“排列”→“顺序”→“到后一层”菜单命令；选中皮带挂扣的两个填充后的图形，单击工具箱中的“交互式调和工具”，制作调和效果，皮带挂扣调和效果如图2-55所示。单击工具箱中的“无轮廓工具”，将轮廓线去除。以女孩线稿作为参照物，将本小节步骤1～步骤7所绘图形进行适当缩放，选择“排列”→“顺序”菜单命令，调整各部分的比例及位置关系，裤子皮带效果如图2-56所示。

图2-55　　图2-56

Step 08

单击工具箱中的“椭圆形工具”，同时按住Ctrl键绘制一个裤子皮带饰品的正圆图

形，并将其复制一份；分别单击工具箱中的“渐变填充工具”和“均匀填充工具”填充图形，其中渐变填充参数设置时，将填充“类型”设置为“射线”，“选项”中的“角度”及“边界”分别设置为0；在“颜色调和”选项组中选中“自定义”单选按钮，调节色标的CMYK值依次设置为“0、0、0、100”和“0、0、0、0”，填充图形；均匀填充参数设置，调节色标的CMKY值设置为“0、0、0、100”，填充图形。单击工具箱中的“无轮廓工具”，将轮廓线去除，效果如图2-57、图2-58所示。

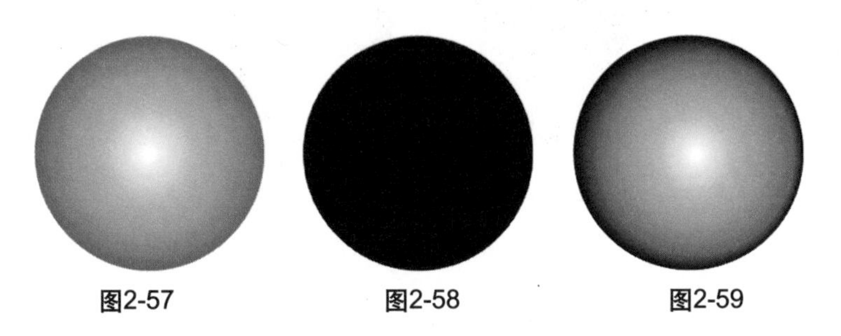

图2-57　　图2-58　　图2-59

Step 09

选择“排列”→“顺序”→“到后一层”菜单命令；选中两正圆图形，单击工具箱中的“交互式调和工具”，制作图形的调和效果，皮带按钮效果如图2-59所示。选择“排列”→“群组”菜单命令，将其重复复制多份，并根据线稿进行排列，皮带按钮整体效果如图2-60所示。

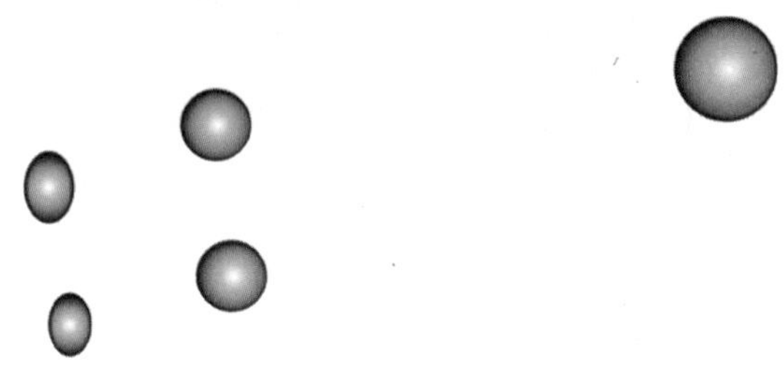

图2-60

Step 10

单击工具箱中的“椭圆形工具”，绘制一个皮带饰品的椭圆形，单击工具箱中的“渐变填充工具”和“均匀填充工具”，其中渐变填充参数设置时，将填充“类型”设置为“线性”，“选项”中的“角度”及“边界”分别设置为0；在“颜色调和”选项组中选中“自定义”单选按钮，调节色标的CMYK值依次设置为“0、0、0、100”、“0、0、0、42”、“0、0、0、35”和“0、0、0、0”，填充图形，如图2-61所示；均匀填充参数设置时，调节色标的CMKY值设置为“0、0、0、100”，如图2-62所示，并将其移位排列。单击工具箱中的“无轮廓工具”，将轮廓线去除。

Step 11

选中黑色椭圆图形，选择“排列”→“顺序”→“到后一层”菜单命令和选择“排

列”→“群组”菜单命令，将其重复复制后并依据线稿进行排列。单击工具箱中的“无轮廓工具”，将轮廓线去除，皮带装饰效果如图2-63、图2-64所示。

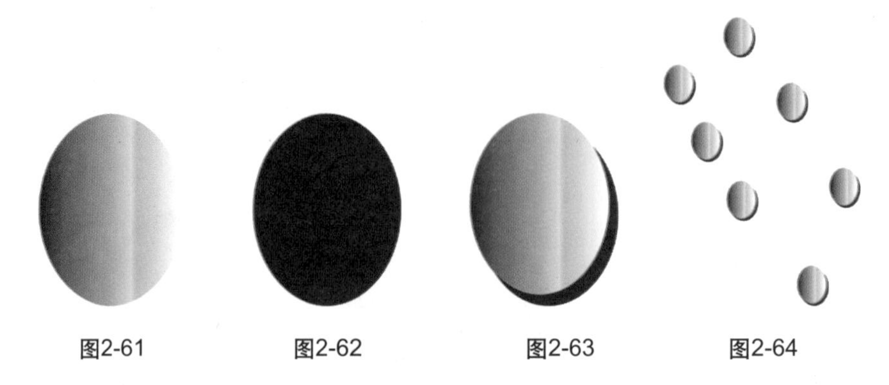

图2-61　　图2-62　　图2-63　　图2-64

Step 12

将本小节中步骤1～步骤12所绘图形进行适当缩放，调整其各部分的比例关系，并选择“排列”→“顺序”菜单命令，调整各部分的相互位置关系，女孩裤子及皮带饰品效果如图2-65所示。

图2-65

Step 13

将已绘制的“女孩线稿”作为参照物，再将2.2.1～2.2.5小节中所绘制的图形进行适当缩放，调整各部分的比例关系，并选择“排列”→“顺序”菜单命令，调整各部分的相互位置关系，女孩头部、服饰等整体效果如图2-66所示。

图2-66

2.2.6 绘制女孩的手臂饰物和太阳镜等

1. 绘制女孩手臂饰物

Step 01

单击工具箱中的“贝塞尔工具”，绘制左手饰物形状图形，并将两个图形重叠排列，分别单击工具箱中的“渐变填充工具”，进行参数设置，将填充“类型”设置为“线性”，“选项”中的“角度”分别设置为0、90，“边界”为0；在“颜色调和”选项组中选中“自定义”单选按钮，调节色标的CMYK值依次设置为“0、0、20、80”，“0、0、0、50”，“0、0、0、54”和“0、0、0、100”；“0、0、0、100”和“0、0、0、0”，填充图形，左手饰物形状如图2-67所示。单击工具箱中的“无轮廓工具”，将轮廓线去除，左手饰物效果如图2-68所示。

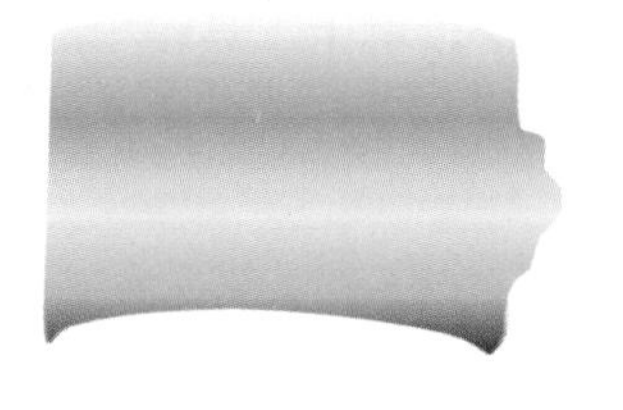

图2-67

图2-68

Step 02

单击工具箱中的“贝塞尔工具”或“矩形工具”，绘制左手臂饰物形状图形，选择“排列”→“转换为曲线”菜单命令，并调节形状；分别单击工具箱中的“渐变填充工具”，进行参数设置，将填充“类型”设置为“线性”，“选项”中的“角度”分别为5.2、0、0，“边界”分别为2、0、0；在“颜色调和”选项组中选中“自定义”单选按钮，调节色标的CMYK值依次设置为“20、0、0、80”，“5、0、0、21”，“3、0、0、18”，“11、0、0、50”，“5、0、0、28”和“20、0、0、80”；“20、0、0、80”和“0、0、0、0”；“20、0、0、80”和“0、0、20、80”，填充图形。选择“排列”→“顺序”菜单命令。单击工具箱中的“无轮廓工具”，将轮廓线去除，左手臂饰物效果如图2-69所示。

Step 03

单击工具箱中的“贝塞尔工具”绘制如图2-70所示形状图形；单击工具箱中的“渐变填充工具”，进行参数设置，将填充“类型”设置为“线性”，“选项”中的“角度”为74.3，“边界”为17；在“颜色调和”选项组中选中“自定义”单选按钮，调节色标的CMYK值依次设置为“0、0、0、100”，“4、0、0、35”，“5、0、0、10”，“9、0、0、17”，“20、0、0、40”和“0、0、0、0”，填充图形。选择“效果”→“图框精确裁剪”→“放置在容器中”→“编辑内容”→“完成编辑”菜单命令。单击工具箱中的“无轮廓工具”，将轮廓线去除，左手臂饰物效果如图2-71所示。

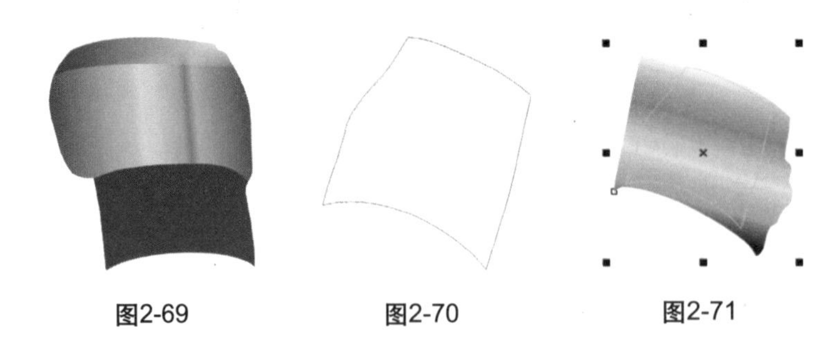

图2-69　图2-70　图2-71

Step 04

按照上面步骤 3 的同样方法，绘制左手臂饰物形状图形，进行参数设置，将填充“类型”设置为“线性”，“选项”中的“角度”为 -40.2，“边界”为 1；在“颜色调和”选项组中选中“自定义”单选按钮，调节色标的 CMYK 值依次设置为“20、0、0、80”，“5、0、0、19”，“6、0、0、23”，“20、0、0、80”和“0、0、0、0”；“0、0、0、100”和“0、0、0、0”，填充图形。选择“排列”→“顺序”菜单命令。单击工具箱中的×“无轮廓工具”，将轮廓线去除，左手饰物效果如图 2-72 所示。

Step 05

按照步骤 3 的同样方法，绘制右手臂饰物形状图形，进行参数设置，将填充“类型”设置为“线性”，“选项”中的“角度”为 -35.5，“边界”为 4；“颜色调和”选项组中选中“自定义”单选按钮，调节色标的 CMYK 值依次设置为“0、0、0、100”，“20、0、0、76”，“20、0、0、40”，“21、2、0、41”，“40、40、0、60”和“0、0、0、100”，填充图形。选择“排列”→“顺序”菜单命令。单击工具箱中的×“无轮廓工具”，将轮廓线去除，右手臂饰物效果如图 2-73 所示。

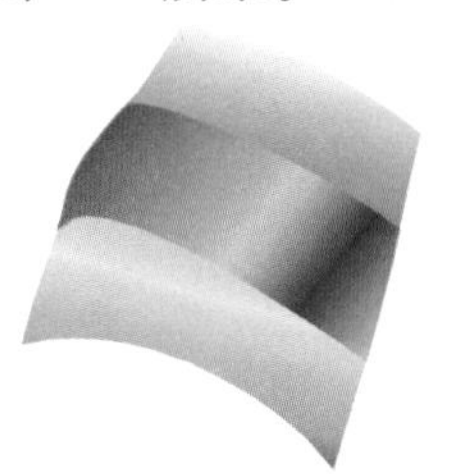

图2-72

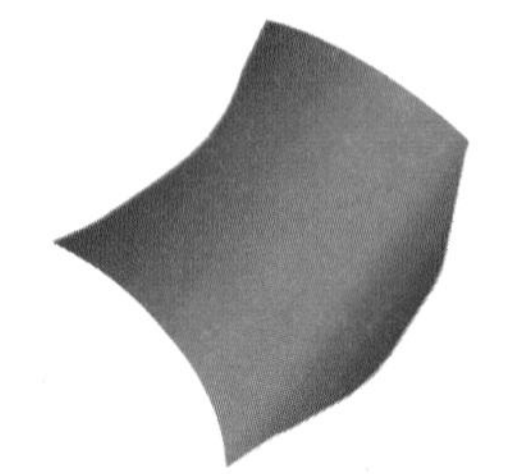

图2-73

Step 06

单击工具箱中的“贝塞尔工具”，绘制右手腕饰物形状图，单击工具箱中的“渐变填充工具”，进行参数设置，将填充“类型”设置为“线性”，“选项”中的“角度”为69.7，“边界”为2；在“颜色调和”选项组中选中“自定义”单选按钮，调节色标的CMYK值依次设置为“20、0、0、80”，“4、0、0、25”，“1、0、0、15”，“5、0、0、17”，“10、0、0、45”和“0、0、0、10”，填充图形。单击工具箱中的×“无轮廓工具”，将轮廓线去除，右手腕饰物效果如图2-74所示。

图2-74

Step 07

按照步骤6的同样方法，绘制图形，进行参数设置，将填充“类型”设置为“射线”，“选项”及“中心位移”均为0；在“颜色调和”选项组中选中“自定义”单选按钮，调节色标的CMYK值设置依次为“0、0、0、100”和“0、0、0、0”，填充图形。单击工具箱中的“无轮廓工具”，将轮廓线去除，右手腕又一饰物效果如图2-75所示。

图2-75

Step 08

绘制手掌阴影及大拇指：单击工具箱中的“椭圆形工具”，绘制手指甲盖椭圆形状图，并复制一份，选中复制的图形，选择“排列”→“转换为曲线”菜单命令，并调节形状；分别单击工具箱中的“渐变填充工具”，进行参数设置，将填充“类型”设置为“线性”，“选项”中的“角度”分别为0、-5.0，“边界”分别为0、8；在“颜色调和”选项组中选中“自定义”单选按钮，调节色标的CMYK值设置“17、58、66、0”、“9、14、29、0”，填充图形，选择“排列”→“顺序”菜单命令。单击工具箱中的“无轮廓工具”，将轮廓线去除，手指甲盖效果如图2-76所示。

Step 09

选中步骤8所绘制的图形，单击工具箱中的“交互式透明工具”，将“属性栏”上的“透明度类型”设置选择均为“线性”，分别制作出图形透明效果如图2-77所示。单击工具箱中的“贝塞尔工具”绘制手掌阴影效果；并单击工具箱中的“渐变填充工具”，进行参数设置，将填充“类型”设置为“线性”，“选项”中的“角度”及“边界”分别为0；“颜色调和”选项组中选中“自定义”单选按钮，调节色标的CMYK值依次设置为“0、0、0、90”、“0、0、0、30”、“0、0、0、10”和“0、0、0、0”；“0、0、0、100”和“0、0、0、0”，填充图形。单击工具箱中的“无轮廓工具”，将轮廓线去除。

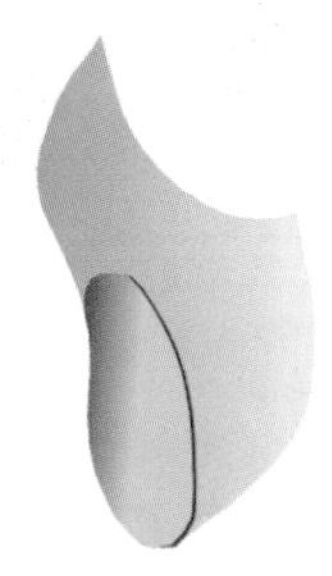

图2-76

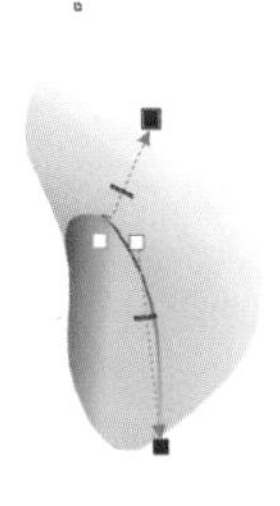

图2-77

Step 10

将以上绘制的图形，分别选择“排列”→“顺序”菜单命令和“排列”→“群组”菜单命令；并选中前面绘制的手掌图形，单击工具箱中的“交互式阴影工具”，绘制阴影效果；选择“排列”→“打散阴影群组”菜单命令和选择“排列”→“顺序”菜单命令，女孩手指效果如图2-78所示。

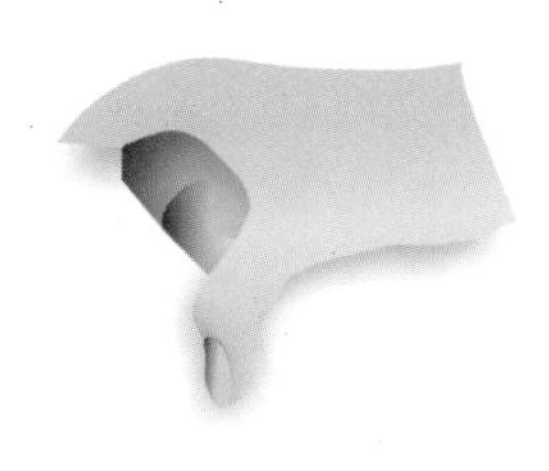

图2-78

Step 11

选择“文件”→“导入”菜单命令，将“书稿第一章”中所绘制的“数码相机”去除背景，并将成品图P01直接导入其中，数码相机如图2-79所示，并调整图像大小；将其选中，单击工具箱中的“自由变换工具”旋转图形；选择“排列”→“顺序”菜单命令，手握数码相机的效果如图2-80所示。

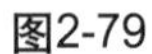
图2-79

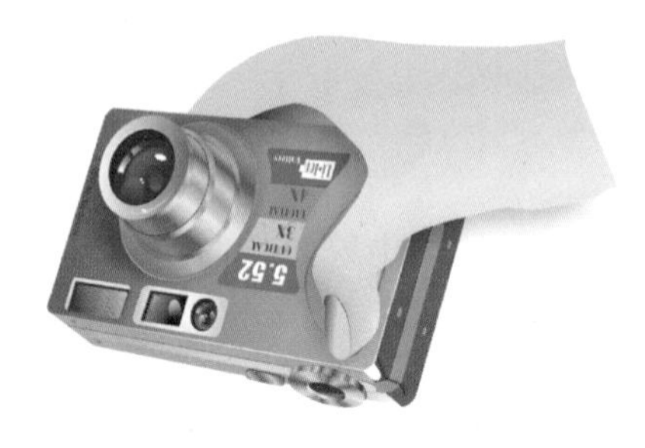

图2-80

Step 12

将已绘制的“女孩线稿”图形作为参照物，将所绘图形进行适当缩放，调整各部分的比例关系，选择“排列”→“顺序”菜单命令，调整各部分的相互位置关系，女孩整体绘制效果如图2-81所示。

图2-81

2．绘制太阳镜

Step 01

单击工具箱中的“贝塞尔工具”，绘制太阳镜形状图，并复制一份；单击工具箱中的“渐变填充工具”，渐变填充参数设置时，将填充“类型”设置为“方角”，设置“中心位移”中的“水平”为13、“垂直”为5，“选项”中的“角度”及“边界”分别为0；在“颜色调和”选项组中选中“自定义”单选按钮，调节色标的CMYK值依次设置为“0、0、0、100”，“0、0、0、100”，“0、0、0、30”，“0、0、7、41”，“0、0、20、80”和“0、0、0、90”，填充图形。选中复制的图形，单击工具箱中的“均匀填充工具”，颜色设置为黑色，填充图形。单击工具箱中的“无轮廓工具”，将轮廓线去除，填充后的太阳镜效果如图2-82、图2-83所示。

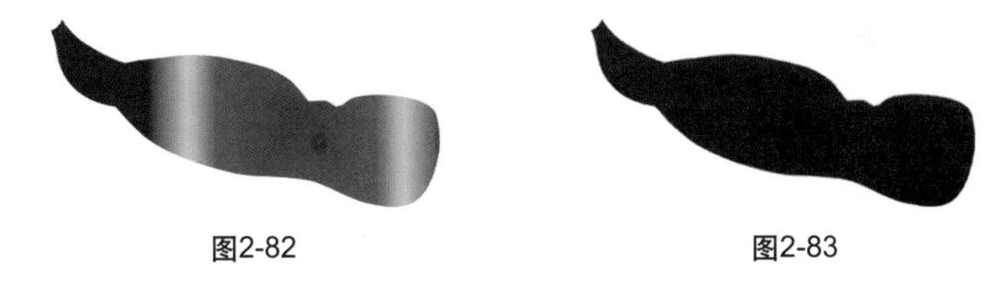

图2-82　　图2-83

Step 02

选中图2-82、图2-83所示图形，选择“排列”→“顺序”→“到页面后面”菜单命令；单击工具箱中的“交互式调和工具”，制作图形的调和效果，如图2-84所示。单击工具箱中的“无轮廓工具”，将轮廓线去除。

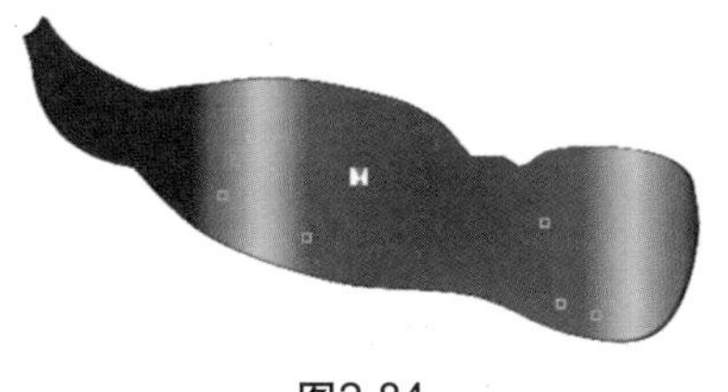

图2-84

Step 03

单击工具箱中的“椭圆形工具”，绘制镜片形状图，选择“排列”→“转换为曲线”菜单命令；单击工具箱中的“均匀填充工具”，进行参数设置，调节色标的CMKY值设置为“0、0、0、100”。并单击工具箱中的“无轮廓工具”，将轮廓线去除，镜片填充后的效果如图2-85所示。

Step 04

根据图2-84所示图形绘制的黑色镜片形状来制作反光效果，分别单击工具箱中的“贝塞尔工具”绘制镜片反光的形状图，单击工具箱中的“渐变填充工具”和“均匀填充工具”，其中渐变填充参数设置时，将填充“类型”设置为“射线”，“中心位移”

中的“水平”为-16、“垂直”为-13，“选项”中的“边界”为0；在“颜色调和”选项组中选中“自定义”单选按钮，调节色标的CMYK值依次设置为“0、0、0、100”和“0、0、0、0”；其他反光形状均匀填充图形颜色设置为“0、0、0、0”，镜片反光效果如图2-86所示。

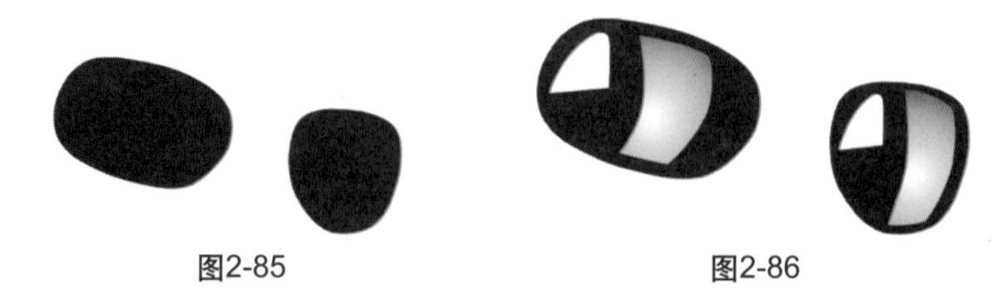

图2-85　　图2-86

Step 05

分别选中镜片反光图形，单击工具箱中的“交互式透明工具”，在属性栏中选择“编辑透明度”，“透明度类型”均设置为“线性”，制作图形的透明效果，如图2-87所示。将图2-86，图2-87所示的两个图形选择“排列”→“顺序”→“到页面前面”菜单命令；调整各部分的大小及相互位置关系；选择“排列”→“群组”菜单命令，太阳镜效果如图2-88、图2-89所示。

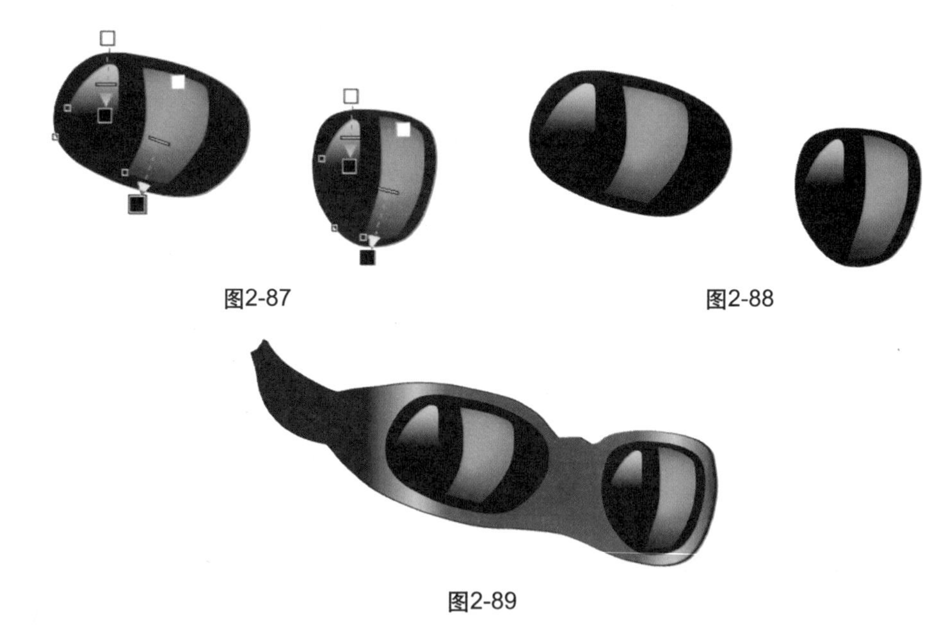

图2-87　　图2-88

图2-89

Step 06

选中图2-89所示图形并群组，单击工具箱中的“交互式阴影工具”，制作图形的阴影效果，太阳镜的阴影效果如图2-90所示。将已绘制的女孩线稿作为参照物；并将以上本节“2.2人物绘制”中所有绘制的图形进行适当缩放，调整各部分的比例关系，选择“排列”→“顺序”菜单命令和选择“排列”→“群组”菜单命令，调整各部分的相互位置关系。时尚女孩的整体绘制效果就全部完成，综合效果如图2-91所示。

图2-90

图2-91

Step 07

选择“文件”→“导入”菜单命令，将素材底图P02导入版面中，并调整图像大小，如图2-92所示；选中图像，选择“效果”→“校正”→“尘埃与刮痕”菜单命令，将图片进行除尘处理；选择“排列”→“顺序”→“到页面后面”菜单命令；并将时尚女孩整体效果图形放置在画面最前端。再将“室内客厅背景”图与“时尚女孩”图形调整其相互位置关系及比例关系，呈现出最佳效果。本章节“绘制简约客厅中的时尚女孩”整体图形效果即可完成，最终效果如图2-93所示。

图2-92

图2-93

2.2.7 人物绘制主题介绍和技术分析

通过观察本实例，可以将人物绘制整体图形划分为4部分，分别为绘制女孩的线稿图，绘制皮肤、帽子及头发，绘制面部五官及面部投影等，绘制衣服、裤子和皮带等，绘制人物女孩的手臂饰物、太阳镜等。下面将本实例中所使用的技术和解决方案进行深入的剖析。

1．线稿

直接使用工具箱中的“贝塞尔工具”、“矩形工具”、“钢笔工具”、“椭圆形工具”和“3点椭圆形工具”等结合起来绘制人物线稿。

2．绘制皮肤、帽子及头发

使用工具箱中的“贝塞尔工具”、“椭圆形工具”、“形状工具”、“多边形工具”、“均匀填充工具”、“渐变填充工具”或“交互式填充工具”、“交互式阴影工具”、“交互式透明工具”等进行绘制，并注意光线对皮肤光源效果。

3．面部五官及面部投影

使用工具箱中的“贝塞尔工具”或“手绘工具”、“粗糙笔刷工具”、“橡皮擦工具”，“均匀填充工具”、“交互式透明工具”、“交互式阴影工具”、“椭圆形工具”、“艺术笔工具”和“橡皮擦工具”等进行绘制。并同时运用了“排列”→“打散阴影群组”菜单命令、“排列”→“转换为曲线”菜单命令、“窗口”→“泊坞窗”→“艺术笔”菜单命令和“排列”→“转换为曲线”等菜单命令。

4．衣服、裤子、皮带、手臂饰物、太阳镜等

使用工具箱中的“贝塞尔工具”、“椭圆形工具”、“交互式透明工具”、“渐变填充工具”、“交互式阴影工具”和“底纹填充工具”等工具进行绘制，并选择了“排列”→“顺序”菜单命令和选择“排列”→“打散阴影群组”菜单命令、“排列”→“转换为曲线”菜单命令、“效果”→“图框精确裁剪”→“放置在容器中”→“编辑内容”→“完成编辑”菜单命令、“排列”→“打散阴影群组”菜单命令和“效果”→“校正”→“尘埃与刮痕”菜单命令。调整所绘制图形各部分的相互位置关系，获得最终效果。

温馨小提示：

在使用“钢笔工具”绘制图形时，单击属性栏目中的“预览模式”按钮，可以显示出所有绘制曲线的形状和位置。按住Alt键，可以进行节点的转换、移动和调整等操作；按Esc键结束绘制。

2.3 触类旁通——卡通人物绘制

2.3.1 绘制卡通人物的线稿图

Step 01

选择“文件”→“新建”菜单命令，设置页面的宽为150mm，高为100mm，其他参数设置为默认值。需要注意的是，在设置页面时都可适当按比例缩小页面尺寸，这样可大大提高运算速度。

Step 02

单击工具箱中的“贝塞尔工具”、“手绘工具”、“艺术笔工具”、“钢笔工具”、“椭圆形工具”、“3点椭圆形工具”，结合起来绘制人物线稿。也可用铅、钢笔在白纸上直接以速写形式勾画人物的大致轮廓图，再扫描到计算机中。如图2-94所示。

图2-94

注：先绘制线稿图有利于在后面的实质绘制人物图形时平衡比例，为绘制每一部分图形起到参照作用。绘制完稿，即可删除。

2.3.2 绘制卡通人物的头部及阴影

Step 01

将卡通人物线稿作为参照物，选中头发部分及面部阴影形状图形，单击工具箱中的■"均匀填充工具"，进行参数设置，调节色标的CMYK值分别设置为"13、2、40、0"、"35、62、95、0"和"0、0、0、100"，填充图形，效果如图2-95所示。

图2-95

Step 02

将卡通人物线稿作为参照物，单击工具箱中的"贝塞尔工具"绘制衣服形状，单击工具箱中的■"均匀填充工具"，进行参数设置，调节色标的CMYK值依次设置为"73、74、59、30"、"62、91、24、0"、"37、47、6、0"和"0、0、0、0"，填充图形，并单击工具箱中的"轮廓工具"，轮廓笔大小分别设置为无、0.2mm、0.5mm，调整后的效果如图2-96所示，卡通人物衣服效果如图2-97所示。

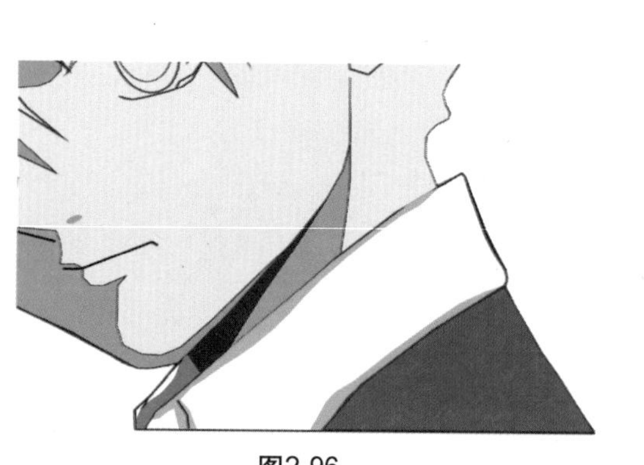

图2-96

图2-97

Step 03

单击工具箱中的"贝塞尔工具"和"艺术笔工具"，绘制卡通人物头发图形，使

用艺术笔时，调节色标的CMYK值依次设置为“32、36、85、0”、“13、2、40、0”和“0、0、0、0”，填充图形，调整后的效果如图2-98所示，头发效果如图2-99所示。需要注意的是，同色填充图形时可直接在工具箱中选用“滴管工具”选取填充即可。

图2-98

图2-99

Step 04

单击工具箱中的“贝塞尔工具”和“椭圆形工具”，绘制眼部及眉毛形状，分别单击工具箱中的“均匀填充工具”，进行参数设置，调节色标的CMYK值依次设置为“93、92、73、66”、“24、31、75、0”和“43、83、95、2”，填充图形，调整后的效果如图2-100所示，卡通人物的眼睛及眉毛效果如图2-101所示。

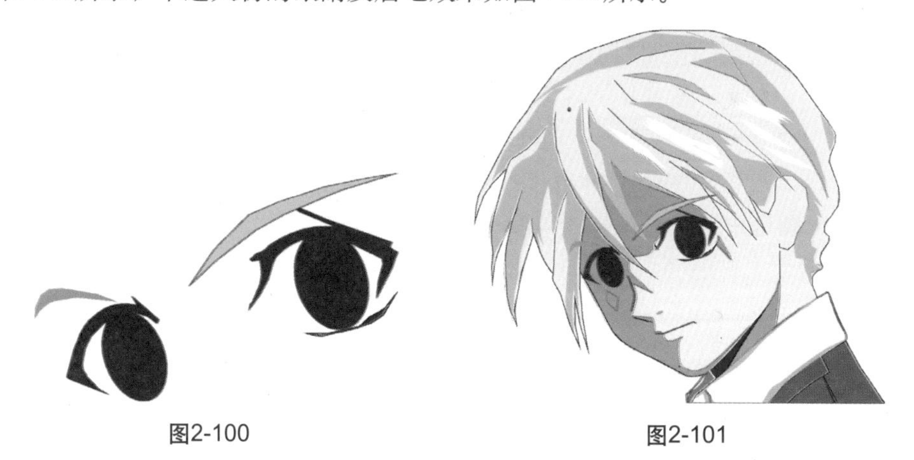

图2-100　　图2-101

Step 05

根据上一步绘制的图形，分别选中眼球椭圆形，单击工具箱中的“渐变填充工具”，进行参数设置，将填充“类型”设置为“线性”，“选项”中的角度为81.6、“边界”为3；在“颜色调和”选项组中选中“自定义”单选按钮，调节色标的CMYK值依次设置为“92、89、0、0”和“93、92、73、66”，填充图形，如图2-102，眼珠效果如图2-103所示。选中填充后的图形，单击工具箱中的“无轮廓工具”，将轮廓线去除，卡通人物的眼珠效果如图2-104所示。

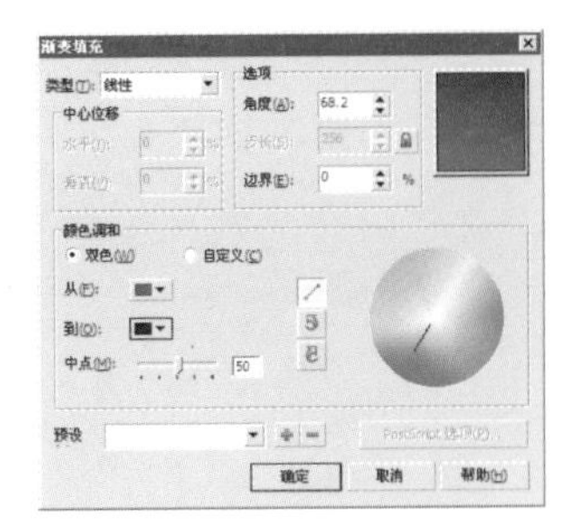

图2-102

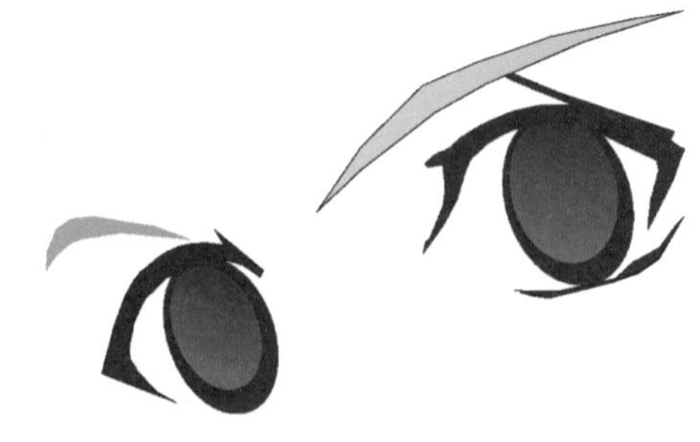

图2-103

图2-104

Step 06

根据上一步所绘制的图形，选中眼球的渐变填充椭圆图形，将其复制一份并重叠排列，单击工具箱中的■“渐变填充工具”，进行参数设置，将填充“类型”设置为“线性”，“选项”中的角度为73.3、“边界”为4；在“颜色调和”选项组中选中“自定义”单选按钮，调节色标的CMYK值依次设置为“92、89、0、0”和“0、0、0、0”，填充图形；并分别选中图形，单击工具箱中的□“交互式透明工具”，绘制透明效果，如图2-105所示，卡通人物透明后的眼球效果如图2-106所示。

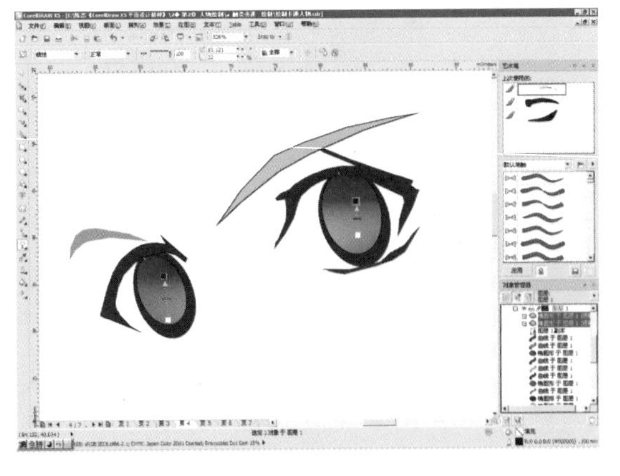

图2-105

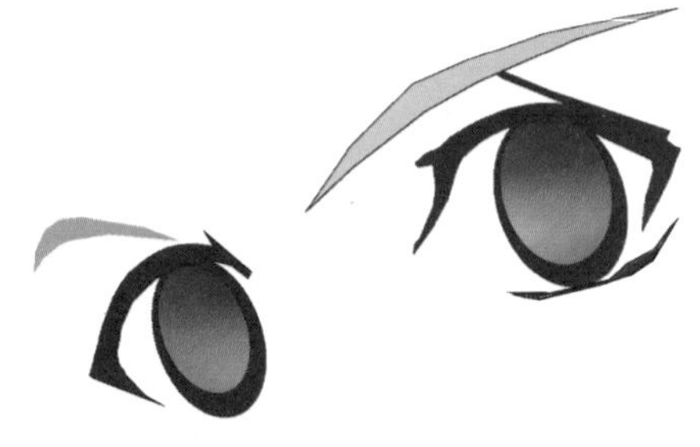

图2-106

Step 07

单击工具箱中的◎“椭圆形工具”，绘制两个椭圆形的圆球反光图形，并同时选中，单击“属性栏”上的“后剪前工具”修剪图形，将修剪后的图形填充为白色，单击工具箱中的×“无轮廓工具”，将轮廓线去除，如图2-107所示，眼球的反光效果如图2-108所示。

图2-107　　　　图2-108

Step 08

单击工具箱中的“贝塞尔工具”和“艺术笔工具”，绘制眼球反光细节图形，单击工具箱中的■“渐变填充工具”，进行参数设置，将填充“类型”设置为“线性”，“选项”中的角度为-85.8、“边界”为3；在“颜色调和”选项组中选中“自定义”单选按钮，调节色标的CMYK值依次设置为“20、20、0、0”和“0、0、0、0”，填充图形，并复制一份后再调节节点位置，如图2-109、图2-110所示。选择“排列”→“顺序”→“到图层后面”菜单命令，卡通人物眼球反光整体效果如图2-111所示。

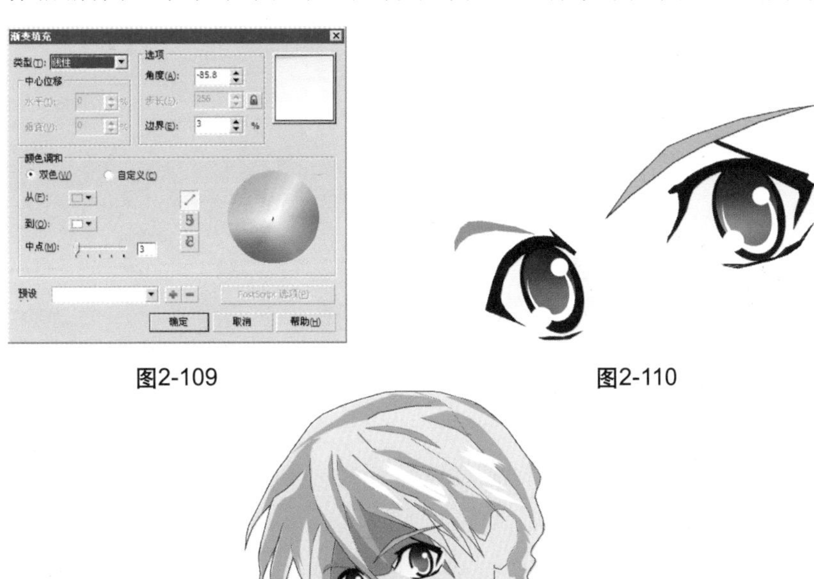

图2-109　　　　图2-110

图2-111

Step 09

根据如图2-112所示的形状图形，单击工具箱中的 “艺术笔工具”，绘制眼部细节图形，单击工具箱中的 “均匀填充工具”，调节色标的CMYK值设置为“0、0、0、100”，填充图形。单击工具箱中的 “贝塞尔工具”绘制耳朵图形，单击工具箱中的 “均匀填充工具”填充图形，进行参数设置，调节色标的CMYK值设置为“42、76、100、6”，填充图形，耳朵效果如图2-113所示。

图2-112

图2-113

Step 10

单击工具箱中的 “贝塞尔工具”，绘制右边面部形状图形，单击工具箱中的 “均匀填充工具”，进行参数设置，调节色标的CMYK值设置为“20、28、62、0”，填充图形，如图2-114所示，右边面部效果如图2-115所示。

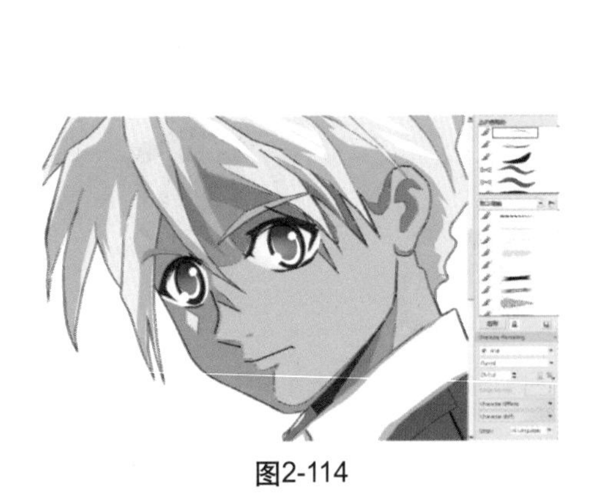

图2-114

图2-115

Step 11

单击工具箱中的 “矩形工具”，绘制矩形背景图，单击工具箱中的 “均匀填充工具”，进行参数设置，调节色标的CMYK值设置为“87、69、0、0”，填充图形。选中填充后的图形，单击工具箱中的 “无轮廓工具”，将轮廓线去除，背景图效果如图2-116所示。

图2-116

Step 12

将图2-115、图2-116所示图形，选择“排列”→“顺序”→“到页面后面”菜单命令和选择“排列”→“群组”菜单命令，并将卡通人物和背景两个图形选中“群组”后，再对成组后的卡通人物图形及背景图形，选择“排列”→“对齐和分布”→“底端对齐”菜单命令；调整“卡通人物”图形的相互位置关系及比例关系。本章节“卡通人物绘制”整体图形效果即可完成，卡通人物整体效果如图2-117所示。

图2-117

 温馨小提示：

由于绘制人物图形步骤繁多，为了在以后调整或选取图形时不影响前面已经绘制好的图形，可以在完成每一步操作时，就在菜单栏目上选择“排列”→“锁定对象”菜单命令，即可将其锁定；选择需要解除锁定的对象时，在菜单栏上选择“排列”→“解除锁定对象”菜单命令，即可解除锁定。

章节小絮

通过本章节的学习，可以详细掌握人物绘制的方法，尤其是人物头部五官的绘制技巧，各比例及位置的协调关系直接影响画面的质感。特别提醒的是，画面的色彩基调非常重要，本章节中的人物实例在客厅背景的烘托下，更具有纵深感。通常我们画画时所说的构图创作，某种意义上只是注意一种画面的形式构成，也就是说视觉要素的点、线、面、立体等要素的构成，但是这种构成只是片面的，一副完整的绘画作品是灵动的，有血有肉的。

第3章　杂志封面设计

通过对本章的学习，能够学到以下内容。

* 熟练掌握大16开杂志封面原稿设计方法。
* 熟练掌握矩形工具、渐变填充工具、交互式透明工具、调合曲线、挑选工具、文本工具、椭圆形工具、编辑位图；选择遮罩→遮罩轮廓→羽化菜单命令；选择排列→群组菜单命令；选择位图→转换为位图菜单命令；选择效果→调整→亮度→对比度、强度菜单命令；选择效果→模糊→动态模糊菜单命令等的应用。
* 熟练掌握期刊杂志成稿后期出菲林及印刷常识。

当代军事文摘

CMD CONTEMPORARY MILITARY DIGEST

01 总第52期 2009

世界军事惊叹号

21世纪各国核战略

零售价/人民币4.60元

3.1 关于杂志封面设计

杂志是特殊的书籍，“杂”是多种多样的意思，“志”则指文字记事或记载的文字。封面是杂志的外貌，它既能体现杂志的内容、性质，同时又给读者以美的享受。杂志的封面设计，一般具有连续性。一个设计者应在既定的开本、材料和印刷工艺条件下，通过想象，调动自己的设计才能并使其在艺术上的美学追求与杂志“文化形态”的内蕴相呼应。以丰富的表现手法及内容，使视觉思维的直观认识与视觉思维的推理认识获得高度的统一，来满足读者知识的、想象的、审美的多方面要求。

3.1.1 杂志封面设计的构架、功能及设计原则

杂志的封面设计因具有连续性，所以设计时主要考虑杂志的名称以及与名称相呼应的图案装饰等，另外，还有主办单位、年号、月份和期数等，也有将条形码印在封面上的。杂志，无论是半月刊还是月刊、双月刊、季刊，都有一定时效性，时效性决定了刊物的连续性与统一。月刊，一年12期，这12期要有一个共同的、连续性的特点。即使每月换一个底色或改变刊名的位置，但仍要有一个贯穿于各期的整体标识，使用字体相同的杂志名称，或使用同一种构图布局，在统一中求得各期之间的变化。

在种类繁多的杂志期刊竞争中，作为期刊的“外包装”——封面设计，将直接影响受众对杂志的认知度、好感度和美誉度。目前，我国期刊装帧设计正朝着艺术性、亲和性、娱乐性的方向发展。根据各种期刊的不同特点，表达内涵、展现特色、明确定位、审美、广告与促销、包装保护归结出期刊封面所共有的6个方面的功能；期刊的封面设计应掌握“突出刊名、明确定位、立意深刻、删繁就简、真实与典型、相对稳定”这6个设计原则。

3.1.2 书脊厚度的计算方法及封面尺寸的设定

1．书籍现在常用的一些版式规格

(1) 诗集：通常用比较狭长的小开本。

(2) 理论书籍：通常使用大32开。

(3) 儿童读物：接近方形的开度。

(4) 小字典：42开以下的尺寸，106/173mm。

(5) 科技技术书：需要使用较大较宽的开本。

(6) 画册：接近于正方形的开本比较多。

2．杂志现在常用的一些版式规格

正度16开的开本成品尺寸是185 × 260mm，大度16开是现在最流行的开本，其开本成品尺寸是210 × 285mm，所谓的国际16开，我国也叫大16开。

杂志有大有小，有32开的、16开的、大32开的和小16开。

3. 专业书脊计算公式

(1) 0.135×克数/100×页数(特别注意：是页数不是码数)＝书脊厚度(单位是mm)。

内容补充：克数就是纸张的重量，如：128g铜版、157g铜版、60g胶版，其中的数字就是克数。

(2) 页数/2×纸张克数×0.125/1000，通用公式对双胶版纸和铜版纸都适用。

3.2 财经杂志封面设计

作为杂志设计人员，美术设计师除了要使杂志内容丰富之外，尤为重要的是要设计制作出炫丽的封面来吸引读者的眼球。

接下来将介绍如何设计制作杂志封面。以下为国际开本大16开杂志封面原稿设计。

3.2.1 财经杂志封面设计步骤

Step 01

选择“文件”→“新建”菜单命令，设置页面宽为213毫米(210+3毫米外出血)、高为291毫米(210毫米+6毫米上下出血)，其他参数设置为默认值，或直接执行“版面/页面设置”菜单命令。目前国际流行大16开本成品尺寸为210*285毫米。需要注意的是，在页面设置尺寸时都可以适当按比例缩小，这样可大大提高运算速度。

Step 02

单击工具箱中的“矩形工具”，绘制一个覆盖整封面的矩形，选中该矩形，单击工具箱中的“渐变填充工具”，参数设置如图3-1所示，调节色标的CMYK值为依次设置为“100、100、100、100”和“18、25、96、0”，填充图形；并将其选中的同时单击工具箱中的“轮廓笔工具”选择“无”选项，效果如图3-2所示。

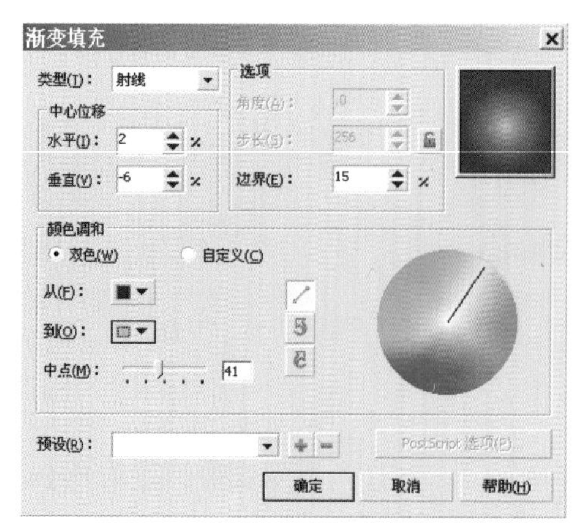

图3-1

图3-2

Step 03

单击工具箱中的字“文本工具”，输入杂志中的英文名称，在字体列表中选择适合字体及字号，选择“文本”→“编辑文本”菜单命令，进行编辑排列，并绘制一条直线与英文字母颜色设置一致，字体的颜色调节色标的CMYK值依次设置为“0、0、0、0”和“25、27、74、0”，效果如图3-3所示。

Step 04

选中英文字母，单击工具箱中的“交互式透明工具”，制作英文字体的透明效果，字体效果如图3-4所示。

图3-3

图3-4

Step 05

选择“文件”→“导入”菜单命令，将素材图P01导入版面中并调整图像大小，如图3-5所示；并选中该图像，选择“效果”→“校正”→“尘埃与刮痕”菜单命令，接着选择“效果”→“调整”→“调和曲线”菜单命令，对图片进行去尘及调整颜色的处理，参数设置如图3-6所示；并调整图像大小，图片在封面中的效果如图3-7所示。

图3-5

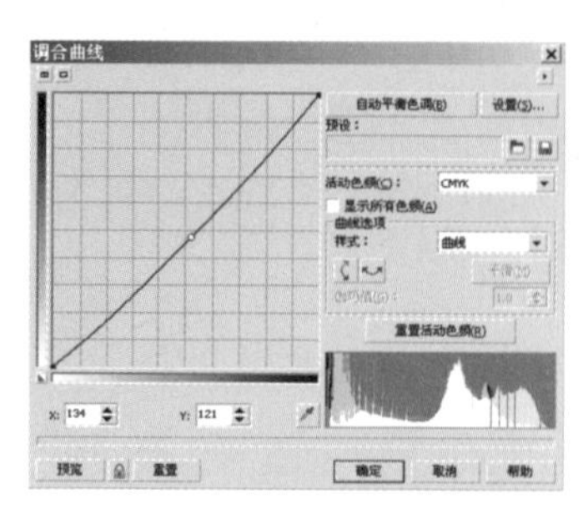

图3-6

图3-7

Step 06

单击工具箱中的"挑选工具"，如图3-7所示，选中图像并在属性选项组中单击"编辑位图"按钮，打开Corel PHOTO-PAINT程序，单击工具箱中的"手绘遮罩工具"，拖动鼠标在图像周围绘制遮罩区域，如图3-8所示，双击鼠标结束绘制；选择"遮罩"→"遮罩轮廓"→"羽化"菜单命令，设置羽化"宽度"为2，"方向"为"向内"，单击"确定"按钮，关闭Corel PHOTO-PAINT程序，弹出询问对话框后，单击"是"按钮，观察到背景区域被隐藏，并调整图像大小。选择"排列"→"顺序"菜单命令，去除背景后的图像效果如图3-9所示。

图3-8

图3-9

Step 07

单击工具箱中的"椭圆形工具"，绘制一个直径为人物头部宽度的椭圆形状，单击工具箱中的"均匀填充工具"，进行参数设置，调节色标的CMYK值设置为"70、62、64、81"，填充图形；单击工具箱中的"无轮廓工具"，将轮廓线去除。选中填充后的椭圆图形，选择"排列"→"顺序"菜单命令，调整图像后并将其复制，再选中复制后的图形，并同时按住Shift键，按比例扩大图形；单击工具箱中的"均匀填充工具"，进行

参数设置，调节色标的CMYK值依次设置为“22、70、78、2”、“10、21、56、3”和“8、11、52、1”，填充图形，其他参数设置如图3-10所示，人物头部填充图形效果如图3-11所示。

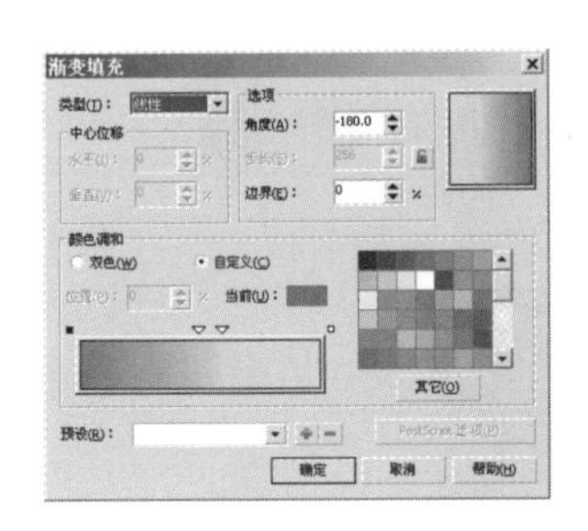

图3-10

图3-11

Step 08

选择“文件”→“导入”菜单命令，将素材图P02导入版面中并调整图像大小，如图3-12所示；选中该图像并在属性选项组中单击“编辑位图”按钮，打开Corel PHOTO-PAINT程序，单击工具箱中的“圈选遮罩工具”，拖动鼠标在图像周围绘制遮罩区域，如图3-13所示，双击鼠标结束绘制；选择“遮罩”→“遮罩轮廓”→“羽化”菜单命令，设置羽化“宽度”为2，“方向”为“向内”，单击“确定”按钮，关闭Corel PHOTO-PAINT程序，弹出询问对话框，单击“是”按钮，观察到背景区域被隐藏，并调整图像大小。

图3-12

图3-13

Step 09

选中图3-13所示图形，选择“效果”→“调整”→“亮度、对比度、强度”菜单命令和选择“排列”→“顺序”菜单命令，调整其位置，参数设置如图3-14所示，去除背景后的钱币图片效果如图3-15所示。将钱币图形复制一份，分别单击工具箱中的

“橡皮擦工具”或“裁剪工具”，擦除或裁剪图像多余部分，再将两图形根据画面布局排列；选择“排列”→“群组”菜单命令，并调整图形大小，调整后的钱币效果如图3-16所示。

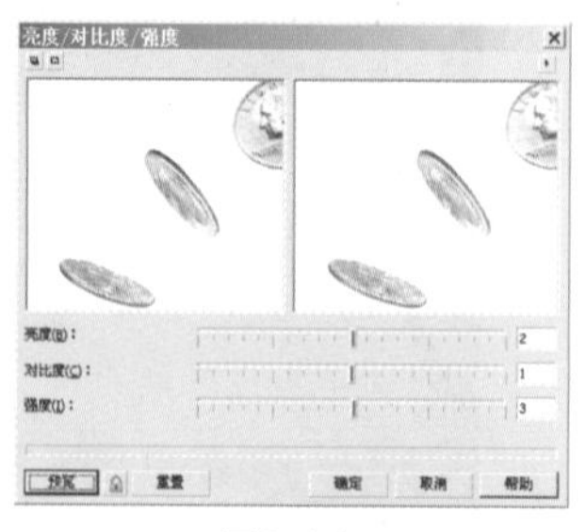

图3-14

图3-15

图3-16

Step 10

选中如图3-16所示图形中的钱币图形，将其复制后，选中图像并在属性选项组中单击“编辑位图”按钮，打开Corel PHOTO-PAINT程序，单击工具箱中的“魔术棒遮罩工具”，载入所需要复制的图形选区，将其他部分删除，单击工具箱中的“裁剪工具”剪辑图形，选区后的钱币裁剪图形如图3-17所示；单击属性选项组上的“结束编辑”按钮，关闭Corel PHOTO-PAINT程序，弹出询问对话框，单击“是”按钮，观察到背景区域被隐藏，并调整图像大小。

图3-17

Step 11

选中如图3-17所示图形，并重复选择“位图”→“扭曲”→“风吹效果”菜单命令和选择“位图”→“模糊”→“动态模糊”菜单命令，参数设置如图3-18所示，风吹和模糊后的效果如图3-19所示。

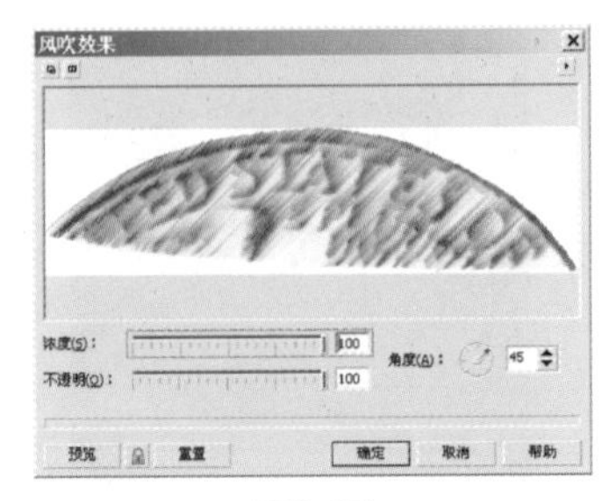

图3-18

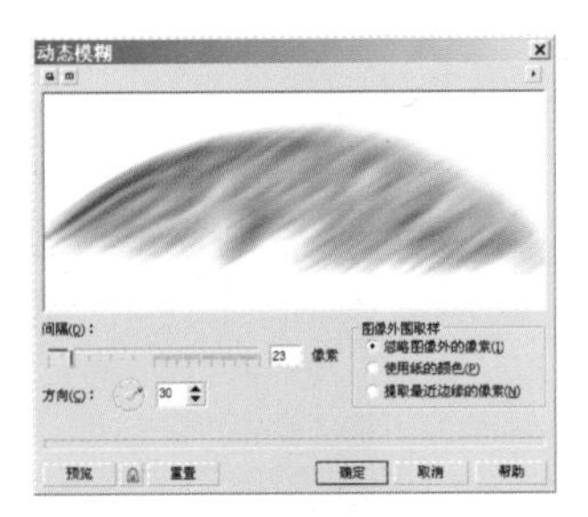

图3-19

Step 12

选中如图3-19所示处理后的钱币图形，选择“排列”→“顺序”→“向后一层”菜单命令；选择“效果”→“图框精确剪裁”→“放置在容器中”菜单命令，当出现“大黑箭头”时直接置入已绘制的容器框中；选择“效果”→“图框精确剪裁”→“编辑内容”→“结束编辑”菜单命令，并调整其位置，钱币与人物头部在画面中的效果如图3-20所示。

图3-20

Step 13

选中人物头部及钱币图形，依次选择“排列”→“群组”菜单命令；选择“位图”→“转换为位图”菜单命令；选择“效果”→“调整”→“亮度”→“对比度、强度”菜单命令；选择“效果”→“模糊”→“动态模糊”菜单命令，参数设置如图3-21、图3-22所示，将头部与钱币转换位图后，调节颜色为白色，其效果如图3-23所示。

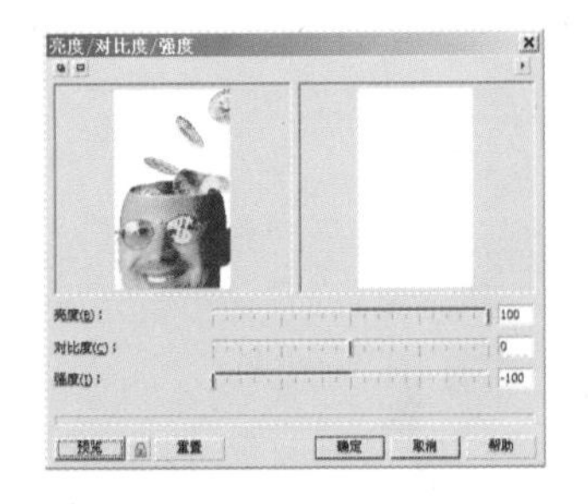

图3-21

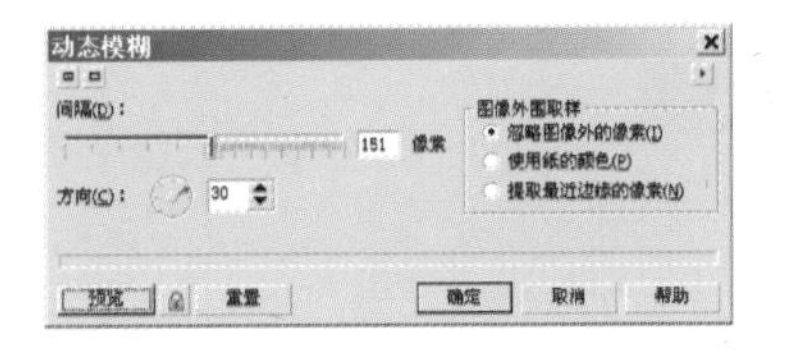

图3-22

图3-23

Step 14

选中如图3-23所示处理后的白色模糊图形，选择“排列”→“顺序”→“向下一层”菜单命令；单击工具箱中的“交互式透明工具”，制作图像白色投影的透明效果，参数设置如图3-24所示，封面中的主体图像效果如图3-25所示。

图3-24

图3-25

Step 15

选择“文件”→“导入”菜单命令，将素材图P03、图P04导入版面中并调整图像大小，如图3-26、图3-27所示；分别选择“效果”→“调整”→“调和曲线”菜单命令；选择“效果”→“调整”→“颜色平衡”菜单命令；选择“排列”→“顺序”→“对齐”菜单命令，参数设置如图3-28、图3-29所示。

图3-26

图3-27

图3-28

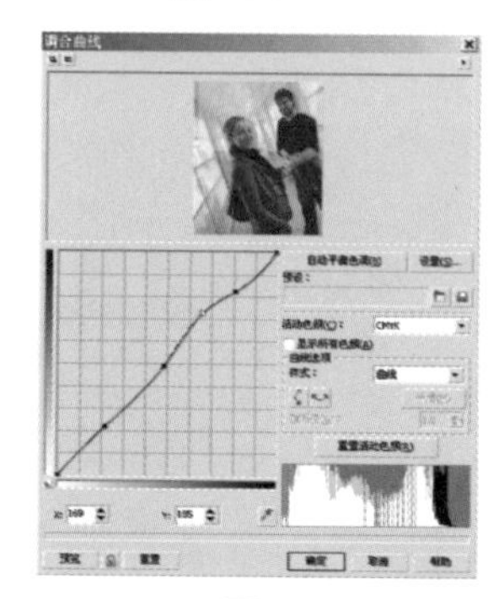

图3-29

Step 16

关于“条形码”的绘制，先选择“编辑”→“插入条形码”菜单命令，再进行参数设置如图3-30、图3-31所示，条形码在封面上的效果如图3-32所示。

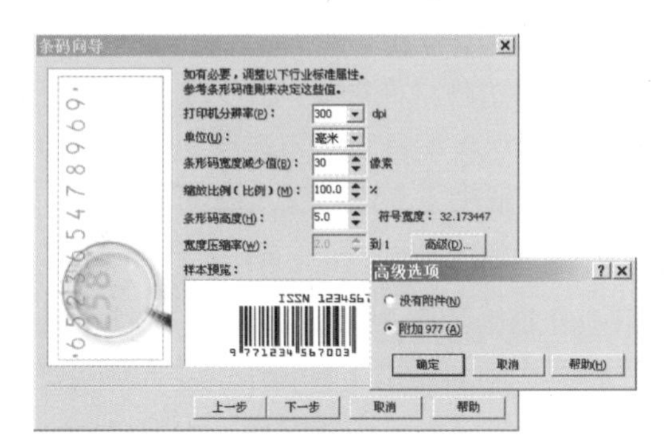

图3-30

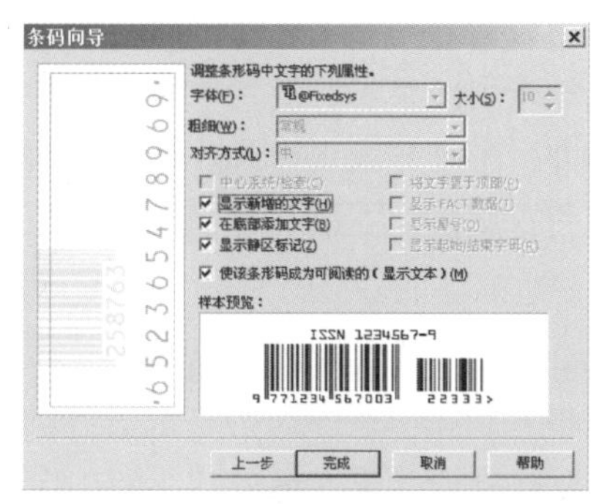

图3-31

Step 17

选择“文本”→“编辑文本”菜单命令，选择合适字体，调节色标的CMYK值依次设置为“0、100、100、0”、“0、15、100、0”和“25、27、74、0”；并选择“排列”→“转换为曲线”菜单命令，将字体转化为曲线后分别成组排列。并同时将画面中的图形，单击属性栏中的“对齐和分布”按钮，打开对话框进行对齐调整，并选择“排列”→“顺序”菜单命令，调整杂志封面中要素之间的协调效果。财经杂志封面设计的整体效果如图3-33所示。

图3-32

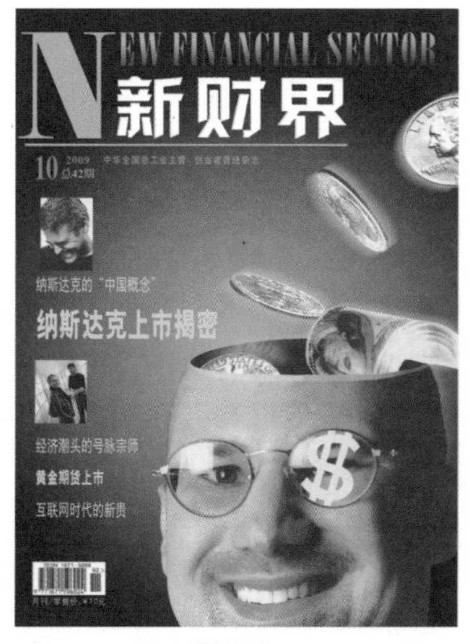

图3-33

3.2.2 财经杂志封面设计主题介绍和技术分析

通过观察本实例，可以将杂志的封面整体图形划分为五大部分，刊头、背景、财经主体人物图像，重头稿件标题，插图的导读提炼，主管单位和条形码。

既然是财经杂志，笔者在封面的构思设计时的立意：首先确立其受众群，采用具有视觉冲击力、形象的表现形式。把握画面色彩基调，尽可能沉稳而不浮躁，体现其杂志风格的理性与权威性。下面就本实例中所使用的技术和解决方案进行深入的剖析。

1．刊头

本例中的刊头包括中、英文刊头；使用工具箱中的“文本工具”，选择合适的字体字号，将其转化为曲线后进行拆组排列，并将英文刊名使用工具箱中的“交互式透明工具”，制作透明效果，增添刊头的层次感，使得与中文刊名“新财界”更为协调，刊名设计中不宜颜色过于丰富，字体变化过于花哨，当然娱乐、休闲刊物除外。

2．背景

背景图形是直接使用工具箱中的“矩形工具”和“渐变填充工具”，绘制一个覆盖整幅封面的矩形，调节色彩并设置参数后将图形进行渐变填充，并选择“无轮廓笔工具”，即可获得封面的背景图效果。

3．财经主体人物图像

画面主体图像是整个封面设计的主角，以其直观、明确、视觉冲击力强、易与读者产生共鸣的特点，成为设计要素中重要部分，它往往在画面中占很大面积，成为视觉中心，所以图像质量尤为重要。寻找到优质素材图像后，因只需要选择画面中的脑袋部分以及另一画面中的钱币部分，两素材图不是分层图而是带背景的，必须将其独立出来，方法就是分别在属性栏中单击“编辑位图”按钮，打开Corel PHOTO-PAINT程序，在工具箱中按住“矩形遮罩工具”不放，在展开的工具箱中选取“圈选遮罩工具”，拖动鼠标在人物头部图形周围绘制遮罩区域，结束编辑位图就可以看到其人物的背景画面被隐藏，选中选区后再设置“羽化”边界。要使得人物基调与画面协调，分别选择“效果”→“校正”→“尘埃与刮痕”菜单命令和选择“效果”→“调整”→“调和曲线”菜单命令，进行图片处理，这样可以避免在画面中的生硬感。应用工具箱中的“椭圆形工具”、“橡皮擦工具”、“裁剪工具”和“交互式透明工具”；分别选择“位图”→“扭曲”→“风吹效果”菜单命令；选择“位图”→“模糊”→“动态模糊”菜单命令；选择“效果”→“图框精确剪裁”→“放置在容器中”菜单命令；选择“效果”→“图框精确剪裁”→“编辑内容/结束编辑”菜单命令，结合这些工具的使用即可获得主体画面的效果。

4．重头稿件标题及插图的导读提炼

文章内容提炼标题是否需要放在封面上，这个没有明确的规定，一条两条都可以，根据杂志的定位来设计，有些杂志特别强调信息量的展示，包括其精彩稿件的配图都视为一大看点，这样就给封面设计人员提高了难度，在设计封面之前也需要考虑插图的添加是否会影响整个画面的布局，因此设计前要做好准备工作。本实例中就是强调封面要素中的信

息量，将插图与标题并茂，字体采用国际化通用字体黑体、粗黑体，字体颜色采用黄色，将其与背景以及主题图案基调相协调，给读者视觉上形成“暗、灰、亮”层次感，在此所说的“亮”就是指标题的颜色设置是黄色，可以提亮画面的效果。插图在封面上适当缩小一些，不能喧宾夺主，色彩可以酌情调整，方法是选择“效果”→“调整”→“调和曲线”菜单命令等进行色彩调节，采用属性栏上的“左对齐工具”整齐画面。

5．主管单位、日期及条形码

主管单位、日期等文字的制作在此就不赘述，至于条形码在杂志社一直将沿用，需要制作的话，选择“编辑”→“插入条形码”菜单命令，输入编号进行绘制即可。

3.2.3 输出菲林前的设计阶段及完稿注意事项

在设计阶段应注意以下事项：

开本、版心和图片尺寸是否协调；前期设置版面已做的出血，在设计版面内容及图片时，也要考虑其裁剪后的效果，出血的部分也要做出来，以免给后期出菲林及印刷裁切制造麻烦。

完稿后印刷输出要注意以下事项：

1．字体问题

笔画太细的字体，最好不要使用多于3色的混叠，如“C10 M30 Y80”等，也不适用于深色底反白色字。避免不了的状况下，需要给反白字勾边，适合使用底色近似色或者某一印刷单色(通常是黑K)。

2．渐变的问题

(1) 有些常见的问题，如，红色到黑色的渐变，设置错误：M100 → K100，中间会很难看，正确的设置应该是这样：M100 → M100 K100，仔细分析就明白了，其他情况依此类推。

(2) 透明渐变，是适用于网络图形的办法，灰度图也可以，但完稿输出不可以，因为其空间混合模式为RGB，屏幕混合色彩同印刷CMYK差异太大，这点应注意。

(3) 黑色部分的渐变不要太低阶，如，可以使用5% 黑色，由于输出时有黑色叠印选项，低于10%的黑色通常使用替代而不是叠印，否则会导致出问题，同样，使用纯浅色黑也要小心。

3．图片问题

导入PSD文件后不要再做任何“破坏性操作”，比如：旋转，镜像和倾斜等，由于它的透明蒙版的关系，输出后会产生破碎图。CorelDRAW中使用蒙版也要小心，必要时候可以采取“置入容器”方法比较保险。尽可能不要在CorelDRAW中做“转换为位图”操作，但损失的是色彩还原，如果对于要求成品印刷质量较高，专业地说，应该在Photoshop中做好再使用。所有图片必须是CMYK格式或者灰度和单色Bitmap图，否则不能输出。

4．印前检验

顺序是*.cdr → 输出为“封装EPS，即 *.EPS”，再由 Acrobat Distiller 将EPS 生成 *.pdf 。利用PDF 文件做印前检验，是最保险不容易出现错误的，如字体移位、坏图等情况，请注意不是直接使用CorelDRAW打印PDF。

设计人员在成稿版面文件最终是要拿去出菲林片制成印刷版，如果仅仅是一两个页面的文件，可以将所有的文字转换成曲线，但这种方式不适合于多页码的文件；另一种方法是将所有文件转存为EPS格式的文件，不过这种方法虽然好，却有时可能会带来一些其他的问题，同时也加大了文件的物理储存问题；最好的方法是，在一个存储体中“如光盘或移动硬盘”，既存成CorelDRAW默认的CDR文件，又要存成业界通用的EPS文件，同时将文件中所用到的字体也复制到存储体中，这样文件经转移之后，就不用担心会因字体兼容性而出现不必要的麻烦。

温馨小提示：

带齐全部有关输出文件，尽可能将设计版面中的字库与输出公司字库一致，是打传统样还是数码打样都要说清楚，联系印刷厂确定出片线数。一般常见的用纸及挂网目精度(即出片线数)，采用进口铜版纸或不干胶等使用175～200线；进口胶版纸等使用150～175线；普通胶版纸等使用133～150线；新闻纸使用100～120线，以此类推，纸张质量越差，挂网目就越低，反之亦然。

3.3 触类旁通——军事杂志封面设计

军事杂志封面设计步骤

Step 01

选择“文件”→“新建”菜单命令，设置页面的宽为210mm、高为285mm，出血3mm，单击像素设置分辨率为300dpi，其他参数设置为默认值。注：在设置页面时都可以适当按比例缩小页面尺寸，这样可大大提高运算速度。

Step 02

单击工具箱中的“矩形工具”，绘制覆盖整幅面的矩形图，单击工具箱中的“均匀填充工具”，进行参数设置，调节色标的CMYK值设置为“75、68、67、90”，填充图形，单击工具箱中的“无轮廓工具”，将轮廓线去除。单击工具箱中的“文本工具”，输入杂志中的英文名称，在字体列表中选择合适的字体及字号，选择“文本”→“编辑文本”菜单命令，并绘制一条直线与英文字母颜色设置一致，字体的颜色调节色标的CMYK

值依次设置为“0、0、0、0”和“0、100、100、10”；调整到适当位置，选择“排列”→“顺序”菜单命令，封面刊头字体效果如图3-34所示。

Step 03

选择“文件”→“导入”菜单命令，分别将素材图P01、图P02导入版面中，如图3-35、图3-36所示，并同时按住Shift键按比例扩大，移至适当位置；选择“效果”→“图框精确剪裁”→“放置在容器中”→“编辑内容”→“结束编辑”菜单命令，接着选择“效果”→“调整”→“亮度/对比度/强度”菜单命令，对地球及建筑图片进行色彩调节，其在封面上的效果如图3-37所示。

图3-34

图3-35

图3-36

图3-37

Step 04

选中图3-36所示图形，选择“效果”→“图框精确剪裁”→“编辑内容”菜单命令；并选中图3-35所示图形，单击工具箱中的“交互式透明工具”编辑透明度，“透明度类型”为“射线”，“透明度操作”为“正常”，制作地球图像的透明效果，如图3-38所示。在编辑内容过程中，选中图3-36所示图形，调整到适当位置，选择“位图”→“编辑位图”菜单命令，打开Corel PHOTO-PAINT程序，在工具箱中按住“圈选遮罩工具”，拖动鼠标在图形周围绘制遮罩区域，去除黑色背景，双击鼠标结束绘制。选择“遮罩”→“遮罩轮廓”→“羽化”菜单命令，设置羽化“宽度”为1，“方向”为“向内”，按Delete键删除底纹，单击“确定”按钮，关闭Corel PHOTO-PAINT程序，弹出询问对话框后，单击“是”按钮，观察到背景区域被隐藏，并调整图像大小，选区后的建筑图形效果如图3-39所示。选择“效果”→“校正”→“尘埃与刮痕”菜单命令，接着选择“效果”→“图框精确剪裁”→“结束编辑”菜单命令，裁剪后的地球与建筑图像在画面中的效果如图3-40所示。

图3-38

图3-39

Step 05

单击工具箱中的"贝塞尔工具"，直接绘制杂志封面形状图形，或单击工具箱中的"矩形工具"绘制一个矩形图，选择"排列"→"转换为曲线"菜单命令，将矩形节点调节进行变形，颜色设置为白色。单击工具箱中的"无轮廓工具"，将轮廓线去除，变形后的图形在封面中的效果如图3-41所示。

图3-40

图3-41

Step 06

选择"文件"→"导入"菜单命令，将素材图P03导入版面中，如图3-42所示，并同时按住Shift键按比例扩大，移至适当位置，如图3-43所示；选中导入封面中的战士图像，选择"效果"→"图框精确剪裁"→"放置在容器中"→"编辑内容"→"结束编辑"菜单命令，接着选择"效果"→"调整"→"亮度/对比度/强度"菜单命令，对战士图片进行色彩调节，编辑后的战士图片在画面中的效果如图3-44所示。

Step 07

单击工具箱中的"贝塞尔工具"，在地球上绘制异形图形，颜色设置为白色；单击工具箱中的"无轮廓工具"，将轮廓线去除，绘制的异形图在画面中的效果如图3-45所示。

图3-42

图3-43

图3-44

图3-45

Step 08

选中图3-45所示图形中的白色异形图形，选择“位图”→“转换为位图”菜单命令，在打开对话框“选项”中选用“透明背景”；并同时选择“位图”→“模糊”→“高斯式模糊”菜单命令，半径参数设置为“20像数”，模糊后的异形图形效果如图3-46所示。

Step 09

选中上一步中处理后的异形图形，单击工具箱中的“交互式透明工具”，编辑透明度，“透明度类型”为“线性”,“透明度操作”为“正常”，制作图形透明效果，如图3-47所示，异形图形在封面中的整体效果如图3-48所示。

图3-46

图3-47

图3-48

Step 10

选择“编辑”→“插入条形码”菜单命令，打开“条码向导”对话框，输入数字编码，再根据提示设置条形码的长度、高度等参数，即可生成标准的条形码图形。选择“文本”→“编辑文本”菜单命令，再选择合适字体，调节色标的CMYK值设置为“0、100、100、10”、“43、45、98、17”和“0、0、0、0”；并选择“排列”→“转换为曲线”菜单命令，将字体转化为曲线后分别成组排列。单击属性栏中的“对齐和分布”按钮，打开对话框进行对齐调整，并选择“排列”→“顺序”菜单命令，调整图形彼此间的协调效果。军事杂志封面设计的最终整体效果如图3-49所示。

图3-49

温馨小提示：

在CorelDRAW中，如将矢量图转换为位图时，可以设置图形的颜色模式。在图像尺度相同的情况下，RGB图像的文件大小比CMYK图像要小。

章节小絮

本章节详细阐述了杂志封面设计的整个过程，尤其对输出菲林前的设计阶段和完稿注意事项进行了非常实用的讲解，这一技术问题同样可以渗延到其他有关印刷品设计应用当中，后面的实例在此问题上就不加以赘述。一个好的设计作品的完稿，往往要求设计师对后期的输出文件的检查与核对，做到一丝不苟的把好关，认真做好输出和印刷环节的对接。

既然是杂志期刊，关于条形码的制作也很重要。条形码是一种先进的自动识别技术，一种商品的数字编码由其生产厂家向所在国家商业管理局申请批准，CorelDRAW可以将数字编码转化为标准的条形码，支持18种行业的标准格式。在菜单栏目上选择“编辑”→“插入条形码”菜单命令，打开“条码向导”对话框，输入数字编码，再根据提示设置条形码的长度、高度等参数即可生成标准的条形码图形。

第4章 报刊广告设计

通过对本章的学习，能够学到以下内容。

* 熟练掌握报纸广告以及期刊连版广告的设计方法和注意事项。
* 熟练掌握交互式阴影工具、椭圆形工具、均匀填充工具、贝塞尔工具等的应用。
* 熟练掌握选择遮罩→遮罩轮廓→羽化效果→校正→尘埃与刮痕效果→变换→反显、选择位图→扭曲→风吹效果等菜单命令。

《中国·印象》大型历史博物展在京隆重举行

4.1 关于报纸广告

报纸广告(Newspaper Advertising)，是刊登在报纸上的广告。报纸是一种印刷媒介(Print-Medium)。它的特点是发行频率高、发行量大、信息传递快，因此报纸广告可及时广泛发布。报纸广告以文字和图画为主要视觉刺激，不像其他广告媒介，如电视、广告等受到时间的限制。报纸的优点是可以反复阅读，便于保存。稍许遗憾的是，鉴于报纸纸质及印制工艺上的原因，报纸广告中的商品外观形象、款式和色彩不能理想地反映出来。

4.1.1 报纸开本及报纸广告尺寸

报纸版面的整体布局，它集中地体现在报纸制作方的宣传报道意图上，被称为“报纸的面孔”。我国的报纸，通常分为4个版到8个版，也有超过8个版的。第一版为“要闻报”，其重要性居各版之冠；其他版为“分工版”(如“地方版”、“副刊版”和“国际版”等)，无分主次。沿袭以前的常规开本，如今的报纸版面篇幅增加了很多，信息量很大，尤其是广告占的比重更大，出现使用骑马装订的叠报。其广告尺寸为：

整版	35cm × 43.8cm
半版	35cm × 24cm
双通栏	35cm × 20cm
通栏(横式)	35cm × 10cm
1/2通栏	35cm × 5cm
报眼(刊头)	15cm × 10cm

4.1.2 报纸广告设计表现形式、特点以及注意事项

报纸广告设计，具有以下表现形式：①醒目的标题。②简洁的文案。广告的文字说明一定要主次分明，言简意赅，突出重点，语言流畅即可。③易识别的色彩。若是彩色广告，本身具有色彩优势，比黑白广告容易受人注目，但要避免色彩堆砌。④真实的画面。广告中的画面一定要真实，不能有引起消费者歧义的联想和承诺。⑤投资案例分析。要让投资者有实实在在的数据可比性。

报纸，这是大家所熟悉的宣传媒介，而报纸上刊登新颖的广告必然会引起读者的关注。报纸上刊登的广告有其自身的特点，具有广泛性、快速性、连续性和经济性。

报纸大部分采用新闻纸，因此报纸广告由于纸张的质量较差，为了保证印刷质量，宜采用网点比较粗的方法，取得黑白分明的效果。对于层次丰富细腻的摄影照片，可通过复印机多次复印，以减少中间的灰色层次。对于彩色印刷，为了让色彩在灰色纸上达到较好的效果，需要提高色彩纯度，增加鲜明度，达到鲜艳夺目的效果。对于连续刊登的广告，要注意连贯性，充分发挥报纸广告的优势。

利用定位设计的原理，强调主体形象的商标、标志，标题和图形的面积对比和明度对比，报纸广告表现也注重其艺术性。但是由于报纸广告面积小，在设计中更要注意文字的精练。

4.2 报纸广告设计

4.2.1 报纸广告设计步骤

Step 01

选择“文件”→“新建”菜单命令，设置页面的宽为350mm、高为200mm，单击像素设置分辨率为300dpi，其他参数设置为默认值，此实例为报纸“双通栏”广告幅面。需要注意的是，在页面设置尺寸时可适当按比例缩小，这样可以大大提高运算速度。

Step 02

单击工具箱中的“矩形工具”，绘制广告背景矩形图；单击工具箱中的“渐变填充工具”，进行参数设置，渐变填充“类型”设置为“射线”，在“颜色调和”选项组中选中“自定义”单选按钮，调节色标的CMYK值依次设置为“76、70、63、87”、“38、89、87、35”、“25、96、95、18”和“17、100、100、7”，填充图形。单击工具箱中的×“无轮廓工具”按钮，将轮廓线去除，广告的背景效果如图4-1所示。

Step 03

单击工具箱中的“挑选工具”，选中页面中的广告背景矩形图，按住上方中间的控制钮向下拖动，到达矩形大约八分之一的位置时按鼠标右键，生成一个新的矩形；并将渐变填充参数设置与上一步骤02中的CMYK值设置相同，将其射线方向改变；单击工具箱中的×“无轮廓工具”按钮，将轮廓线去除，新生成的广告背景效果如图4-2所示。

图4-1

图4-2

Step 04

选择“文件”→“导入”菜单命令，将素材图P01导入版面中，如图4-3所示，并同时

按住Shift键按比例缩放，移至合适位置，选择“效果”→“校正”→“尘埃与刮痕”菜单命令，将图片去尘处理。在“属性栏”中单击“编辑位图”按钮，打开Corel PHOTO-PAINT程序，选择“遮罩”→“遮罩轮廓”→“羽化”菜单命令，设置羽化“宽度”为2，“方向”为“向内”，单击“确定”按钮，关闭Corel PHOTO-PAINT程序，当弹出询问对话框后，单击“是”按钮，观察到背景区域被隐藏后再调整图像大小，选区后的图片效果如图4-4所示，女孩在广告画面中的效果如图4-5所示。

图4-3

图4-4

图4-5

Step 05

按照步骤4的相同方法，将素材图P02导入版面中，产品图片如图4-6所示，将图形调整到适合位置，主体产品在广告画面中的效果如图4-7所示。选择“编辑”→“复制”→“粘贴”菜单命令，将其复制一份，并单击“属性栏”中的“垂直镜像”按钮；选中镜像后的产品图形，单击工具箱中的“交互式透明工具”，编辑透明度，“透明度”类型为“线性”，制作图形的透明效果，如图4-8所示，主体产品在广告画面中的镜像效果如图4-9所示。

图4-6

图4-7

图4-8

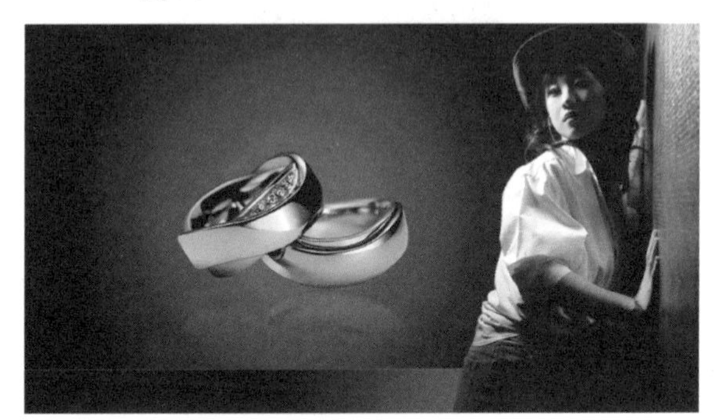

图4-9

Step 06

单击工具箱中的字“文本工具”，输入广告语文字，选择“文本”→“编辑文本”菜单命令，选择合适字体后，将其选择“排列”→“转换为曲线”菜单命令；选择“排列”→“顺序”菜单命令和选择“排列”→“群组”菜单命令；将打散后的部分文字，调节色标的CMYK值设置为“5、10、30、0”；选中重点突出的广告文字，并同时单击工具箱中的■“渐变填充工具”，进行参数设置，渐变填充“类型”设置为“线性”，“选项”角度为-90、“边界”为3，在“颜色调和”选项组中选中“自定义”单选按钮，调节色标的CMYK值依次设置为“5、12、40、0”、“0、0、0、0”、“10、20、60、0”和“0、0、0、0”，填充图形。单击工具箱中的“轮廓笔工具”，参数设置如图4-10所示，轮廓笔中的颜色可以调节色标的CMYK值设置为“15、40、100、20”，广告主题语在画面中的效果如图4-11所示。

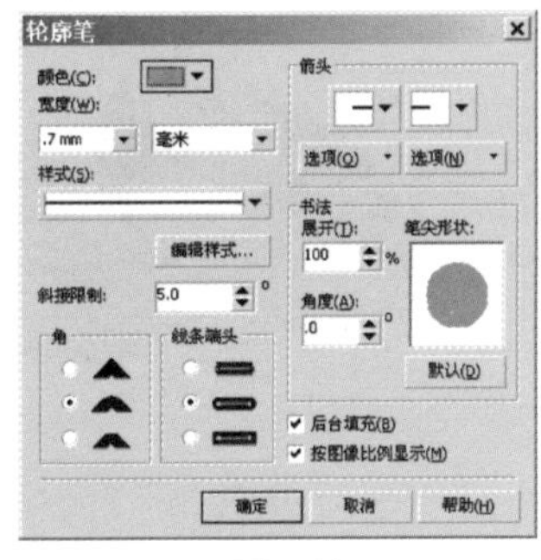

图4-10

图4-11

Step 07

选中图4-11所示图形，在属性栏中单击“编辑位图”按钮，打开Corel PHOTO-PAINT程序，单击工具箱中“绘图工具”按钮，绘制画面中的闪光“星形”，选择属性栏上的“笔尖形状”为50，并同时多次复制排列，颜色设置为白色；关闭Corel PHOTO-PAINT程序，弹出询问对话框，单击“是”按钮，或直接单击属性栏上的“结束编辑”按钮，点缀产体产品的“星形”效果如图4-12所示。

图4-12

Step 08

单击工具箱中的“文本工具”，输入产品的要素文字，调节色标的CMYK值设置为“0、0、0、0”；并选择“排列”→“转换为曲线”菜单命令，将字体转化为曲线后再分别成组排列。报纸广告设计的整体效果即可完成，最终效果如图4-13所示。

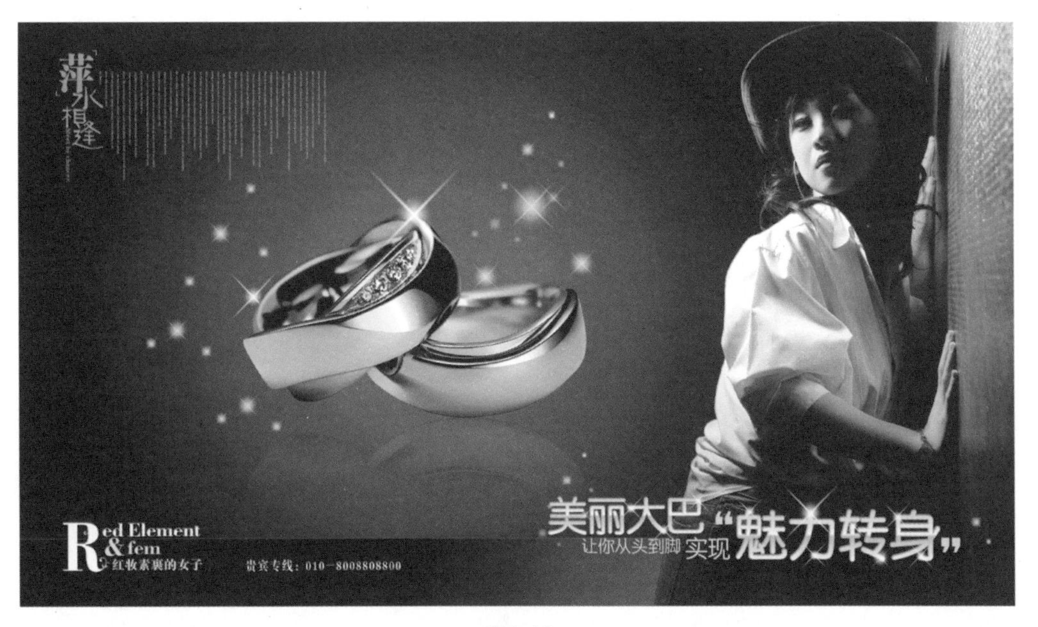

图4-13

4.2.2 报纸广告设计主题介绍和技术分析

通过观察本实例，可以将报纸广告整体图像划分为4部分，分别为背景、产品代言人物、主题广告产品、广告主题语。下面将本实例中所使用的技术和解决方案进行深入的剖析。

1. 背景

本实例背景没有通过常用导入底纹素材图的方式设计，而是直接采用工具箱中的□“矩形工具”、◪“渐变填充工具”进行填充绘制，将其复制一份后与原底纹图排列叠加，即可完成。

2. 产品代言人物

采用单击属性栏中的“编辑位图”按钮，打开Corel PHOTO-PAINT程序，选择“遮罩”→“遮罩轮廓”→“羽化”菜单命令，将人物的背景区域去除；并同时选择“效果”→“校正”→“尘埃与刮痕”菜单命令，对图像进行处理。

3. 主题广告产品

广告产品图像的处理方法，与代言人物处理方法相同；下面我们介绍一下如何将复制的广告产品图像制作其倒影效果？方法就是首先单击“属性栏”中的“垂直镜像”按钮；再选中镜像后的图形，单击工具箱中的“交互式透明工具”，制作图形的透明效果。为了使画面的主题产品效果更生动，单击“编辑位图”按钮，打开Corel PHOTO-PAINT程序，单击工具箱中“绘图工具”按钮，选择属性栏上的“笔尖形状”为50，同时进行多次复制排列并缩小，颜色设置为白色，由此可以制作出画面中产品星光熠熠的效果。

4. 广告主题语

单击工具箱中的字“文本工具”，输入广告语文字，编辑文本之后，选择“排列”→“转换为曲线”菜单命令和选择“排列”→“群组”菜单命令；将打散后的部分文字调节色标，制作字体效果，方法就是分别选中需要变化的字体，将其单击工具箱中的“渐变填充工具”进行不同色域的填充。并将绘制的“星光效果”图形进行多次复制，缩小或放大加以点缀，并对字体进行错落有致的排列。报纸广告中的主题广告语尤为重要，其精彩程度直接影响到产品受众群的心理。

温馨小提示：

报纸广告中，印刷CMYK中的黑色文字“K”是100，文字下若放有底纹效果，100K的黑色字是需要在图层混合选项组里选中正片叠底的。黑色字压住底色，不会使底色部分露白，否则套印不准的话，黑字有可能会出现白边框。

四色叠出来的黑色文字，一般不建议使用，套印不准容易把字糊掉，在Photoshop中黑色文字C=0M=0Y=0K=100正片叠底，分辨率为300dpi以上，一般不会糊掉。如果用做印刷的话，黑色字一般不建议在Photoshop中录入，Illustrator、CorelDRAW、飞腾、Freehand……矢量软件K是自动叠印的。另外，双色报纸“套红”，如果是文字就直接用黑色出片，图片的话直接转化为灰度图片再套红。

4.3 触类旁通——期刊广告设计

期刊广告设计步骤

Step 01

选择“文件”→“新建”菜单命令，设置页面的宽为426mm、高为291mm，其他参数设置为默认值。注：按照目前国际流行大16开本，成品尺寸为210mm×285mm，进行计算跨版广告尺寸。

注：在设置页面时可适当按比例缩小页面尺寸，这样可大大提高运算速度。

Step 02

选择“文件”→“导入”菜单命令，将素材图P01导入版面中并调整图像大小，如图4-14所示；选中图像，选择“效果”→“校正”→“尘埃与刮痕”菜单命令和选择“效果”→“调整”→“调和曲线”菜单命令，对图片进行去尘和调色处理，参数设置如图4-15所示；并调整图像大小，期刊连版广告的背景效果如图4-16所示。

图4-14

图4-15

图4-16

Step 03

选择“文件”→“导入”菜单命令，将素材图P02导入版面中并调整图像大小，如图4-17所示；选中导入的大鼎图像，选择“效果”→“校正”→“尘埃与刮痕”菜单命令和

选择“效果”→“调整”→“色彩平衡”菜单命令，对图片进行去尘和调色处理，参数设置如图4-18所示；并调整图像大小，连版广告中的主体大鼎效果如图4-19所示。

图4-17

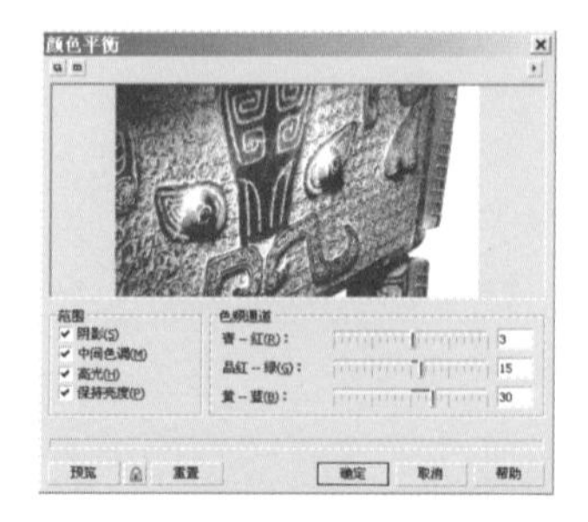

图4-18

图4-19

Step 04

选择“文件”→“导入”菜单命令，将素材图P03导入版面中并调整图像大小，如图4-20所示；选中导入的水墨形状图像，选择“效果”→“校正”→“尘埃与刮痕”菜单命令，对图片进行去尘处理，并调整图像大小；选择“排列”→“顺序”→“到页面前面”菜单命令，或按Shift+PageUp组合键，水墨形状图形在画面中的效果如图4-21所示。

Step 05

选择“文件”→“导入”菜单命令，将素材图P04导入版面中并调整图像大小，如图4-22所示；选中耳形的禅寺锁图像，选择“效果”→“校正”→“尘埃与刮痕”菜单命令和选择“效果”→“调整”→“色彩平衡”菜单命令，对图片进行去尘处理，参数设置如图4-23所示，并调整图像大小，选择“排列”→“顺序”→“到页面前面”菜单命令，或按Shift+PageUp组合键，连版广告效果如图4-24所示。

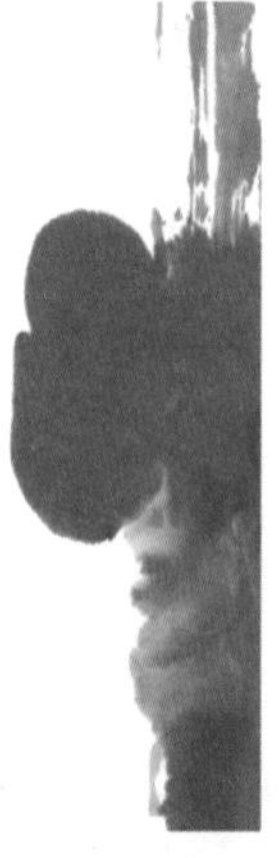

图4-20

图4-21

图4-22

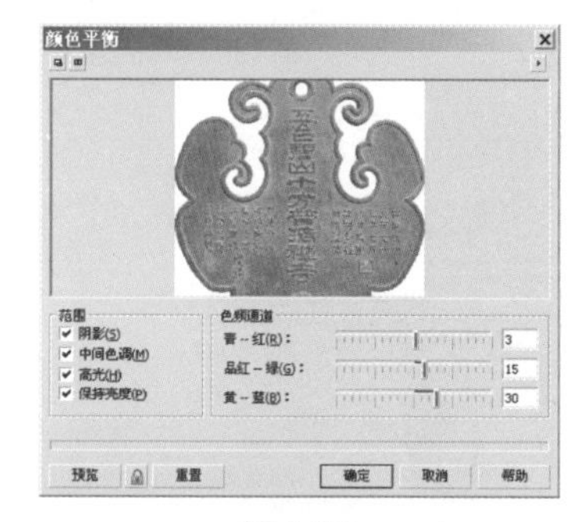

图4-23

图4-24

Step 06

选择“文件”→“导入”菜单命令，将素材图P05导入版面中并调整图像大小，如图4-25所示；选中竹子图像，单击工具箱中的□“交互式阴影工具”，制作图形的阴影效果，参数设置如图4-26所示，并调整图像大小；选择“排列”→“顺序”→“到页面前面”菜单命令，或按Shift+PageUp组合键，竹子在连版广告中的效果如图4-27所示。

图4-25

图4-26

图4-27

Step 07

选择“文件”→“导入”菜单命令，将素材图P06导入版面中并调整图像大小，如图4-28所示；选中导入的位图文字，选择“效果”→“变换”→“反显”菜单命令，将矢量“印象”字体变为白色；单击工具箱中的□“交互式阴影工具”，制作阴影效果，参数设置如图4-29所示，并调整图像大小；选择“排列”→“顺序”→“到页面前面”菜单命令，或按Shift+PageUp组合键。

图4-28

图4-29

Step 08

单击工具箱中的"椭圆形工具"，并同时按住Ctrl键绘制正圆图形，将其作为字体的底纹并选中，单击工具箱中的"均匀填充工具"，进行参数设置，调节色标的CMYK值设置为"11、50、91、10"，填充图形；并复制一个正圆进行排列，如图4-30所示。

图4-30

Step 09

单击工具箱中的"文本工具"，输入文字"中国"，编辑字体及字体大小，字体颜色调节色标的CMYK值设置为"25、100、100、55"；选择"排列"→"顺序"→"到页面前面"菜单命令，或按Shift+PageUp组合键，主题字体在画面中的效果如图4-31所示。

图4-31

Step 10

选择"文件"→"导入"菜单命令，将素材矢量文字图P07导入版面中，并调整图像大小，矢量文字效果如图4-32所示；单击工具箱的"贝塞尔工具"，绘制异形图并选中，单击工具箱中的"均匀填充工具"，进行参数设置，调节色标的CMYK值设置为"0、0、0、100"，填充图形；单击工具箱中"无轮廓工具"，将轮廓线去除，字体在填充图形上的效果如图4-33所示。

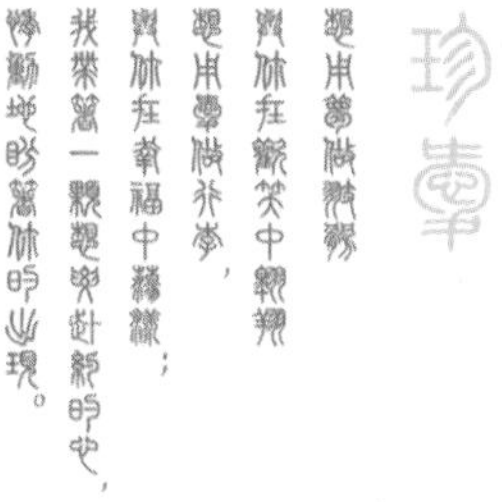

图4-32

图4-33

Step 11

选中图4-20所示图形中绘制的异形图，选择“位图”→“转换为位图”菜单命令和选择“位图”→“杂点”→“添加杂点”菜单命令，并多次重复选择“位图”→“扭曲”→“风吹效果”菜单命令，达到满意效果后将其复制，并将复制的图形执行“效果/调整/亮度、对比、强度”操作，并调整图像大小，选择“排列”→“顺序”→“到页面前面”菜单命令，或按Shift+PageUp组合键，主题字体和主题图片在连版广告中的效果如图4-34所示。

图4-34

Step 12

单击工具箱中的“文本工具”，输入文字编辑字体及大小，进行参数设置，字体颜色调节色标的CMYK值设置为“43、53、98、3”；选择“文件”→“导入”菜单命令将素材名家题字图P08导入版面中，并调整图像大小，广告具体说明文字效果如图4-35所示；选择“排列”→“顺序”→“到页面前面”菜单命令，或按Shift+PageUp组合键。期刊连版广告即“跨页广告”整体最终效果如图4-36所示。

图4-35

图4-36

章节小絮

通过本章节所学习的内容，了解报纸广告以及期刊广告的设计方法。报纸广告设计在尺寸设定上，容易出现变数；广告的版面多少是要根据广告客户的具体要求来决定，有时是一个整版，有时是半个版或几栏几行，还有一些题花、刊头广告等。因此，在安排广告版面位置时既要考虑其尺寸大小，又要兼顾其内容形式是否与整个版面协调一致。特别是彩色报纸彩版上的广告，有时是彩色的，有时是套红的，有时又会是黑白的，对于整个版面色彩的设计尤为显得突出和重要。还需要注意的是：报纸广告如果用新闻纸的话最好是分辨率使用200dpi，当然150dpi也可以，是自动拼版和对色的话，两者还是有一些区别，中国现在一般的报社还不能达到这样的效果，因为新闻纸是用轮转机印刷的；如果用铜版纸或类似的硫酸纸等，就和做一般的印刷品一样，300dpi就可以了。

第5章　户外喷绘广告设计

通过对本章的学习，能够学到以下内容。

* 熟练掌握户外喷绘广告及易拉宝展板的设计方法。
* 熟练掌握粗糙笔刷工具、贝塞尔工具、矩形遮罩工具、圈选遮罩工具、交互式透明工具、交互式阴影工具、椭圆形工具和矩形遮罩工具等的应用。
* 熟练掌握选择“效果”→“图框精确剪裁”→“放置在容器中”→“编辑内容菜单命令和选择位图”→“扭曲风吹效果”→“湿笔画”菜单命令等的应用。

5.1 关于喷绘与写真的图像输出要求

喷绘一般是指户外广告画面的输出，它输出的画面很大，输出机型一般是3.2米的最大幅宽。喷绘机使用的介质一般都是广告布，俗称灯箱布，墨水使用油性墨水，喷绘公司为保证画面的持久性，一般画面色彩比显示器上的颜色要深一些。它实际输出的图像分辨率一般只需要20~45dpi(按照印刷要求对比)，画面实际尺寸比较大，有上百平方米的面积。

写真一般是指户内使用的，它输出的画面一般就只有几个平方米大小。如在展览会上厂家使用的广告小画面。输出机型一般是1.5米的最大幅宽。写真机使用的介质一般是背胶、相纸、PP纸 、灯片，墨水使用水性墨水。在输出图像完毕时还要覆膜、裱板才算成品，输出分辨率可以达到600~1440dpi(机型不同会有不同的分辨率)，它的色彩比较饱和、清晰。

下面我们简单介绍喷绘和写真中有关制作和输出图像的一些简单要求。

1．尺寸大小

喷绘图像尺寸大小和实际要求的画面大小是一样的，它与印刷要求不同，不需要留出出血部分。在喷绘公司一般在输出画面后都留有白边，一般情况都是留有净画面边缘10cm。可以和喷绘输出公司商定好，留多少边用来打扣眼。价格是按每平方米来计算，所以画面尺寸以厘米为单位。

2．图像分辨率要求

喷绘图像分辨率也没有具体要求，下面实例中是笔者根据不同尺寸时使用的分辨率，合理使用图像分辨率可以加快作图速度。写真图像一般要求72dpi或“英寸”，如果图像过大超过400M，可以适当地调整分辨率，控制在400M以内即可。

3．图像模式要求

图像模式要求喷绘统一使用CMYK模式，禁止使用RGB模式。现在都是四色喷绘机，它的颜色与印刷色截然不同，当然在作图的时候按照印刷标准走，喷绘公司会调整画面颜色和小样接近。

4．图像黑色部分要求

喷绘和写真图像中都严禁有单一黑色值，必须添加C、M、Y色，组成混合黑。假如是大黑，可以做成C=50、M=50、Y=50、K=100。

5．图像储存要求

图像储存要求喷绘和写真的图像最好储存为TIF格式 。

5.2 户外喷绘广告设计

5.2.1 户外喷绘广告设计步骤

Step 01

选择“文件”→“新建”菜单命令或按Ctrl+N组合键创建一个新文件，设置页面的宽

为1000mm、高为880mm，单击像素设置分辨率为72dpi，并设置上下左右3mm的出血位，其他参数设置为默认值。双击工具箱中的□“矩形工具”，生成一个与页面一样大小的矩形并选中，单击工具箱中的■“均匀填充工具”，进行参数设置，调节色标的CMYK值设置为“63、1、3、0”，填充图形，背景如图5-1所示。

注：在设置页面时都可适当成倍缩小页面尺寸，这样可大大提高运算速度。

Step 02

单击工具箱中的“挑选工具”，并选中页面中的矩形，按住上方中间的控制钮向下拖动，到达矩形所需的位置时再按鼠标右键，即可生成一个新的矩形，单击工具箱中的■“均匀填充工具”，进行参数设置，调节色标的CMYK值设置为“100、0、100、20”，填充图形，均匀填充后的背景效果如图5-2所示。

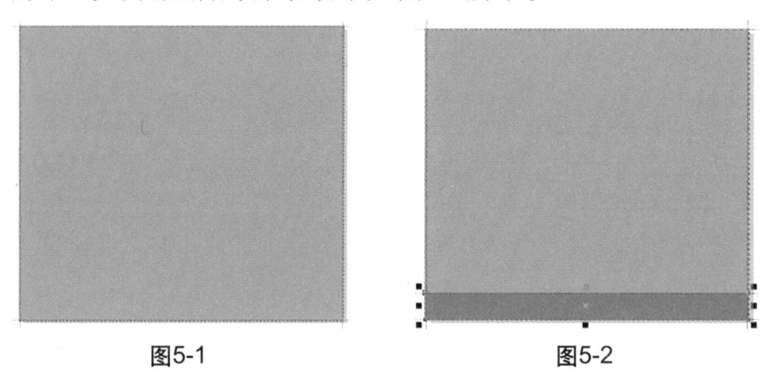

图5-1　　图5-2

Step 03

按住Ctrl键的同时并单击工具箱中的○“椭圆工具”，即可绘制一正圆太阳图形，单击工具箱中的“渐变填充工具”，进行参数设置，渐变填充“类型”设置为“射线”，在“颜色调和”选项组中选中“自定义”单选按钮，调节色标的CMYK值依次设置为“1、18、96、0”、“1、16、96、0”和“4、3、92、0”，填充图形，其他参数设置如图5-3所示。单击工具箱中的×“无轮廓工具”，将轮廓线去除，太阳效果如图5-4所示。

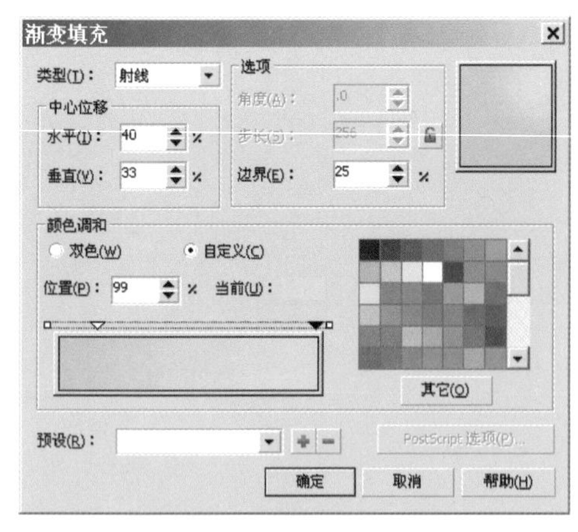

图5-3

图5-4

Step 04

将绘制的太阳正圆图形复制一份并选中，单击工具箱中的■“均匀填充工具”，进行参数设置，调节色标的CMYK值设置为“5、6、95、0”，填充图形；选择“位图”→“转换为位图”菜单命令和选择“位图”→“模糊”→“高斯式模糊”菜单命令，参数设置如图5-5所示，太阳的光晕效果如图5-6所示。

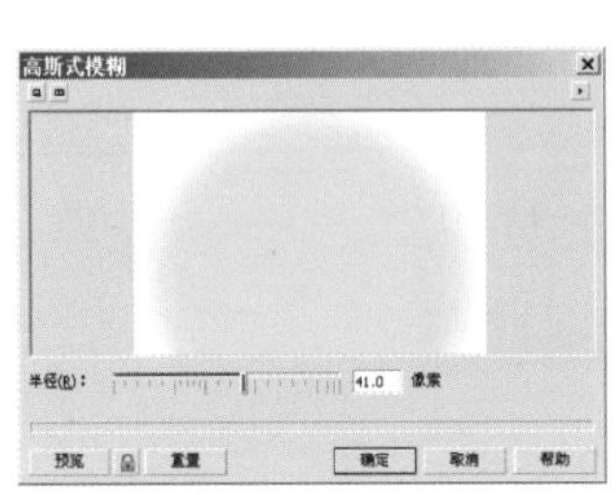

图5-5

图5-6

Step 05

选择“文件”→“导入”菜单命令，将素材图 P01 导入版面中并调整图像大小，草地效果如图 5-7 所示；选中草地图像，选择“位图”→“扭曲”→“风吹效果”菜单命令和选择“位图”→“扭曲”→“湿笔画”菜单命令以及选择“效果”→“调整”→“调和曲线”菜单命令，对图片进行风吹及湿笔画处理，参数设置如图 5-8 和图 5-9 所示；并调整图像大小，处理后的草地效果如图 5-10 所示。

图5-7

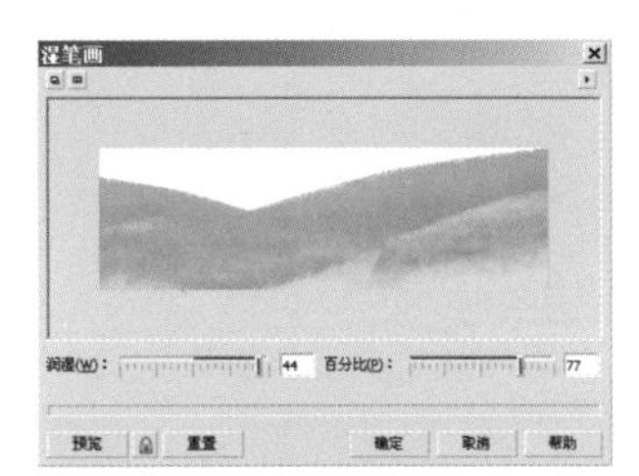

图5-8

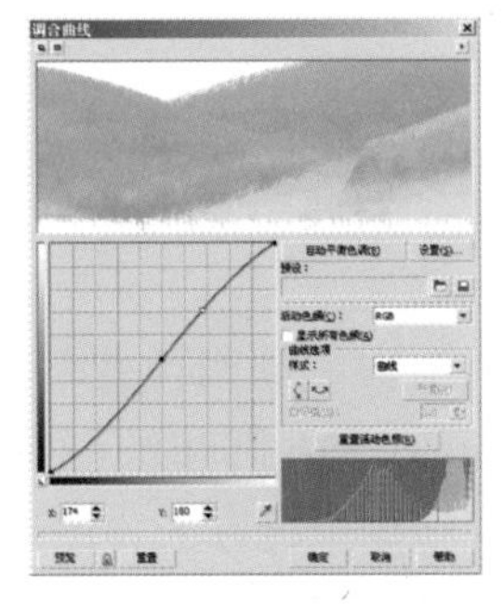

图5-9

图5-10

Step 06

选择“文件”→“导入”菜单命令，将素材图P02导入版面中并调整图像大小，单击工具箱中的“交互式透明工具”，制作图形的透明效果。绘制此云彩效果也可单击工具箱中的“粗糙笔刷工具”和“涂抹笔刷工具”进行反复绘制后，再选择“位图”→“扭曲”→“风吹效果”菜单命令，即可获得云彩的效果，如图5-11所示。

图5-11

Step 07

选择“文件”→“导入”菜单命令，将素材图P03导入版面中并调整图像大小，导入的小孩图像在喷绘广告画面中的效果如图5-12所示；选中小孩图像，选择“效果”→“校正”→“尘埃与刮痕”菜单命令和选择“效果”→“调整”→“调和曲线” 菜单命令，对图片进行去尘和调色处理，参数设置如图5-13所示；并调整图像大小。

图5-12

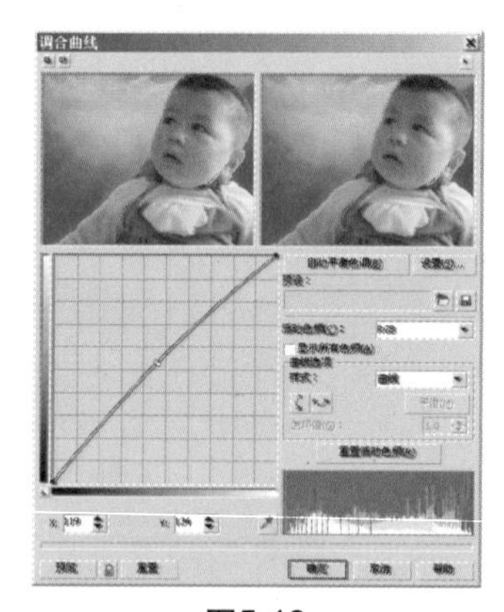

图5-13

Step 08

选中上一步骤处理后的小孩图片，在属性栏中单击“编辑位图”按钮，打开Corel PHOTO-PAINT程序，在工具箱中按住“矩形遮罩工具”不放的同时，在展开的工具箱中选取“圈选遮罩工具”，将所需人物图像变为选区，并拖动鼠标在人物图形周围绘制遮罩区域后，再双击鼠标结束绘制，小孩图像去除背景后的效果如图5-14所示；并调整图像大小。

图5-14

Step 09

选中上一步骤中变为选区后的小孩图像，选择“遮罩”→“遮罩轮廓”→“羽化”菜单命令，设置羽化“宽度”为3，“方向”为“向内”，并单击“确定”按钮，羽化参数设置如图5-15所示，关闭Corel PHOTO-PAINT程序，弹出询问对话框，单击“是”按钮，观察到背景区域已被隐藏，并调整图像大小，喷绘广告画面中的主体人物效果如图5-16所示。

图5-15

图5-16

Step 10

选中人物对象(小孩)并进行复制，单击工具箱中的“挑选工具”，选择“效果”→“调整”→“亮度、对比度、强度”菜单命令，设置“亮度”为100，“对比度”为-100，参数设置如图5-17所示。单击“确定”按钮，即可观察到人物图形已转换为白色图形；并选择“位图”→“转换为位图”菜单命令和选择“位图”→“模糊”→“高斯式模糊”菜单命令，图形转化后的效果如图5-18所示。

Step 11

选中原人物图像及复制处理后的白色人物图形，选择“排列”→“顺序”→“向后一层”菜单命令和选择“排列”→“群组”菜单命令；单击工具箱中的“矩形工具”，绘制一个无填充的图形，并选中成组后的人物图像，选择“效果”→“图框精确剪裁”→“放

置在容器中”菜单命令，当出现“大黑箭头”时，直接置入已绘制的容器框中；并选择“效果”→“图框精确剪裁”→“编辑内容”→“结束编辑”菜单命令，并调整其位置，喷绘广告的主体图形效果如图 5-19 所示。

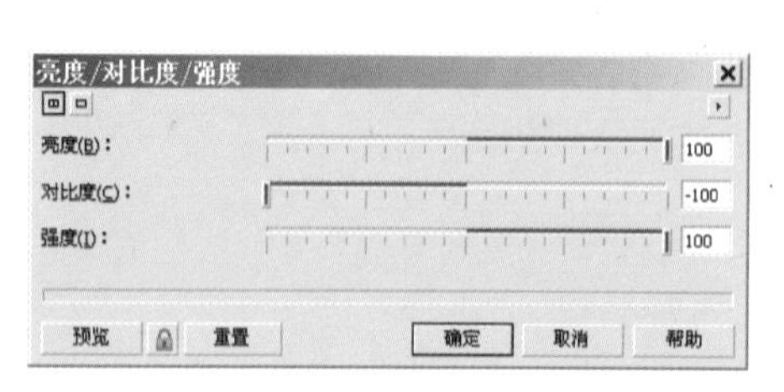

图5-17

图5-18

图5-19

Step 12

选择“文件”→“导入”菜单命令，将素材图P04导入版面中并调整图像大小，鸽子如图5-20所示；选中鸽子图像，选择“效果”→“校正”→“尘埃与刮痕”菜单命令和选择“效果”→“调整”→“调和曲线”菜单命令，对图片进行去尘和调色处理，参数设置如图5-21所示，并调整图像大小。单击工具箱中的“交互式透明工具”，制作图形的透明效果，参数设置效果如图5-22所示。

图5-20

图5-21

Step 13

选择“文件”→“导入”菜单命令，将素材LOGO图及专用字体P05导入版面中并调整图像大小，如图5-23所示，单击工具箱中的“贝塞尔工具”，绘制不规则形状图形，单击工具箱中的“均匀填充工具”，进行参数设置调节色标的CMYK值设置为“71、2、92、0”，填充图形；单击工具箱中的“文本工具”输入文字，颜色设置为白色，选择“排列”→“转换为曲线”菜单命令，将其变形并群组；并选择“位图”→“转换为位图”菜单命令；单击工具箱中的“交互式阴影工具”，绘制阴影效果，变形字体及Logo的效果如图5-24所示。

图5-22

图5-23

图5-24

Step 14

选中画面中的各要素的图形，单击属性栏中的“对齐和分布”按钮，打开对话框进行对齐调整，并选择“排列”→“顺序”菜单命令，喷绘广告设计的整体效果如图5-25所示。

图5-25

5.2.2 喷绘主题介绍和技术分析

通过观察本实例，可以将喷绘的整体图形划分为4部分，分别为背景、太阳、人物、广告主题语。下面将本实例中所使用的技术和解决方案进行深入的剖析。

1. 背景

背景图像主要是由两部分组成，即蓝天白云的绘制效果和青草地的效果。绘制蓝天白云以及直接导入的素材图草地的效果，可以分别使用工具箱中的■“均匀填充工具”、◫“涂抹笔刷工具”，并重复选择“位图”→“扭曲”→“风吹效果”菜单命令和选择“位图”→“扭曲”→“湿笔画”菜单命令；选择“效果”→“调整”→“调和曲线”菜单命令，并进行图片处理达到满意效果为止。

2. 太阳

太阳的绘制在本实例中属于画面中背景范畴，由于它所占幅面较大，因此单独提出来作为一部分来讲解；太阳的绘制主要是运用工具箱中的◯“椭圆形工具”、■“渐变填充工具”以及将其转化为位图后，选择“位图”→“模糊”→“高斯式模糊”菜单命令，再进行图形的叠加后而获得的效果。

3. 人物

根据画面的主体基调来选择人物作为主题，包括其服饰等颜色基调必须考虑与画面整体感相协调，因为选择的素材人物图不是分层图而是带背景的，必须将其独立出来，方法就是在属性栏中单击“编辑位图”按钮，打开Corel PHOTO-PAINT程序，在工具箱中按住“矩形遮罩工具”不放，在展开的工具箱中选取“圈选遮罩工具”将画面所需人物图像变为选区，并拖动鼠标在人物图形周围绘制遮罩区域，结束编辑位图后就可以看到其人物的背景画面被隐藏。要使得人物基调与画面相协调，并选择“效果”→“校正”→“尘埃与刮痕”菜单命令和选择“效果”→“调整”→“调和曲线”菜单命令，将图片进行去尘和调色处理，在选区后进行“羽化”边界处理，避免人物在画面中的生硬感。

4. 广告主题语

广告主题语的字体颜色和底纹色块的颜色必须与画面基调相匹配，看起来不会突兀，字体的效果处理尤为重要，可以将编辑后的字体转化为曲线后，使用字的节点进行调节后达到满意效果即可。由于是喷绘广告，除了画面主题元素打眼外，其宣传语是很关键的，要做到简洁而直观、醒目的效果。

5.3 触类旁通——展板易拉宝设计

5.3.1 易拉宝设计步骤

Step 01

选择“文件”→“新建”菜单命令或按Ctrl+N组合键创建一个新文件，设置页面的宽

为80cm、高为200cm，单击像素设置分辨率为100dpi，其他参数设置为默认值。

注：*在设置页面时都可适当按比例缩小页面尺寸，这样可大大提高运算速度。*

Step 02

单击工具箱中的“矩形工具”，绘制整块幅面的矩形图；单击工具箱中的“均匀填充工具”，进行参数设置，调节色标的CMYK值设置为“13、2、0、0”，填充图形；单击工具箱中的“无轮廓工具”，将轮廓线去除，易拉宝背景效果如图5-26所示。

Step 03

单击工具箱中的“挑选工具”，选中页面中的矩形图，按住上方中间的控制按钮向下拖动，到达矩形大约六分之一的位置再按鼠标右键，即可生成一个新的矩形；单击工具箱中的“均匀填充工具”，进行参数设置，调节色标的CMYK值设置为“27、2、0、0”，填充图形；单击工具箱中的“无轮廓工具”，将轮廓线去除，填充后的易拉宝背景效果如图5-27所示。

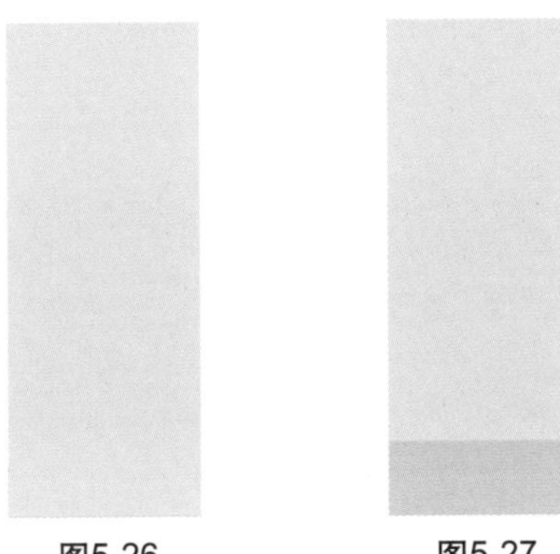

图5-26　　图5-27

Step 04

单击工具箱中的“艺术笔工具”，选择“窗口”→“泊坞窗”→“艺术笔”菜单命令，并选择合适笔刷绘制波浪图形，参数设置如图5-28所示；单击工具中的“均匀填充工具”，进行参数设置，调节色标的CMYK值设置为“56、0、6、0”，填充图形；选中填充后的图形，选择“排列”→“打散艺术笔群组” 菜单命令，将中间的线条删除；单击工具箱中的“无轮廓工具”，将轮廓线去除，波浪图形效果如图5-29所示。

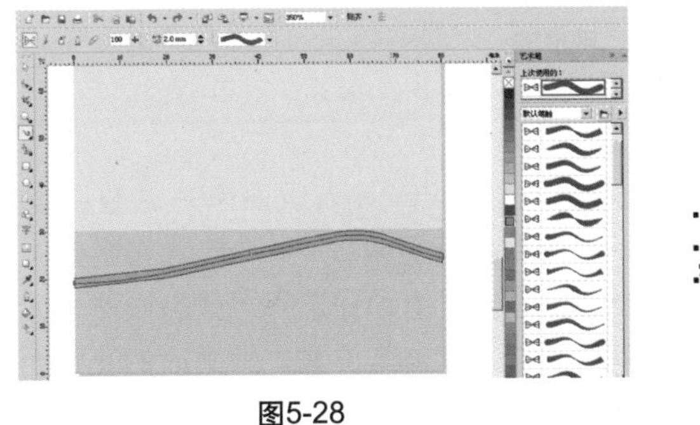

图5-28

图5-29

Step 05

选中如图5-29所示选择的波浪形状图形，单击工具箱中的“形状工具”或直接双击鼠标，并转化到形状状态，进行节点调节，选择“位图”→“转换为位图”菜单命令；并选中波浪形状图，选择“效果”→“图框精确剪裁”→“放置在容器中” 菜单命令，当出现“大黑箭头”时直接置入已绘制的容器框中；并选择“效果”→“图框精确剪裁”→“编辑内容”→“结束编辑”菜单命令，并调整其位置，易拉宝底部波浪图形效果如图5-30所示。

Step 06

选中上一步中绘制的填充波浪图形，选择“位图”→“转换为位图”菜单命令，在属性栏中单击“编辑位图”按钮，打开Corel PHOTO-PAINT程序，单击工具箱中的“魔术棒遮罩工具”，载入需要删除的选区，并同时按住Shift＋Ctrl＋I组合键载入反选区域，按Delete键删除，波浪图形的选区效果如图5-31所示，单击属性栏中的“结束编辑”或直接关闭窗口文件，在弹出的对话框中选择“是”，调整后的波浪图形效果如图5-32所示。

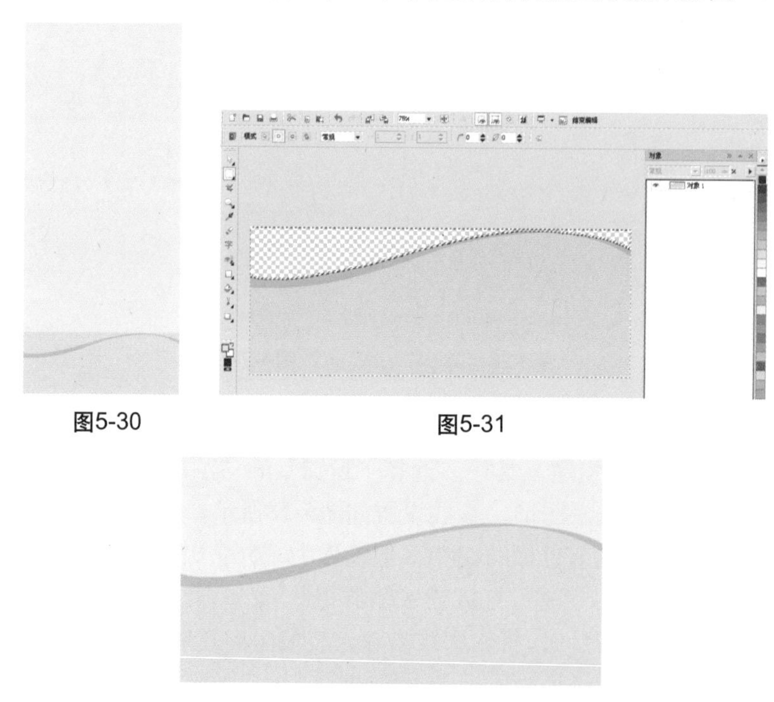

图5-30　图5-31

图5-32

Step 07

选择“文件”→“导入”菜单命令，将素材图P01导入版面中并调整图像大小，花朵图形如图5-33所示；并选择“效果”→“图框精确剪裁”→“放置在容器中”菜单命令，当出现“大黑箭头”时直接置入已绘制的容器框中；并选择“效果”→“图框精确剪裁”→“编辑内容”→“结束编辑”菜单命令，并调整其位置，编辑后的花朵图形效果如图5-34所示。

图5-33

图5-34

Step 08

选中图5-34所示图形，选择“效果”→“图框精确剪裁”→“编辑内容”菜单命令，并调整其位置。单击工具箱中的“矩形工具”，绘制一个整块幅面的矩形图，并单击工具箱中的“均匀填充工具”，进行参数设置，调节色标的CMYK值设置为“0、0、0、0”，填充图形，单击工具箱中的“无轮廓工具”，将轮廓线去除。

Step 09

选中载入的图5-33所示图形，单击工具箱中的“交互式透明工具”，结合导入的底图调节其透明效果，参数设置如图5-35所示；选择“效果”→“调整”→“色度、饱和度、亮度”菜单命令，参数设置如图5-36所示；选择“效果”→“图框精确剪裁”→“结束编辑”菜单命令，裁剪后的易拉宝画面中的背景效果如图5-37所示。

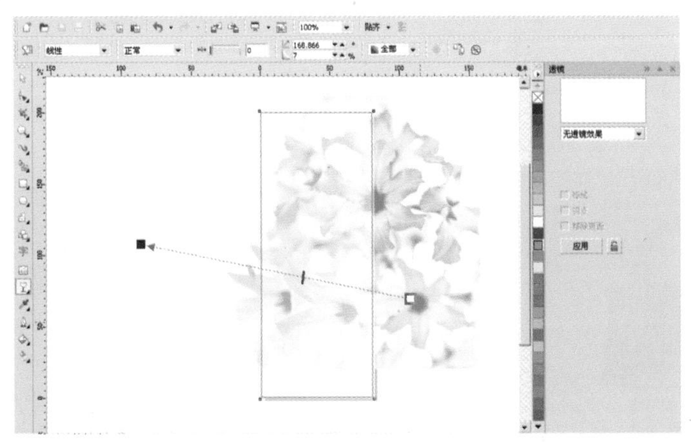

图5-35

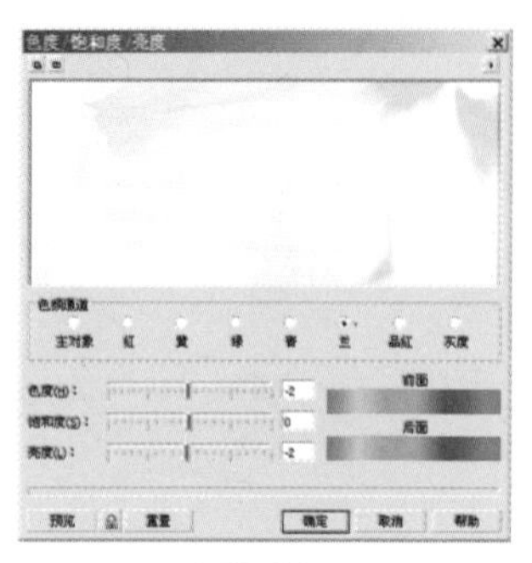

图5-36

图5-37

Step 10

选择“文件”→“导入”菜单命令，将展板主题素材图P02、图P03导入版面中并调整图像大小，主体产品提包如图5-38所示，提包模特如图5-39所示，并分别在属性栏中单击“编辑位图”按钮，即可打开Corel PHOTO-PAINT程序，单击工具箱中的□“手绘遮罩工具”，拖动鼠标在图像周围绘制遮罩区域，双击鼠标结束绘制，易拉宝的主体图形选区效果如图5-40、图5-41所示。

图5-40

图5-38　图5-39

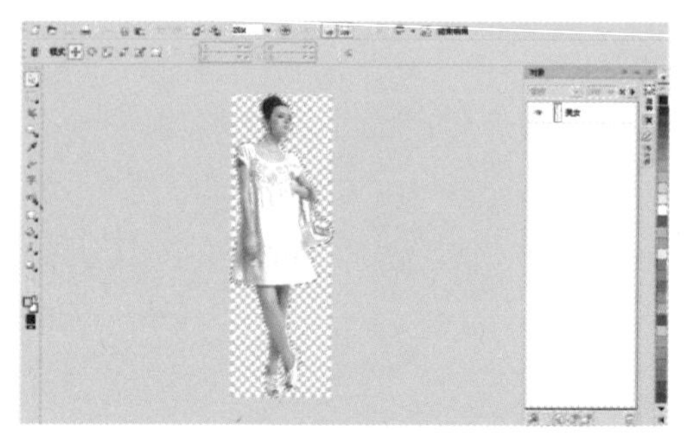

图5-41

Step 11

选中图5-40所示图形，并选择“遮罩”→“遮罩轮廓”→“羽化”菜单命令，设置羽化“宽度”为3，“方向”为“向内”，单击“确定”按钮，关闭Corel PHOTO-PAINT程序，在弹出询问对话框后，单击“是”按钮，观察到背景区域被隐藏，并调整图像大小。选中提包图，单击工具箱中的“交互式阴影工具”，绘制阴影效果，主体产品提包的阴影效果如图5-42所示；并选择“排列”→“顺序”菜单命令，易拉宝主体画面效果如图5-43所示。

图5-42

图5-43

Step 12

按照上一步中的同样方法，选择“文件”→“导入”菜单命令，导入展板主题素材图P04及产品标志名称、专用字等，如图5-44、图5-45所示，并调整图像大小，参数设置如图5-46、图5-47所示；将去除背景后的花瓣图形复制一份，并选择“排列”→“顺序”菜单命令和选择“排列”→“群组”菜单命令，易拉宝主题语在画面中的效果如图5-48所示。

图5-44

KingZu 海信广场金座购物中心

图5-45

图5-46

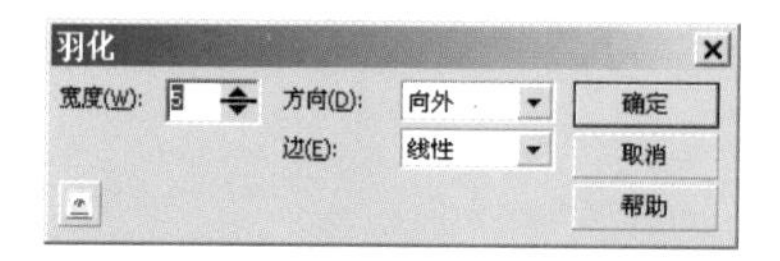

图5-47

图5-48

Step 13

选择“文本”→“编辑文本”菜单命令，选择合适字体，颜色设置为黑色；并选择“排列”→“转换为曲线”菜单命令，将字体转化为曲线后分别成组排列。选中易拉宝画面中的图形，单击属性栏中的“对齐和分布”按钮，打开对话框进行对齐调整，并选择“排列”→“顺序”菜单命令。展板易拉宝设计的整体效果如图5-49所示。

图5-49

5.3.2 易拉宝成品尺寸及特点

易拉宝是一种使用广泛，生产技术成熟的便携式展具；其安装方便，轻巧便携，单双面规格齐全，画面收缩自如、更换方便，使用时，只需拉出画面即可。

易拉宝标准尺寸规格为：80*200cm、85*200cm、100*200cm、120*200cm和150*200cm等。通常易拉宝主要用于卖场展示，促销活动展示等。易拉宝的特点是：造型新颖、线条简洁、轻巧便携、方便运输、容易存放、安装简单、即挂即用、经济实用，其主体结构采用铝合金材料，也有轻便型易拉宝采用塑钢材料，粘贴式铝合金横梁，支撑杆为铁合金材质，采用三节皮筋连接，侧封片采用工程塑料，产品美观、精致，质量稳定，性价比最优，实用性强。

温馨小提示：

喷绘一般不转化成CMYK，因机型和输出软件的不同而异，一般的喷绘机或喷墨打印机都是用CMYK及浅青、浅品六色墨水来再现色彩的，六色的色域虽不如RGB色域广，但总比四色要广的多，印刷用的彩色图片在软件中转为CMYK时，是通过一组分色参数来实现的，具体根据印刷油墨特性而定。喷绘时如果用RGB图像，是在喷绘“打印”驱动和喷绘“打印”机内嵌的程序中转换成青、品、黄、黑、浅青、浅品六色，即分色过程，如果用软件将RGB图转化为CMYK，会出现分色参数不匹配，因墨水不同于印刷油墨，另外还会出现打喷绘时还要再将四色转为六色，中间也有很大的颜色损失，所以不如直接用RGB喷效果好。CorelDRAW做的喷绘都要将它转为位图“TIFF格式”，并且必须将文字全部转为曲线。

章节小絮

本章我们详细解读了喷绘广告的设计制作流程及方法，笔者在此将后期的加工注意事项简单介绍一下，具体可根据实际情况定做，一张喷绘成品的价格是以实际平方米数乘以每平方米的价格计算出来的，而设计费用是以难度大小来收取，以下是两大类的通用材料：①也就是我们俗称的海报，精美胶质、高精度，但后面没有自带的胶面，同PP胶片的区别在于其有自带的胶面，客户直接撕开后面薄膜贴在墙体上；②精美的灯箱前的喷绘，它不同于我们平常所见的招牌上面的喷绘，而是用在类似于麦当劳菜牌灯箱上的喷绘，具有图像精美，透光性适中的特点，就是将背胶贴上一种类似泡沫板的特制KT板上，然后四周加上边条，形成一幅画框，此材料轻便，可作为公司装饰、展会展示等使用，同普通板的区别在于，其长时间使用面板不会有气泡产生。因此喷绘的效果以及它的使用寿命，是同后期输出的材质有直接的关系。

通过对本章的学习，能够学到以下内容。

* 熟练掌握以地产、演唱会DM广告为例，详细了解DM广告的设计方法。
* 熟练掌握贝塞尔工具、椭圆形工具、交互式透明工具、交互式阴影工具、矩形遮罩工具、圈选遮罩钢笔工具和修剪工具的应用。
* 熟练掌握“效果”→“图框精确剪裁”→“放置在容器中”及“编辑内容”菜单命令的应用。

超级畅听
mic super

我的地盘，我的M计划！

SONG SHOW!
秀出你自己

顶级录音师

地 址：北京国家大剧院
时 间：2010年3月10日～20日
购票热线：
010-68234567

6.1 关于DM广告的定义及表现形式

DM是英文Direct mail 的缩写，意为快讯商品广告，通常由8开或16开广告纸正反面彩色印刷而成，通常采取邮寄、定点派发、选择性派送到消费者住处等多种方式广为宣传，同时也是超市最重要的促销方式之一。DM广告最突出的两个特点：直投专送、内容全是广告。

美国直邮及直销协会“DM/MA ”对 DM 的定义如下：“对广告主所选定的对象，将成品的印刷品，用邮寄的方法传达广告主所要传达的信息的一种手段。”

DM 除了用邮寄以外，还可以借助于其他媒介，如传真、杂志、电视、电话、电子邮件及直销网络、柜台散发、专人送达、来函索取、随商品包装发出等。DM 与其他媒介的最大区别在于，DM 可以直接将广告信息传送给真正的受众，而其他广告媒体形式只能将广告信息笼统地传递给所有受众，而不管受众是否是广告信息的真正受众。

DM 广告的形式包括：信件、海报、图表、产品目录、折页、名片、订货单、日历、挂历、明信片、宣传册、折价券、家庭杂志、传单、请柬、销售手册、公司指南、立体卡片和小包装实物等。

6.2 楼宇DM广告设计

6.2.1 楼宇DM广告设计步骤

Step 01

选择“文件”→“新建”菜单命令，或按Ctrl+N组合键创建一个新文件，设置页面的宽为210mm、高为285mm，单击像素设置分辨率为300dpi，并设置上下左右3mm的位置留出出血位，其他参数设置为默认值。双击工具栏中的“矩形工具”，生成一个与页面一样大小的矩形图形并选中，单击工具箱中的■“均匀填充工具”，进行参数设置，调节色标的CMYK值设置为“13、18、51、0”，填充图形，如图6-1所示。

注：在设置页面时都可适当按比例缩小页面尺寸，这样可大大提高运算速度。

Step 02

选择“文件”→“导入”菜单命令，将素材底图P01导入版面中并调整图像大小，如图6-2所示；选中导入的素材图P01图像，选择“效果”→“校正”→“尘埃与刮痕”菜单命令，对图片进行去尘处理，单击工具箱中的“交互式透明工具”，制作图形的透明效果，楼宇DM广告中的背景效果如图6-3所示。

图6-1

图6-2

图6-3

Step 03

选中如图6-3所示图形中已做透明效果后的图像，选择“效果”→“图框精确剪裁”→“放置在容器中”菜单命令，当出现“大黑箭头”时直接置入已绘制的底纹填充图形的容器框中；选择“效果”→“图框精确剪裁”→“编辑内容”→“结束编辑”菜单命令，并调整其位置，广告的背景底图在画面中的效果如图6-4所示。

Step 04

选择“文件”→“导入”菜单命令，将素材图P02导入版面中并调整图像大小，如图6-5所示；在属性栏中单击“编辑位图”按钮，打开Corel PHOTO-PAINT程序，在工具箱中按住“矩形遮罩工具”的同时，在展开的工具箱中选取“圈选遮罩工具”，拖动鼠标在楼房图形周围绘制遮罩区域，主体建筑选区后的效果如图6-6所示，双击鼠标结束绘制，并调整图像大小。

图6-4

图6-5

图6-6

Step 05

选择“遮罩”→“遮罩轮廓”→“羽化”菜单命令，设置羽化“宽度”为3，“方向”为“向内”，单击“确定”按钮，关闭Corel PHOTO-PAINT程序，弹出询问对话框，单击“是”按钮，观察到背景区域被隐藏，并调整图像大小。选择“效果”→“调整”→“调和曲线”菜单命令，对图片进行调色处理，参数设置如图6-7所示，主体建筑在画面中的效果如图6-8所示。

图6-7

图6-8

Step 06

选择“文件”→“导入”菜单命令，将素材底图P03导入版面中并调整图像大小，如图6-9所示；选中图6-8所示图形，选择“效果”→“校正”→“尘埃与刮痕”菜单命令，对图片进行去尘处理，单击工具箱中的“交互式透明工具”，制作图形的透明效果，主体建筑在画面中的透明效果如图6-10所示。

图6-9

图6-10

Step 07

将做了透明效果后的素材底图P03复制两份，并调整图像大小，选中复制后的两个图形，单击属性栏上前面的 “修剪工具”按钮，修剪后将复制的底图删除，只留下边框，效果如图6-11所示。

Step 08

选择“文件”→“导入”菜单命令，将素材图P04导入版面中并调整图像大小，如图6-12所示；在属性栏中单击“编辑位图”按钮，打开Corel PHOTO-PAINT程序，在工具箱中按住 “矩形遮罩工具”的同时，在展开的工具箱中选取 “圈选遮罩工具”，拖动鼠标在人物图形周围绘制遮罩区域，变为选区后的效果如图6-13所示。调整图像大小，双击鼠标结束绘制。

图6-11

图6-12

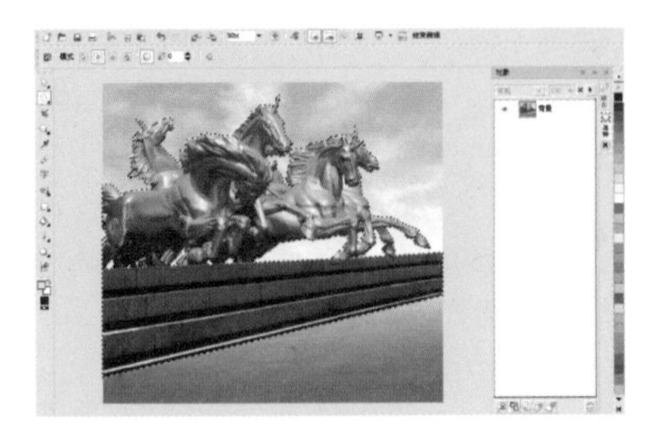

图6-13

Step 09

选择“遮罩”→“遮罩轮廓”→“羽化”菜单命令，设置羽化“宽度”为2，“方向”为“向内”，单击“确定”按钮，关闭Corel PHOTO-PAINT程序，弹出询问对话框，单击“是”按钮，观察到背景区域被隐藏，并调整图像大小。如图6-13所示选中图形，选择“效果”→“校正”→“尘埃与刮痕”菜单命令和选择“效果”→“调整”→“色度、饱和度、亮度”菜单命令，参数设置如图6-14所示，骏马图去尘和调色后效果如图6-15所示。

图6-14

图6-15

Step 10

选中图6-15所示图形中的骏马图层，单击工具箱中的□“交互式阴影工具”，制作图形的阴影效果，参数设置如图6-16所示，骏马图层在画面中的效果如图6-17所示。

图6-16

图6-17

Step 11

选择“文件”→“导入”菜单命令，将素材图P05导入版面中并调整图像大小，如图6-18所示；在属性栏中单击“编辑位图”按钮，打开Corel PHOTO-PAINT程序，在工具箱中按住□“矩形遮罩工具”的同时，在展开的工具箱中选取□“圈选遮罩工具”，拖动鼠标在人物图形周围绘制遮罩区域，变为选区后的效果如图6-19所示，双击鼠标结束绘制。

图6-18

图6-19

Step 12

选择“遮罩”→“遮罩轮廓”→“羽化”菜单命令，设置羽化“宽度”为20，“方向”为“平均”，如图6-20所示，单击“确定”按钮。关闭Corel PHOTO-PAINT程序，弹出询问对话框，单击“是”按钮，观察到背景区域被隐藏，并调整图像大小。选择“效果”→“校正”→“尘埃与刮痕” 菜单命令，对图片进行去尘处理，并调整图像大小，楼宇DM广告的主体画面效果如图6-21所示。

图6-20

图6-21

Step 13

单击工具箱中的“文本工具”，输入楼盘名称等，选择“文本”→“编辑文本”菜单命令，并选择合适字体，再选择“排列”→“转换为曲线”菜单命令，将字体转化为曲线后分别成组排列，字体颜色调节色标的CMYK值设置为“3、7、94、0”；选中转化后的字体，选择“位图”→“三维效果”→“浮雕”菜单命令，参数设置如图6-22所示，楼宇DM广告的宣传主题语效果如图6-23所示。

图6-22

图6-23

Step 14

选择“文件”→“导入”菜单命令，将素材图P06、P07导入版面中并调整图像大小，如图6-24、图6-25所示；选中图6-24所示图形，选择“效果”→“校正”→“尘埃与刮痕”菜单命令和选择“效果”→“调整”→“色度、饱和度、亮度”菜单命令以及选择“排列”→“顺序”菜单命令，参数设置如图6-26所示，荷花以及标题图在整体画面中的效果如图6-27所示。

图6-24

图6-25

图6-26

图6-27

Step 15

单击工具箱中的 “贝塞尔工具”和 “矩形工具”，分别绘制云纹图和标语矩形底纹图；单击工具箱中的 “均匀填充工具”，进行参数设置，调节色标的CMYK值依次设

置为“12、18、51、0”和“68、86、86、31”，填充图形，再单击工具箱中的“轮廓笔工具”绘制矩形底图的轮廓线，参数设置如图6-28所示。选中云纹图，单击工具箱中的“无轮廓工具”，将轮廓线去除；选择“位图”→“转换为位图”菜单命令；将绘制的矩形图复制并保持原位纵向拉伸后，再将两矩形图一并选中，单击属性栏上的“焊接”工具，云纹图以及焊接后的矩形底纹图效果如图6-29所示。

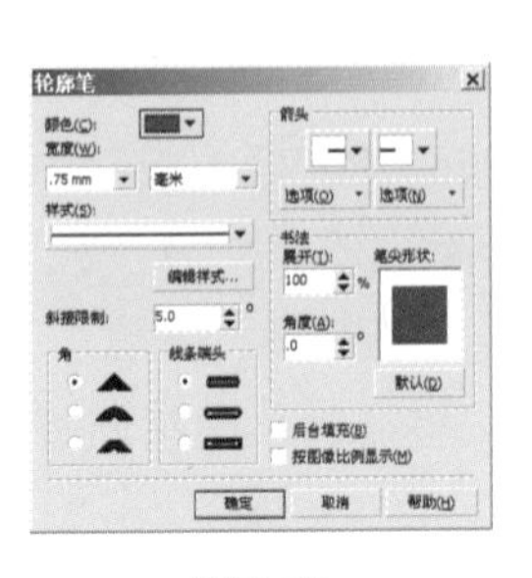

图6-28

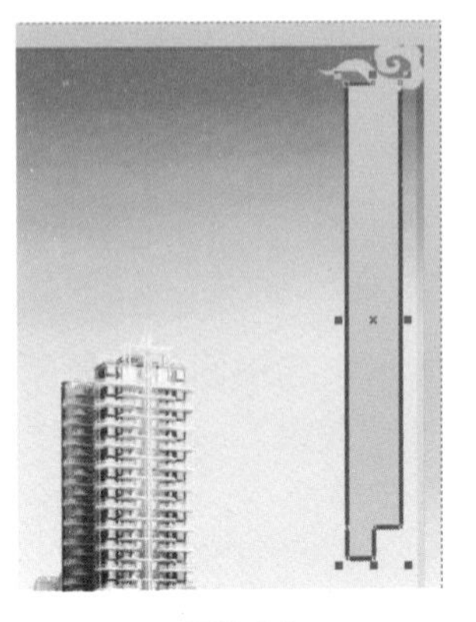

图6-29

Step 16

单击工具箱中的“钢笔工具”、“椭圆形工具”和“矩形工具”，绘制楼盘的地形线路图、线形及字体颜色，再单击工具箱中的“均匀填充工具”，调节色标的CMYK值依次设置为“0、100、100、0”、“0、0、0、100”和“0、0、0、0”，填充图形，线路图效果如图6-30所示。

图6-30

Step 17

单击工具箱中的“文本工具”，制作楼宇DM广告画面中所需要的要素文字，选择“文本”→“编辑文本”菜单命令，选择适当字体，并将字体颜色调节色标的CMYK值依次设置为“68、86、86、31”、“17、16、50、0”、“3、4、38、0”和“0、0、0、100”；再选择“排列”→“转换为曲线”菜单命令和选择“排列”→“群组”菜单命令。

Step 18

选中步骤 1 ~步骤 17 中所应用的图形，单击属性栏中的“对齐和分布”按钮，打开

对话框进行对齐调整，选择“排列”→“顺序”菜单命令。楼宇 DM 广告设计的整体效果如图 6-31 所示。

图6-31

6.2.2 楼宇DM广告主题介绍和技术分析

通过观察本实例，可以将楼宇DM广告整体图像划分为4部分，分别为背景、楼盘、奔腾的骏马、广告主题语及线路图。下面就本实例中所使用的技术和解决方案进行深入的剖析。

1．背景

从素材库中导入夕阳下霞光万丈的水景图作为背景，由于对这则楼宇广告的构思是要求主题突出，金碧辉煌而不失大气。导入背景素材图的晚霞云彩给人有压抑之感，因此笔者在选择“效果”→“校正”→“尘埃与刮痕”菜单命令，进行图片处理后，应用了工具箱中的“交互式透明工具”，制作出透明效果，同时还选择“效果”→“图框精确剪裁”→“放置在容器中”菜单命令和选择“效果”→“图框精确剪裁”→“编辑内容”→“结束编辑”菜单命令，对图形进行编辑，不难看出将其与之前填充的背景颜色是吻合协调的。

2．楼盘

此实例中由于选择的主题楼房图不是分层图而是带背景的，根据画面的需要，必须将其独立出来，方法就是在属性栏中单击“编辑位图”按钮，打开Corel PHOTO-PAINT程序，在工具箱中按住“矩形遮罩工具”的同时，在展开的工具箱中选取“圈选遮罩工具”，拖动鼠标在楼房图形周围绘制遮罩区域，结束编辑位图后就可以看到其楼房的背景画面被隐藏。要使得楼房基调与画面协调，还需要选择“效果”→“校正”→“尘埃与刮痕”菜单命令和选择“效果”→“调整”→“调和曲线”菜单命令，进行图片处理，并将选取后的边界进行“羽化”处理，避免楼房在画面中的生硬感。

3．奔腾的骏马

此图片的处理方法与上面“楼盘”的处理方法相似，在此不作赘述。将处理后的图应用工具箱中的 “交互式阴影工具”，制作图形的阴影效果。画面中楼盘对面河岸的植物图处理方法亦是如此。

4．广告主题语及线路图

广告主题语的表现手法是将字体进行转曲、拆组、排列后，选择“位图”→“三维效果”→“浮雕”菜单命令，制作出字体的浮雕效果；为了使广告宣传语能突出醒目位置，应用了工具箱中的 “贝塞尔工具”，绘制“云纹图案”，同时还应用了工具箱中的 “矩形工具”，结合属性栏上的“焊接”工具，制作出图形效果；另外，楼盘的地形线路图制作方法是应用了工具箱中的 “钢笔工具”、 “椭圆形工具”、 “矩形工具”结合绘制而成。

6.3 触类旁通——演唱会DM广告设计

演唱会DM广告设计步骤

Step 01

选择“文件”→“新建”菜单命令，设置页面的宽为210mm、高为285mm，出血3mm，单击像素设置分辨率为300dpi，其他参数设置为默认值。

注： 在设置页面时都可适当按比例缩小页面尺寸，这样可大大提高运算速度。

Step 02

单击工具箱中的 “矩形工具”，绘制覆盖整幅面的矩形图，单击工具箱中的 “渐变填充工具”，进行参数设置，渐变填充“类型”设置为“射线”，“中心位移”水平为-16、垂直为11，在“颜色调和”选项组中选中“自定义”单选按钮，调节色标的CMYK值依次设置为“100、0、100、80”、“100、0、100、40”、“100、0、100、0”和“0、0、100、0”，填充图形；单击工具箱中的 “无轮廓工具”，将轮廓线去除，演唱会DM广告的背景效果如图6-32所示。

图6-32

Step 03

选择“文件”→“导入”菜单命令，将素材图P01导入版面中，如图6-33所示，并同时按住Shift键按比例扩大，移至适当位置作为背景底纹图；选择“效果”→“图框精确剪裁”→“放置在容器中”→“编辑内容”→“结束编辑”菜单命令；选择“效果”→“调整”→“亮度、对比度、强度”菜单命令，对底纹图片进行色彩调节；单击工具箱中的“交互式透明工具”，并编辑透明度，“透明度类型”为“射线”，“透明度操作”为“正常”，制作图形的透明效果如图6-34所示，融入图片后的背景效果如图6-35所示。

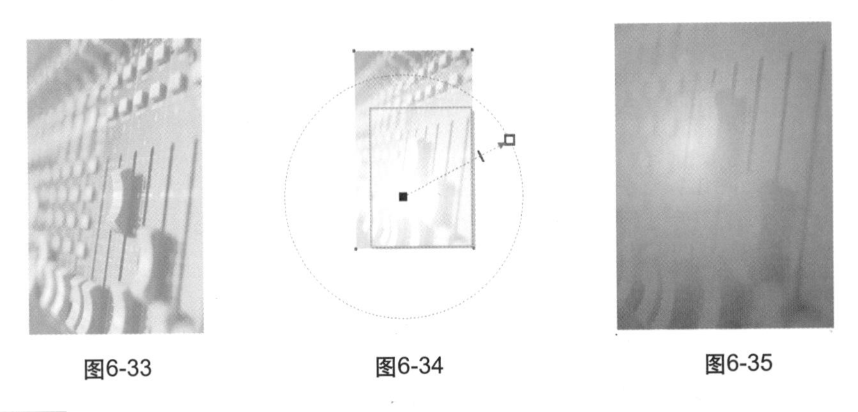

图6-33　　图6-34　　图6-35

Step 04

选择“文件”→“导入”菜单命令，将素材图P02导入版面中，如图6-36所示，调整到适当位置，并将其选中，选择“位图”→“编辑位图”菜单命令，打开Corel PHOTO-PAINT程序，在工具箱中按住“矩形遮罩工具”的同时，在展开的工具箱中选取“手绘遮罩工具”，拖动鼠标在人物图形周围绘制遮罩区域，双击鼠标结束绘制。选择“遮罩”→“遮罩轮廓”→“羽化”菜单命令，设置羽化“宽度”为2，“方向”为“向内”，按Delete键删除底纹，单击“确定”按钮，关闭Corel PHOTO-PAINT程序，弹出询问对话框，单击“是”按钮，观察到背景区域被隐藏，并调整图像大小，人物去背景后将其变为选区的效果如图6-37所示。选择“效果”→“校正”→“尘埃与刮痕”菜单命令，人物在广告画面中的效果如图6-38所示。

图6-36

图6-37

图6-38

Step 05

按住Ctrl键，重复单击工具箱中的◎“椭圆形工具”，绘制正圆图形来制作音箱喇叭，并结合单击工具箱中的■“渐变填充工具”和■“均匀填充工具”，进行参数设置，调节色标的CMYK值依次设置为“0、0、0、100”、“0、0、0、0”，填充图形；选择“排列”→“顺序”菜单命令和选择“排列”→“群组”及“编辑”→“复制”→“粘贴”等菜单命令，广告画面的主体图形效果如图6-39所示。

注：本步骤图形的绘制由于版面关系，在此不作详解。

Step 06

选择“文件”→“导入”菜单命令，将素材剪影图P03及LOGO图P04导入广告版面中，如图6-40、图6-41所示，并调整到合适位置，选择“排列”→“顺序”菜单命令，演唱会DM广告的主体画面效果如图6-42所示。

图6-39

图6-40

图6-41

图6-42

Step 07

单击工具箱中的字“文本工具”，输入演唱会DM广告的主题语“顶级录音师”文字，选择“文本”→“编辑文本”菜单命令；将字体大小调整到合适位置并选中，选择“排列”→“转换为曲线”菜单命令和选择“排列”→“打散”菜单命令；将字体变形后再选择“排列”→“群组”菜单命令；单击工具箱中的■“渐变填充工具”，进行参数设置，渐变填充“类型”设置为“线性”，“选项”角度为-90°、“边界”为0，在“颜色调和”选项组中选中“自定义”单选按钮，调节色标CMYK值依次设置为“100、80、0、0”、“100、0、0、0”、“100、100、0、0”和“100、0、0、0”，填充图形，其他参数设置如图6-43所示。单击工具箱中的×“无轮廓工具”，将轮廓线去除，演唱会主题语在画面中的效果如图6-44所示。

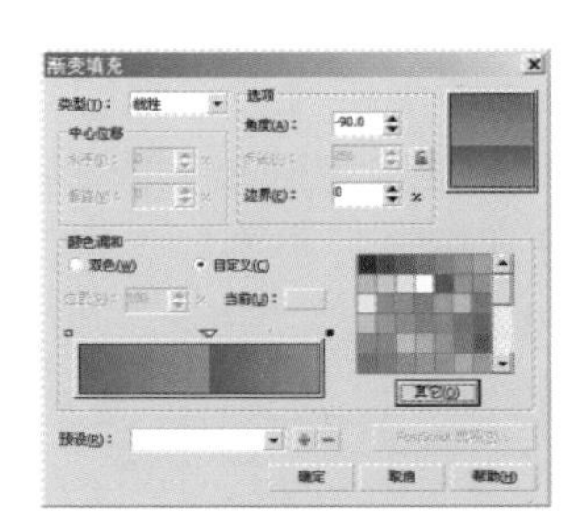

图6-43

图6-44

Step 08

选择“编辑”→“克隆”菜单命令，选中复制的文字图层，单击工具箱中的■“均匀填充工具”，进行参数设置，调节色标的CMYK值设置为“0、0、0、40”，填充图形，并设置位图文字，再单击工具箱中的■“渐变填充工具”，进行参数设置，渐变填充“类型”设置为“射线”,“中心位移”的“水平”、“垂直”设置都为0,“边界”为0，在“颜色调和”选项组中选中“自定义”单选按钮，调节色标CMYK值依次设置为“0、0、0、40”、“0、0、0、0”，“0、0、0、33”、“0、0、0、0”、“0、0、0、36”、“0、0、0、0、”和“0、0、0、20”，填充图形，单击工具箱中的■“交互式立体化工具”，制作其立体效果，参数设置如图6-45所示，主题语字体效果如图6-46所示。

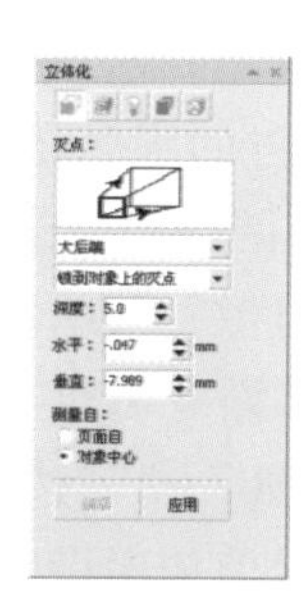

图6-45

图6-46

Step 09

单击工具箱中的■“文本工具”，输入演唱会DM广告另一宣传语“秀出你自己”中英文字，制作字体的效果方法与上一步的方法相同，在此省略。再将制作效果后的字体选择“排列”→“打散”菜单命令，单击工具箱中的■“均匀填充工具”，进行参数设置，调节色标的CMYK值依次设置为“0、0、0、100”、“0、100、100、0”、“0、60、100、0”、“100、100、0、0”和“40、100、0、0”，填充图形；将转曲后的“秀”字及投影边框，分别单击工具箱中的■“渐变填充工具”，进行参数设置，渐变填充“类型”设置为“线性”，“选项”角度为-136.8°、“边界”为4，在“颜色调和”选项组中选中“自定义”单选按钮，调节色标的CMYK值设置为“0、100、100、0”、“100、100、0、0”、“0、0、100、0”和“0、0、0、0”，

图6-47

分别填充图形，其中投影的渐变参数设置，“类型”设置为“线性”，“选项”角度为96.3°、“边界”为8，调节色标的CMYK值设置为“0、0、0、100”，填充图形，效果如图6-47所示。

Step 10

单击工具箱中的 “文本工具”，输入演唱会DM广告其他的要素文字，颜色设置为黑色及白色，单击工具箱中的 “矩形工具”，绘制一个由黄色渐变到白色的底纹图形，再单击工具箱中的 “形状工具”，并改变其边角弧度。选中人物图形，选择“位图”→“编辑位图”菜单命令，打开Corel PHOTO-PAINT程序，单击工具箱中 “绘图工具”，笔尖形状选择发射状的四角“星形”及“虚化的圆形笔尖”，设置前景色为白色。选择“排列”→“顺序、排列”→“群组”菜单命令，并调整各部分的相互位置关系；再对文字选择“排列”→“转换为曲线”菜单命令，将字体转化为曲线后分别成组排列，演唱会DM广告设计的整体效果即可完成，效果如图6-48所示。

图6-48

温馨小提示：

房产广告及演唱会DM广告其宣传媒介比较多，在CorelDRAW中，影像、照片必须以TIFF格式、CMYK模式输入，勿以PSD格式输入，所有输入的影像图、分离的下落式阴影及使用透明度、滤镜材质填色OWERCLIP的物件，请在CorelDRAW中再转一次点阵图(色彩为CMYK32位元，解析度为300dpi，反锯齿补偿透明背景使用色彩描述档均选中)。以避免组版时造成马赛克影像。如以调整节点的方式缩小点阵图，需要再转一次点阵图(选项如前)，避免点阵图输出时部分被遮盖。使用CorelDRAW的“滤镜特效”处理过的物件同样需要转一次点阵图(选项如前)，以确保万无一失。

章节小絮

本章节我们学习了关于DM广告设计的方法，并大量综合运用了软件工具来设计图形的效果。根据DM广告最突出的两个特点：直投专送、内容全是广告。它大部分是免费赠送，主动出击，强行送到读者手里的。一般来说，一本全是广告的杂志，不容易吸引那些想要以阅读新闻获得全面信息的读者，但由于DM广告媒体以渠道规定精确的读者群，对广告客户也会产生巨大的吸引力。笔者以为，对于设计DM广告要特别强调它的色彩感，设计色彩时则强调纯度、强调大面积均匀，色块与色块之间的对比调和或层次的渐变效果。在色彩对比中，常用的方法有7种，即色相对比、明暗对比、冷暖对比、补色对比、同时对比、色度对比、面积对比。而在这7种对比中，与色彩设计关系最为密切的对比，首推色相对比、补色对比与色度对比这3种，因为这3种对比色彩最丰富，反差又最大，最能引起人们的注意。

第7章　包装盒设计

通过对本章的学习，能够学到以下内容。

* 熟练掌握软件包装外盒、化妆品包装外盒设计的平面结构展开效果及立体效果的具体制作方法。
* 熟练掌握矩形工具、渐变填充工具、交互式透明工具、镜像工具的应用。
* 熟练掌握“遮罩”→“遮罩轮廓”→“羽化”菜单命令和选择“效果”→“图框精确裁剪”→“放置在容器中”→“编辑内容”菜单命令的应用。

法国化妆品集团投资有限公司
北京杰尘化妆品有限公司
生产批号及限期使用日期见封口。
卫生许可证：
(2010)卫妆准字29-XK-0050号

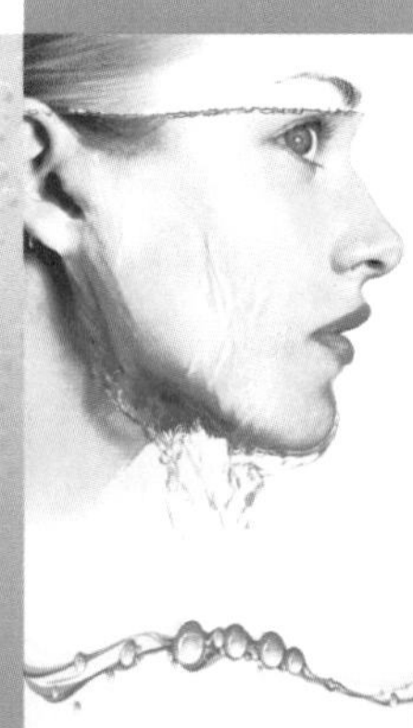

杰尘
法国化妆品集团投资有限公司
北京杰尘化妆品有限公司

杰尘
PROYA
法国化妆品集团投资有限公司
北京杰尘化妆品有限公司

7.1 关于包装设计

包装为包裹、包扎、安装、填放、装饰之意，即在流通中保护产品、方便运输、促进销售，按一定技术方法而采用的容器、材料及辅助物的总体名称。从发展的、更广阔的角度看，包装设计的概念涵盖材料、器形、印刷、视觉传达设计等多要素，并且包装设计是立体的和多元化的，是多学科融会贯通的一门综合学科。如化妆品的包装设计应由瓶形、瓶面的装潢，材质、肌理、色调设计，外包装的纸盒造型、盒面装潢乃至于字体设计、摄影等多种元素构成。

7.1.1 包装设计的分类及步骤

包装设计的分类包括CD包装、化妆品包装、茶包装、月饼包装、饮料包装、药品包装、烟包装、糖果包装、花炮包装、食品包装、手提袋包装、书本包装、酒类包装、CD包装和服装包装等。

包装设计的步骤：第一，设计策划；第二，设计创意；第三，设计执行。

7.1.2 包装盒设计的注意事项

当一个包装设计任务在手，切记不要忙于从主观意思出发而实行设计，所做的第一件事就是与产品的委托人充分沟通，以便对设计任务有详细的了解。具体情况包括产品本身的特性(如产品的重量，体积强度，避光性，防潮性以及使用方法等)、使用对象(如产品的受众群年龄、文化层次等)、销售方式、相关经费和包装的背景。

7.2 软件包装外盒设计

7.2.1 软件包装外盒设计步骤

7.2.1.1 绘制软件包装外盒设计的平面结构图

Step 01

选择“文件”→“新建”菜单命令，设置页面的宽为350mm、高为363mm，单击像素设置分辨率为300dpi (注：因幅面较大，设计过程将尺寸按比例缩小，设计完稿输出还原尺寸即可)，其他参数设置为默认值。在页面中设置辅助线，选择“视图”→“辅助线”菜单命令。单击工具箱中的□“矩形工具”，绘制一个大矩形图；单击工具箱中的▫“挑选工具”，选中页面中的矩形图，按住上方中间的控制钮向下拖动，到达矩形所需位置再按鼠标右键，生成一个新的矩形图，重复拖动操作3次即可；轮廓线的设置，可单击工具

箱中的“轮廓笔工具”，线的宽度为“细线”，颜色设置为黑色。

Step 02

包装盒粘贴边角的绘制。用与上一步相同的方法绘制矩形图，在工具箱中按住“交互式调和工具”的同时，再将展开的工具栏中选取“交互式封套工具”，并在属性栏中单击“封套的直线模式”按钮，按住Shift键的同时使用鼠标向下拖动左上角的节点，将矩形图形调整为梯形图形；并同时将其复制后，单击属性栏中的“水平镜像”按钮，制作图形的镜像效果，并将镜像后的图形调整到对应位置，重复操作这一步骤，即可获得包装盒的平面展开效果图的线稿图，也就是通常所说的“包装盒的平面结构图”，效果如图7-1所示。

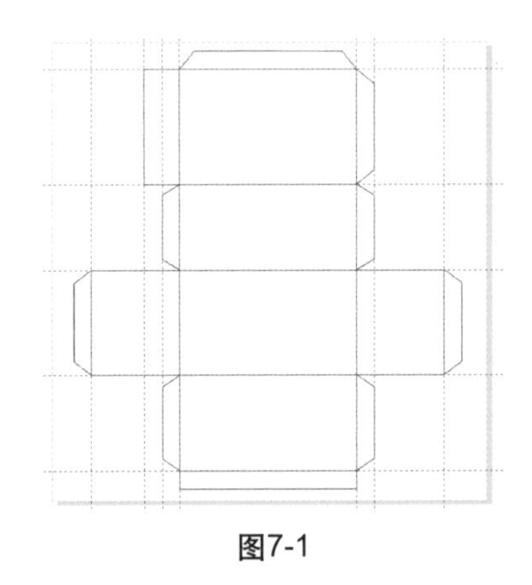

图7-1

7.2.1.2　设计软件包装外盒的正面

Step 01

单击工具箱中的“矩形工具”，绘制外盒的正面矩形底图；单击工具箱中的“均匀填充工具”，进行参数设置，调节色标的CMYK值设置为“100、100、100、100”，填充图形作为底纹图。单击工具箱中的“无轮廓工具”，将轮廓线去除。将素材图P01导入版面中，正面底图主体画面效果如图7-2所示；同时按住Shift键按比例缩放图形，移至适合位置。

图7-2

Step 02

选择“效果”→“图框精确裁剪”→“放置在容器中”→“编辑内容”菜单命令；单击工具箱中的“交互式透明工具”，在属性栏中选择“编辑透明度”，“透明度类型”设置为“线性”，制作图形的透明效果如图7-3所示，正面背景底图制作透明效果如图7-4所示。

图7-3

图7-4

Step 03

选择“文件”→“导入”菜单命令，将素材图P02、图P03导入版面中，如图7-5、图7-6所示，并同时按住Shift键按比例缩放，移至适合位置，主体图像导入画面中的效果如图7-7所示。

图7-5

图7-6

图7-7

Step 04

将图P02所示图形复制一份，选择“排列”→“顺序”→“到页面后面”菜单命令，暂时将其隐藏；分别选中画面中的图P02、图P03图层，选择“效果”→“校正”→“尘埃与刮痕”菜单命令；并分别在属性栏中单击“编辑位图”按钮，打开Corel PHOTO-PAINT程序，选择“遮罩”→“遮罩轮廓”→“羽化”菜单命令，设置羽化“宽度”为2，“方向”为“向内”，单击“确定”按钮，关闭Corel PHOTO-PAINT程序，弹出询问对话框，单击“是”按钮，观察到背景区域被隐藏，并调整图像大小，变为选区后将两个图像去背景，再做羽化后的效果如图7-8、图7-9所示，包装外盒的正面主体画面效果如图7-10所示。

图7-8

图7-9

图7-10

Step 05

选中图7-8所示图形并将其复制一份，选择“排列”→“顺序”→“到页面前面”菜单命令；单击工具箱中的“椭圆形工具”，并同时按住Shift键，绘制一个正圆图形，不需要填充图形；选择“效果”→“图框精确裁剪”→“放置在容器中”→“编辑内容”菜单命令，选中上一步已经去除背景后的图P02所示图形，选择“排列”→“顺序”→“到页面前面”菜单命令；并将选择“排列”→“群组”菜单命令，裁剪后的主体图形(蜘蛛侠)的正圆背景效果如图7-11所示。

图7-11

Step 06

选择“文件”→“导入”菜单命令，将素材图P04～图P07导入版面中，如图7-12～图7-15所示，并同时按住Shift键按比例缩放，移至适当位置，并选中图P07，单击工具箱中的“交互式透明工具”，在属性栏中选择“编辑透明度”，“透明度类型”设置为“线性”，制作图形的透明效果，如图7-16所示。在属性栏中单击“对齐和分布”按钮，选择“排列”→“顺序”→“群组”菜单命令，包装外盒正面图形效果如图7-17所示。

图7-12

图7-13

图7-14

图7-15

图7-16

图7-17

Step 07

单击工具箱中的“矩形工具”，绘制一小条状矩形图，选择“无轮廓笔”工具，并同时单击工具箱中的“渐变填充工具”，进行参数设置，渐变填充“类型”设置为“线性”、“选项”角度为0、“边界”为0，打开“预设”中的下拉列表框，选择“65-柱面-灰色 02”，如图7-18所示；在“颜色调和”选项组中选中“自定义”单选按钮，调节色标的CMYK值依次设置为“22、19、16、0”、“7、5、7、0”、“14、9、12、0”、“22、19、16、0”、“49、38、42、2”和“61、48、56、5”，填充图形，正面底部填充后的色块效果如图7-19所示。

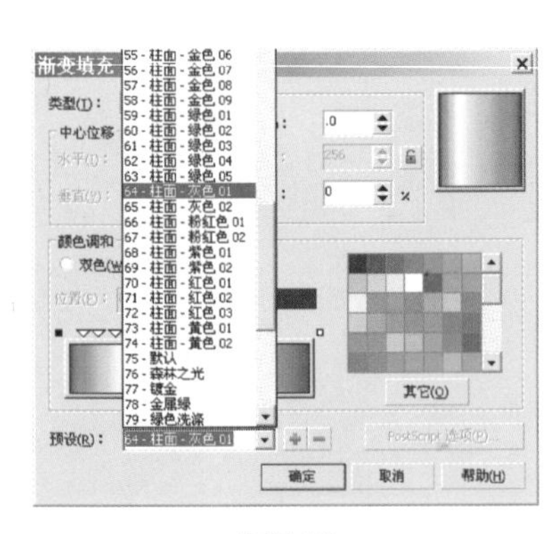

图7-18

图7-19

Step 08

单击工具箱中的字“文本工具”，输入包装盒正面的主题文字，选择“文本”→“编辑文本”菜单命令，并选择合适字体，将其选择“排列”→“转换为曲线”菜单命令和选择“排列”→“顺序”→“群组”菜单命令；单击工具箱中的“渐变填充工具”，进行参数设置，渐变填充“类型”设置为“线性”、“选项”角度为0、“边界”为0，打开“预设”中的下拉列表框，选择“65-柱面-灰色 01”，如图7-18所示；在“颜色调和”选项组中选中“自定义”单选按钮，调节色标的CMYK值依次设置为“0、0、0、100”、“62、47、49、5”、“22、19、16、0”、“6、5、5、0”、“15、9、12、0”、“31、27、24、0”、“60、51、47、5”和“0、0、0、100”，填充图形。

Step 09

选中包装盒正面的主题文字，单击工具箱中的“立体化工具”，绘制文字立体效果，选择“效果”→“立体化”菜单命令，在打开的对话框中选择“立体化颜色”进行编辑，如图7-20、图7-21所示；并选中画面图形选择“排列”→“顺序”→“群组”菜单命令。软件包装盒的正面设计效果即可完成，软件包装外盒的正面整体效果如图7-22所示。

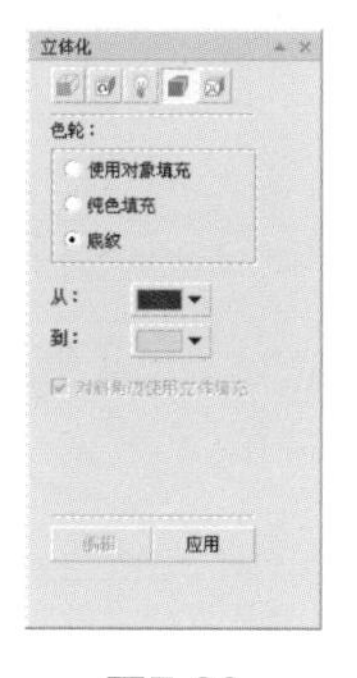

图7-20

图7-21

图7-22

Step 10

选中包装盒的正面图形，选择“排列”→“顺序”→“群组”菜单命令，并将其复制一份后再单击属性栏中的“垂直镜像”按钮，制作正面图形的镜像效果并将其排列，软件包装盒的另一正面设计效果即可完成，效果如图7-23所示。

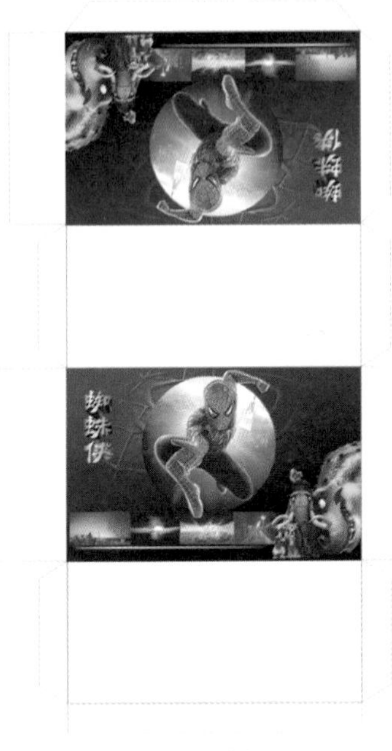

图7-23

7.2.1.3 设计软件包装外盒的顶盖及底部

Step 01

单击工具箱中的“矩形工具”，绘制一个顶盖的矩形图，选择“无轮廓笔”工具，并同时单击工具箱中的“均匀填充工具”，进行参数设置，调节色标的CMYK值设置为“100、82、38、34”，填充图形。选择“文件”→“导入”菜单命令，将素材图P01导入版面中，并同时按住Shift键按比例缩放，移至适当位置，选择“效果”→“图框精确裁剪”→“放置在容器中”→“编辑内容”菜单命令，顶盖图形效果如图7-24所示。

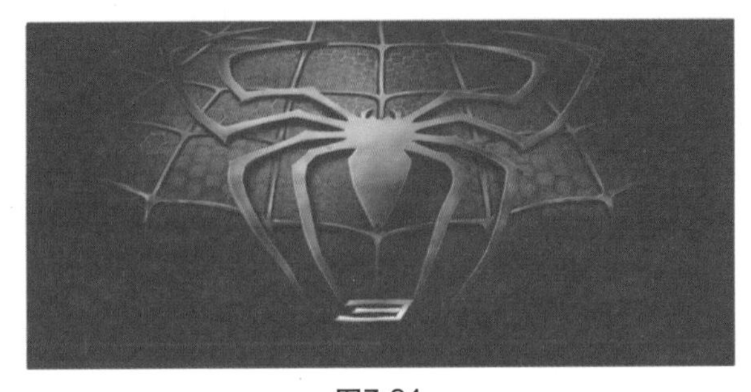

图7-24

Step 02

选中图7-24所示图形，选择“效果”→“图框精确裁剪”→“编辑内容”菜单命令，编辑顶盖图形；单击工具箱中的“交互式透明工具”，制作透明效果的同时，再单击属性栏中的“编辑透明度”，选择“底纹”编辑，参数设置如图7-25、图7-26所示，绘制顶盖图形的透明效果如图7-27所示。

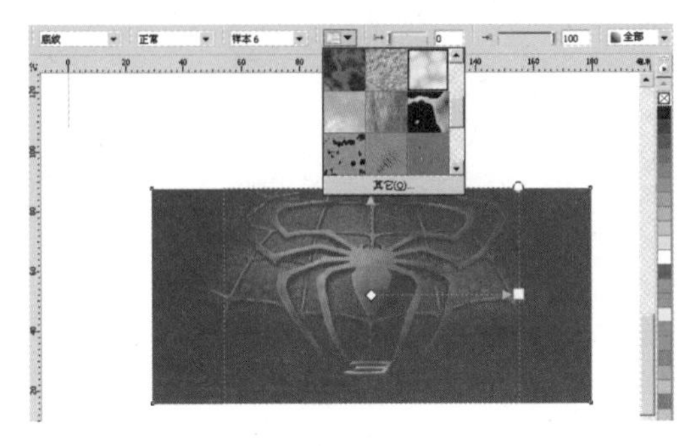

图7-25

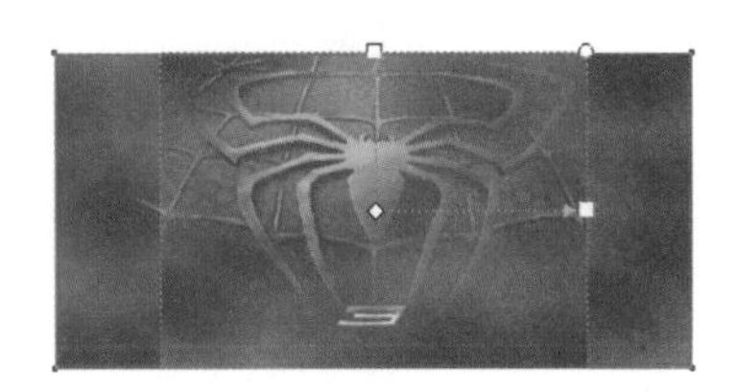

图7-26

图7-27

Step 03

单击工具箱中的“3点曲线工具”和“轮廓笔工具”，绘制顶盖上的线形图，线宽为0.176mm，调节色标的CMYK值设置为“4、6、94、0”；并单击工具箱中的“交互式透明工具”，在属性栏中选择“编辑透明度”，“透明度类型”为“线性”，绘制其线的透明效果，并将其复制一份，单击属性栏中的“水平镜像”按钮后再单击“垂直镜像”按钮，制作线形图的镜像效果，并调整到对应位置，顶盖上的线形效果如图7-28所示。

图7-28

Step 04

单击工具箱中的“文本工具”，输入顶盖上的文字，并单击属性栏中的“字体”以及“字号”的下拉列表框，选择合适字体及字号；选择“排列”→“顺序”菜单命令，顶盖上的主题名称字体效果如图7-29所示。

图7-29

Step 05

将图7-29所示图形全部选中，选择“排列”→“群组”菜单命令，并将其群组后，单击属性栏中的“垂直镜像”按钮，制作顶盖图形的垂直镜像效果，并调整到对应位置；绘制包装盒的顶盖及底部即可完成，软件外包装盒的正面、反面、顶盖以及底部整体效果如图7-30所示。

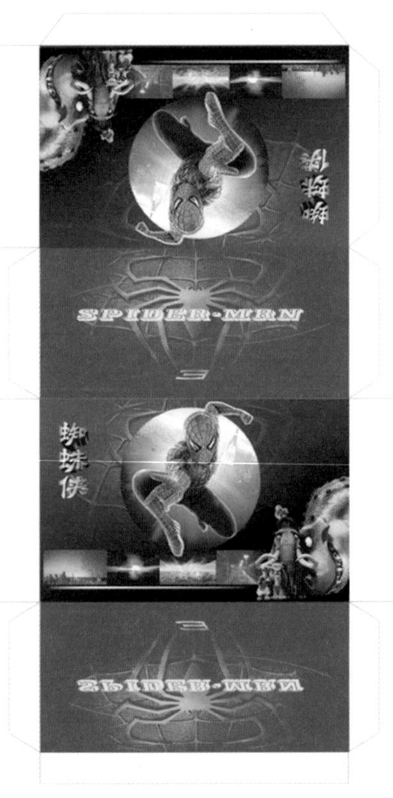

图7-30

7.2.1.4 设计软件包装外盒的左、右封口

Step 01

单击工具箱中的□“矩形工具”绘制一个矩形图，再单击工具箱中的■“均匀填充工具”调节色标的CMYK值设置为“100、82、38、34”，填充图形；并将其复制一份作为右封口的底纹。

Step 02

在左封口上，选择“文件”→“导入”菜单命令，将素材图P08导入版面中，如图7-31所示，并同时按住Shift键按比例扩大，移至适当位置；单击工具箱中的字“文本工具”输入文字，并单击属性栏中的“字体”以及“字号”的下拉列表框，选择合适字体及字号；选择“排列”→“顺序”菜单命令，效果如图7-32所示。

图7-31

图7-32

Step 03

选择“编辑”→“插入条形码”菜单命令，使用“条形码向导”逐步往下制作出条形码，如图7-33、图7-34所示；并同时按住Shift键按比例缩小，移至适当位置；单击工具箱中的字“文本工具”输入文字，颜色设置为白色，并单击属性栏中的“字体”以及“字号”的下拉列表框，选择合适字体及字号；选择“排列”→“顺序”菜单命令，左封口的整体效果如图7-35所示。

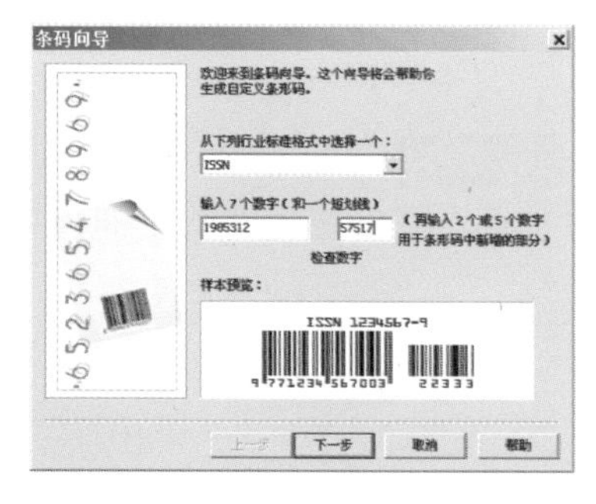

图7-33

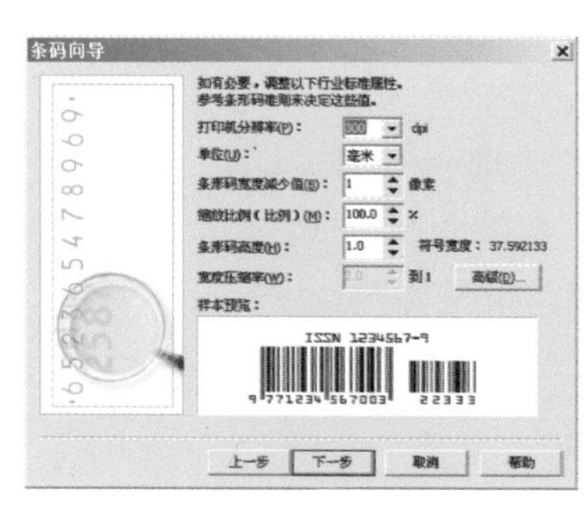

图7-34

图7-35

Step 04

在右封口上，单击工具箱中的“文本工具”输入文字，颜色设置为白色，选择“文本”→“编辑文本”菜单命令，选择合适字体；选择“排列”→“转换为曲线”菜单命令和选择“排列”→“顺序”→“群组”菜单命令。

Step 05

单击工具箱中的“椭圆形工具”，并同时按住Ctrl键绘制一个正圆图形将其多次复制后对齐排列，单击工具箱中的“轮廓笔工具”，同时单击工具箱中的“渐变填充工具”，进行参数设置，渐变填充“类型”设置为“线性”、“选项”角度为360、“边界”为14，在“颜色调和”选项组中单击“双色”单选按钮，调节色标的CMYK值依次设置为“0、0、0、0”和“100、82、38、34”，填充图形。单击工具箱中的“无轮廓笔工具”，将轮廓线去除。选择所有图层，选择“排列”→“顺序”菜单命令和选择“排列”→“群组”菜单命令，右封口的整体效果如图7-36所示。

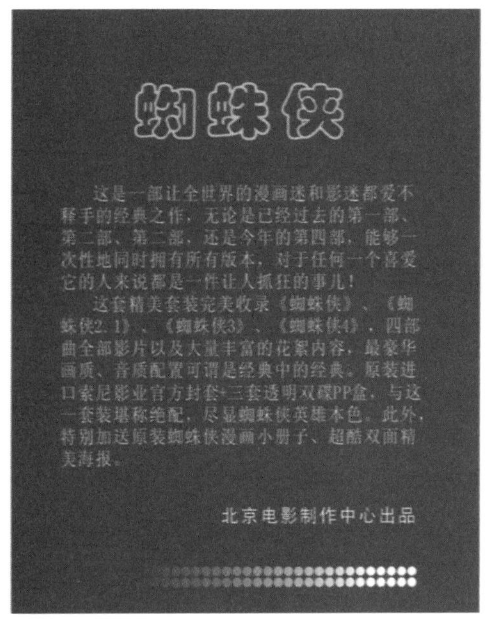

图7-36

Step 06

选中右封口上的文字，选择“排列”→“转换为曲线”菜单命令和选择“排列”→“顺序”→“群组”菜单命令，或按Shift+PageUp组合键，软件包装盒的平面结构图的整体设计效果即可完成，效果如图7-37所示。

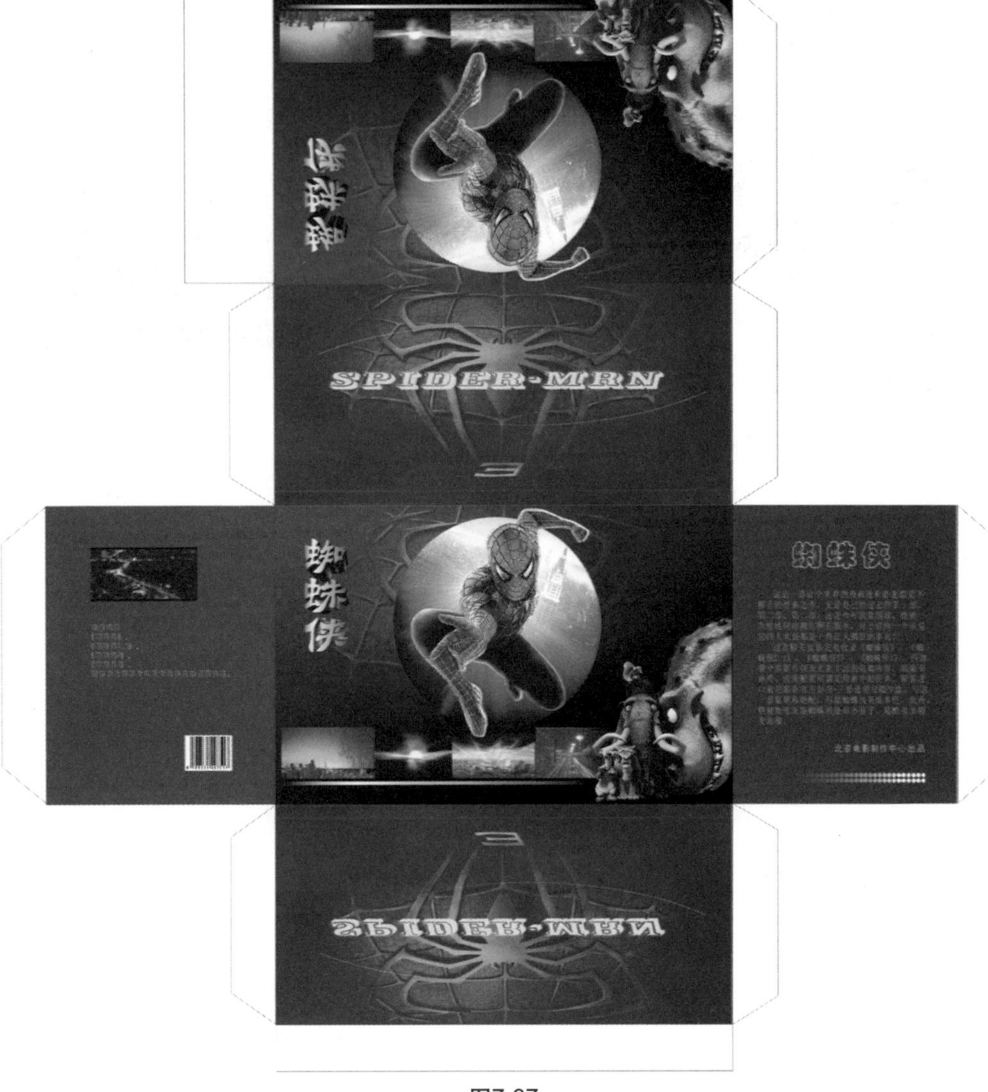

图7-37

7.2.1.5　设计软件包装外盒的立体效果图

Step 01

启动CorelDRAW新建一个文档，并将已经设计储存好的“包装盒平面结构图.cdr”文档打开；单击工具箱中的“挑选工具”，选择包装盒的“正面图、顶盖图、左封口(即侧面2)；并将其各复制一份到新建的文档中；关闭“包装盒平面结构图.cdr”文档，将弹出“数据留在剪贴板上”对话框，选择“是”按钮，将复制后的包装盒3个面粘贴到新建文档中，如图7-38所示，复制后的软件包装外盒三个面的图形效果如图7-39所示。

图7-38

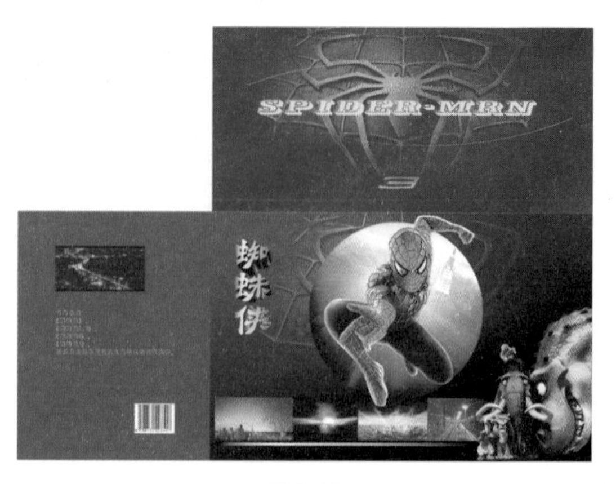

图7-39

Step 02

单击工具箱中的“矩形工具”，绘制一个背景矩形图，并单击工具箱中的“均匀填充工具”，进行参数设置，调节色标的CMYK值设置为“56、33、32、0”，填充图形，即可绘制出包装盒立体效果图中的背景图效果如图7-40所示。

Step 03

选择“排列”→“顺序”→“到页面后面”菜单命令，将背景图放在所有图形的后面；单击工具箱中的“挑选工具”，选择包装盒的正面图形，再单击鼠标并转换为倾斜、旋转调节框时，向上拖动调节框的右边框，如图7-41所示，包装盒正面调整后的效果如图7-42所示。

图7-40

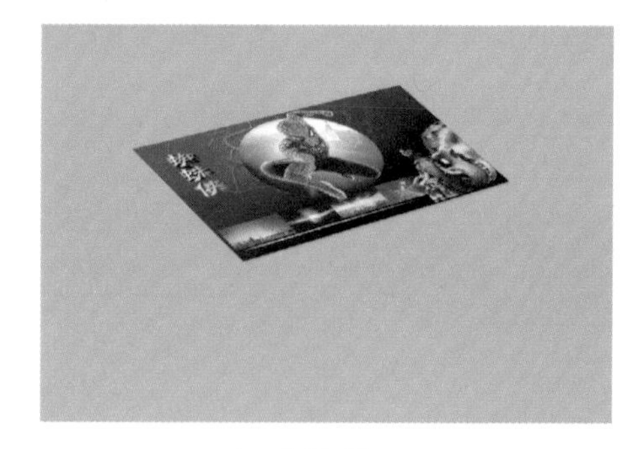

图7-41

图7-42

Step 04

按照上一步中的同样方法，调节包装盒的底封盖图及左封口图，并分别调节其高度和宽度；排列时将其与变换后的正面图进行衔接，包装盒立体形状效果如图7-43所示。

图7-43

Step 05

分别选中“底封盖图”及“左封口图”，选择“编辑”→“复制”→“粘贴”菜单命令，将其分别复制一份；并分别选中复制的图形，单击属性栏中的“垂直镜像”按钮，制作垂直镜像效果，单击工具箱中的“挑选工具”，选择包装盒的“底封盖图”及“左封口图”，再单击鼠标并转换为倾斜，再旋转调节框时，向上拖动调节框的右边框，在排列时将其与变换后的正面图进行衔接，调节并做垂直镜像的立体效果如图7-44所示。

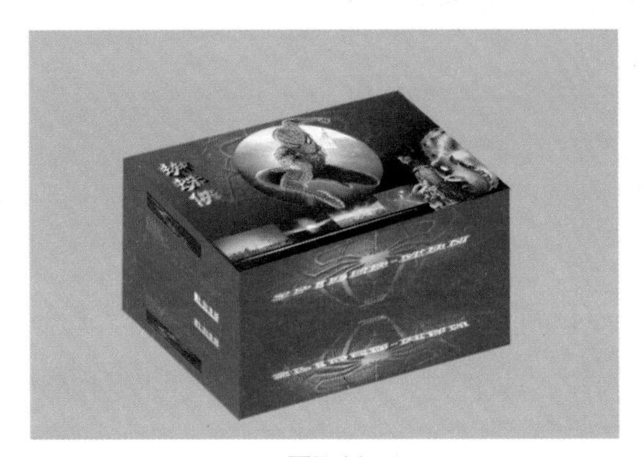

图7-44

Step 06

分别选中调整后的包装盒中的“底封盖图”及“左封口图”的镜像图形，单击工具箱中的“交互式透明工具”，在属性栏中选择“编辑透明度”，“透明度类型”设置均为“线性”，绘制图形的透明效果如图7-45所示。选择“排列”→“群组”菜单命令，软件包装盒的立体效果图的设计即可完成，包装盒整体的立体效果如图7-46所示。

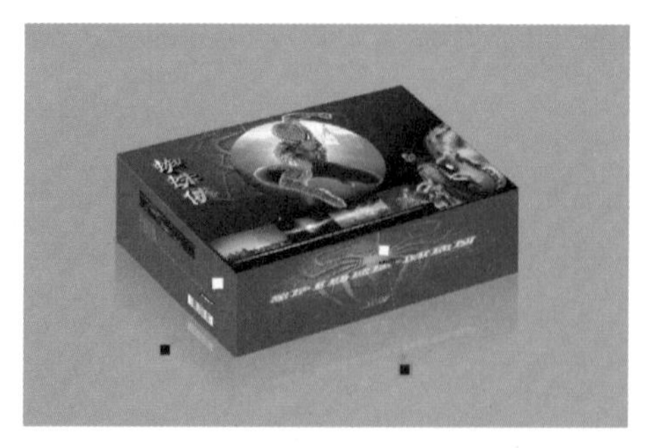

图7-45

图7-46

7.2.2 软件包装外盒设计主题介绍和技术分析

通过观察本实例，可以将软件包装外盒整体图形划分为4部分，分别为包装盒正面、包装盒顶盖及底部、包装盒左右封口、包装盒立体效果图。下面将本实例中所使用的技术和解决方案进行深入的剖析。

1．包装盒正面

包装盒正面是包装的主干，此包装为软件包装的外盒，强调其视觉冲击力以及信息含量，使用了工具箱中的□“矩形工具”、■“渐变填充工具”和□“交互式透明工具”等；选择“效果”→“图框精确裁剪”→“放置在容器中”→“编辑内容”菜单命令；同时，打开Corel PHOTO-PAINT程序，选择“遮罩”→“遮罩轮廓”→“羽化”菜单命令；在制作名称字体时，为了表现画面的立体厚重感，选择“效果”→“立体化”菜单命令，

并应用属性栏中的“垂直镜像”按钮制作图形的镜像效果。

2．包装盒顶盖及底部

使用了“矩形工具”、“3点曲线工具”和“交互式透明工具”等；并选择“效果”→“图框精确裁剪”→“放置在容器中”→“编辑内容”菜单命令，同时在属性栏中编辑透明度；使用属性栏中的“水平镜像”和“垂直镜像”工具的综合应用。

3．包装盒左右封口

包装盒的左右封口(即包装外盒的两侧面)，其信息量最大，在设计画面时，底图尽可能简练为佳；采用了“矩形工具”、“渐变填充工具”和“均匀填充工具”等；并选择“编辑”→“插入条形码”菜单命令，使用“条形码向导”逐步往下制作出条形码；选择“排列”→“转换为曲线”菜单命令和选择“排列”→“顺序”→“群组”菜单命令。

4．包装盒立体效果图

设计包装盒的立体效果，主要是裁剪了平面结构图中各个面，分别将其变形，方法是选择包装盒的正面图形，单击鼠标并转换为倾斜以及旋转调节框时，向上拖动调节框的各个边框、变化形状及方向，同时也可结合工具箱中的“自由变换工具”，旋转位置等；并复制一份作为制作盒子的倒影效果，单击属性栏中的“垂直镜像”按钮，制作镜像图形后，再应用工具箱中的“交互式透明工具”，进行透明编辑调节，制作图形的透明效果，包装盒的立体效果即可呈现出来。

7.3　触类旁通——化妆品包装盒设计

1．绘制化妆品包装盒的平面结构图

Step 01

选择“文件”→“新建”菜单命令，设置页面的宽为380mm、高为350mm，单击像素设置分辨率为300dpi，其他参数设置为默认值。单击工具箱中的“矩形工具”，绘制一个大矩形图；单击工具箱中的“选择工具”，选中页面中的矩形图形，按住上方中间的控制钮向下拖动，到达矩形图所需位置后再按鼠标右键，生成一个新的矩形图，并重复拖动操作即可；轮廓线的设置，可单击工具箱中的“轮廓笔工具”，线的宽度为“细线”，颜色为黑色。

注：在页面设置尺寸时都可适当按比例缩小，大大提高运算速度。

Step 02

包装盒粘贴边角的绘制，按照上一步中的同样方法绘制矩形图，同时在工具箱中按住“交互式调和工具”的同时，在展开的工具箱中选取“交互式封套工具”，在属性栏中单击“封套的直线模式”按钮，并按住Shift键，使用鼠标向下拖动左上角的节点，将矩

形图形调整为梯形图形；即可获得化妆品包装盒平面展开效果图的线稿图，即“化妆品包装盒平面结构图”，效果如图7-47所示。

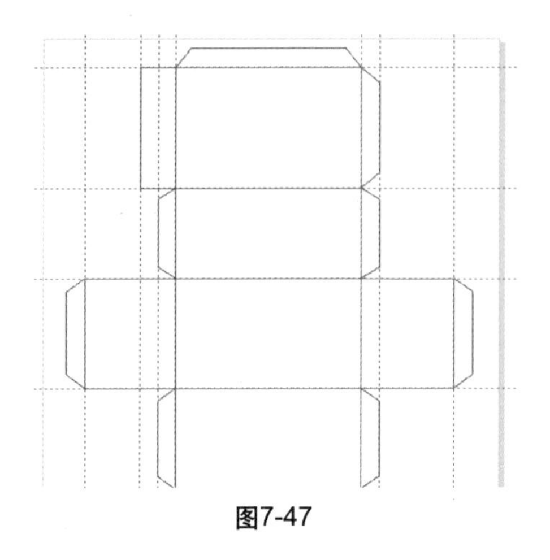

图7-47

Step 03

将“化妆品包装盒平面线稿图”作为参照物，单击工具箱中的□“矩形工具”，分别绘制3个矩形图；单击工具箱中的◩“渐变填充工具”，进行参数设置，渐变填充“类型”设置分别为“线性”、“射线”，“角度”为90、0，渐变底纹类型设置为“射线”的一组，将“中心位移”水平、垂直分别设置为0，“边界”为5；在“颜色调和”选项组中选中“自定义”单选按钮，调节色标的CMYK值每组分别依次设置为“100、26、0、0”、“75、20、0、0”、“47、12、0、0”、“9、3、0、0”和“0、0、0、0”、“100、26、0、0”和“0、0、0、0”、“100、34、0、10”和“0、0、0、0”，填充图形。并同时按住Shift键缩放到线稿图的大小，并移至适当位置，化妆品包装盒平面填充的效果如图7-48所示。

图7-48

Step 04

单击幅面最大的渐变矩形图，并将其复制一份，选中复制的矩形底图，单击工具箱中的■“均匀填充工具”，进行参数设置，调节色标的CMYK值设置为“100、10、0、0”，填充图形；选中复制图形，单击工具箱中的“交互式透明工具”，在属性栏中编辑透明度，单击“透明度类型”下拉列表框中选择“位图图样”，“透明度操作”为“正常”，在“第一种透明度挑选器”中选择“水泡底纹图”作为背景操作，选择“排列”→“顺序”→“到页面前面”菜单命令，透明效果如图7-49所示；单击工具箱中的×“无轮廓工具”，将轮廓线去除。按照该步骤的同样方法，也可以获得包装盒正面上封盖的底纹图，上封盖效果如图7-50所示。

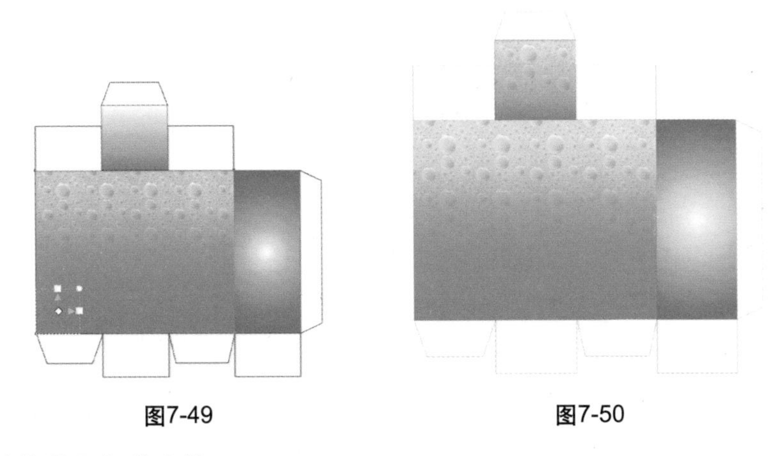

图7-49　　图7-50

2. 设计化妆品包装盒的正面

Step 01

选择“文件”→“导入”菜单命令，将素材图P01导入版面中，如图7-51所示，并同时按住Shift键按比例缩放，选择“排列”→“顺序”→“到页面前面”菜单命令，导入的化妆品图在包装盒的正面上的效果如图7-52所示。

图7-51

图7-52

Step 02

选中图7-51所示图形，选择“位图”→“编辑位图”菜单命令，打开Corel PHOTO-PAINT程序，单击工具箱中“圈选遮罩工具”将化妆品部分图形变为选区，将白色底图删除，并将其复制一份，再将竖立的洗面奶图独立出来，单击工具箱中的“形状工具”，选择下拉菜单中的“自由变换工具”将其变换位置，旋转角度为“318度”，被旋转的化妆品图形效果如图7-53所示。选择“排列”→“顺序”→“群组”菜单命令，将群组后的化妆品图形选择“位图”→“转换为位图”菜单命令，并在转化时将背景设置为透明效果，效果如图7-54所示。

图7-53

图7-54

Step 03

选中如图7-54所示处理后的化妆品图形，选择“编辑”→“复制”→“粘贴”菜单命令，将其复制一份；并选中复制后的化妆品图形，单击属性栏中的“垂直镜像”按钮，选中并移动的同时按住Ctrl键垂直调整位置，选中化妆品图形的镜像图形，单击工具箱中的“交互式透明工具”，在属性栏中编辑透明度，在“透明度类型”下拉列表框中选择“线性”，“透明度操作”为“正常”，制作图形的透明效果，效果如图7-55所示。

Step 04

选择“文件”→“导入”菜单命令，将素材图P02导入版面中，如图7-56所示，选取其图中的分层“水珠”图，并同时按住Shift键按比例缩放，将其与第1小节步骤4中的图7-50所示的正面底纹图一并选中，打开属性栏中的“对齐与分布”对话框，选中“对齐”栏中的“右对齐”。选择“排列”→“顺序”→“到页面前面”菜单命令，调整后的包装盒正面主体图形效果如图7-57所示。

图7-55

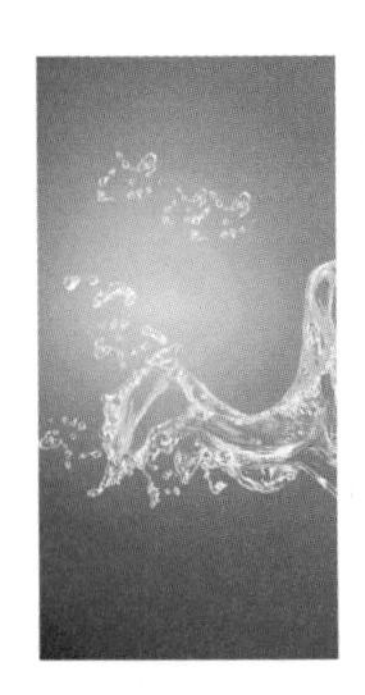

图7-56

图7-57

Step 05

按照上一步中的同样方法，将素材LOGO图P03导入版面中，如图7-58所示；并将字体填充颜色设置为白色。单击工具箱中的字“文本工具”，输入公司名称，选择“文本”→“段落格式化”菜单命令；打开对话框中的“水平文本对齐”按钮，并选择“强制调整”，将字体大小调整到适当位置，字体颜色设置为白色。化妆品包装盒的正面图形的设计即可完成，包装盒的正面图形的整体效果如图7-59所示。

图7-58

图7-59

3．设计化妆品包装盒的背面

Step 01

选择“文件”→“导入”菜单命令，将素材图P04、图P05分别导入版面中，如图7-60、图7-61所示；选择“效果”→“图框精确剪裁”→“放置在容器中”→“编辑内容”→“结束编辑”菜单命令；选择“效果”→“调整”→“亮度/对比度/强度”菜单命令，对图形进行色彩调节。

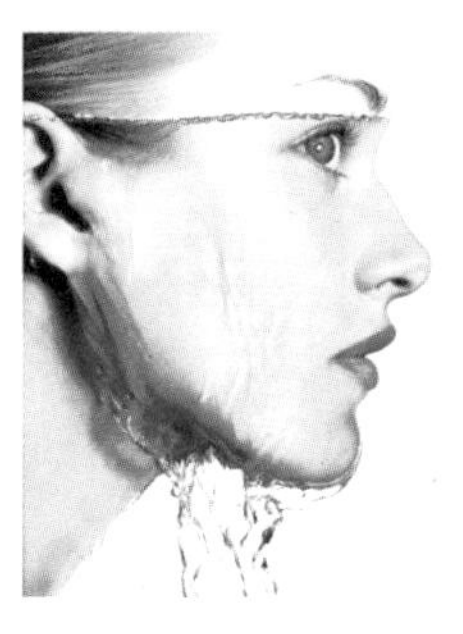

图7-60

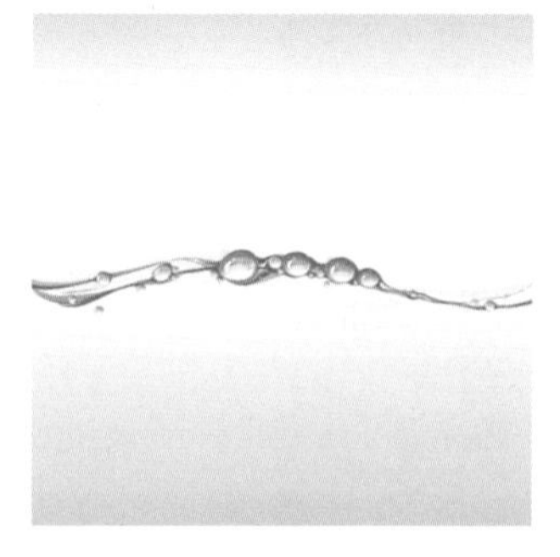

图7-61

Step 02

在“编辑内容”菜单命令时，选中如图7-60、图7-61所示图形，并分别单击工具箱中的“交互式透明工具”，在属性栏中编辑透明度，在“透明度类型”下拉列表框中选择“线性”，“透明度操作”为“正常”，制作图形透明效果，如图7-62所示，包装盒的背面主体图形的效果如图7-63所示。

Step 03

选择“文件”→“导入”菜单命令，将素材LOGO图P03导入版面中；单击工具箱中的“文本工具”，输入化妆品包装盒的广告语，并将字体填充颜色的CMYK值设置为“0、0、40、0”；并同时按住Shift键按比例扩大或缩小，调整其位置，选择“排列”→“顺序”→“到页面前面”菜单命令。化妆品包装盒的背面图的设计即可完成，效果如图7-64所示。

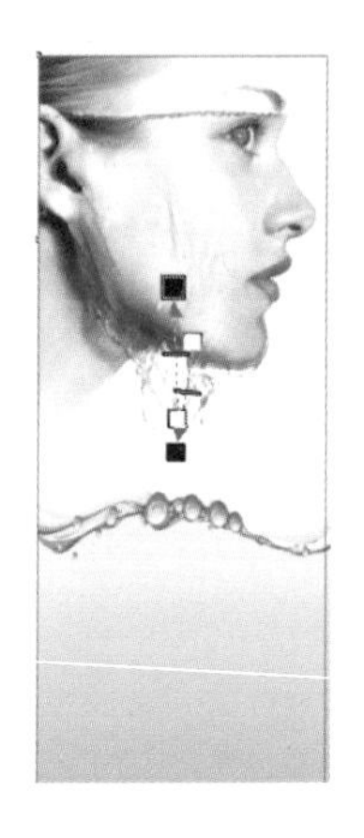

图7-62

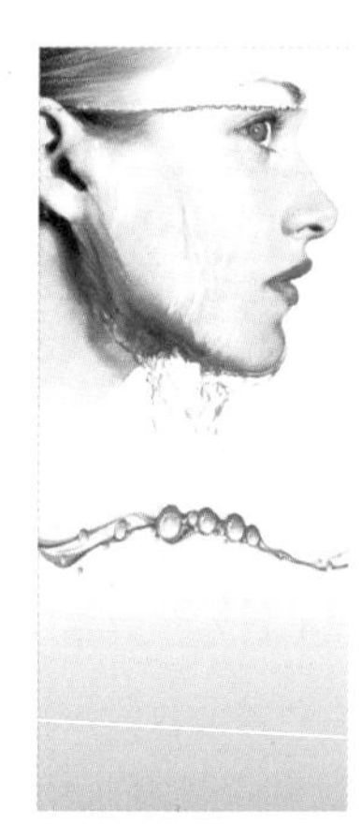

图7-63

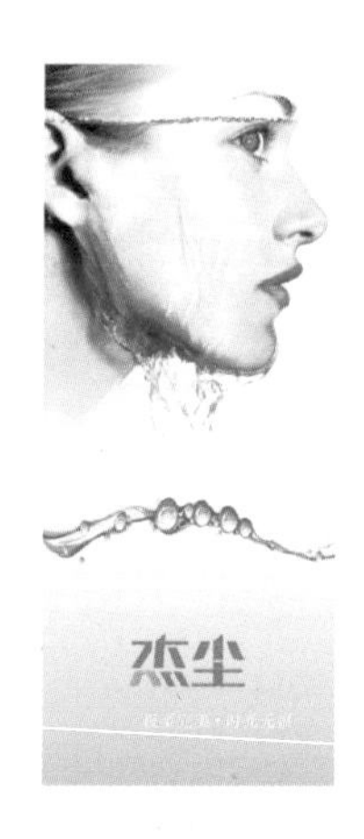

图7-64

Step 04

分别将化妆品包装盒的“正面”和“背面”图形选中，选择“排列”→“顺序”→“群组”菜单命令，将其置于平面展开结构图中观看整体效果；单击工具箱中的“无轮廓工具”，将轮廓线去除，化妆品包装盒的正面和背面图形在平面展开时的效果如图7-65所示。

图7-65

4．设计化妆品包装盒的封盖面及左、右两侧面

Step 01

化妆品包装盒的“封盖面”设计：在第1小节步骤4中已经绘制底纹图的基础上，直接导入LOGO标识，颜色设置为白色，再直接将化妆品包装盒的正面图形中的LOGO复制一份，并做“垂直镜像”处理即可，封盖面中镜像字体效果如图7-66所示。

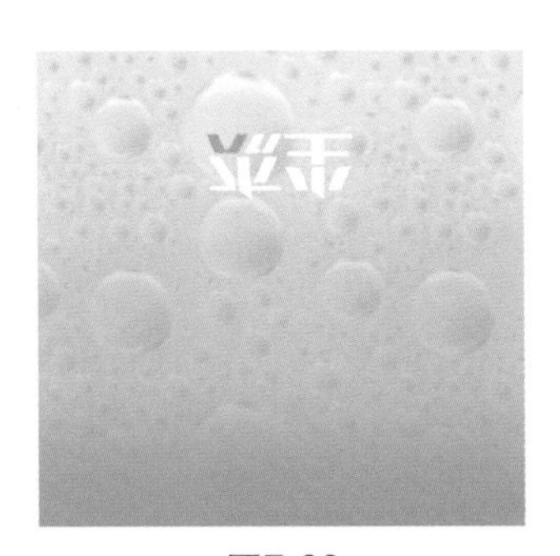

图7-66

Step 02

化妆品包装盒的“左侧面”设计：选择“文件”→“导入”菜单命令，将素材LOGO图P03导入版面中；单击工具箱中的“文本工具”，输入公司名称、化妆品的及说明文

字等。选择“文本”→“字符格式化”→“段落格式化”菜单命令，打开对话框中的“水平文本对齐”按钮选择“强制调整”，将字体大小调整到合适位置，字体颜色的CMYK值分别设置为“0、0、0、100”、“0、0、0、0”和“0、0、40、0”；并同时按住Shift键按比例扩大或缩小，再调节其位置。

Step 03

化妆品包装盒的“左侧面”中的条形码设计：选择“编辑”→“插入条形码”菜单命令，直接在弹出的对话框中输入数字，即可获得条形码(此步骤在此就不赘述)。选择“排列”→“顺序”→“到页面前面”菜单命令，化妆品包装盒的“左侧面”的设计，即可完成，左侧面效果如图7-67所示。

Step 04

化妆品包装盒的“右侧面”设计：将左侧面中的LOGO标识及公司名称等复制一份，并同时按住Shift键按比例扩大或缩小，再调节其位置；选中“公司名称”的文本，在属性栏中单击“将文本更改为垂直方向”按钮，即原来的横排变为竖排，字体颜色设置为白色，复制的广告语不变，颜色的CMYK值设置为“0、0、40、0”；将其全部选中并排列居中，结合第1小节步骤4中所绘制的底纹图的效果，选择“排列”→“顺序”→“到页面前面”菜单命令。化妆品包装盒的“右侧面”的设计即可完成，效果如图7-68所示。

图7-67

图7-68

Step 05

将已经绘制的化妆品包装盒的所有设计图选中，选择“排列”→“顺序”→“群组”菜单命令，并调整各部分的相互位置关系；将文字选择“排列”→“转换为曲线”菜单命令，并将字体转化为曲线后分别成组排列，化妆品包装盒设计的平面展开整体效果即可完成，效果如图7-69所示。

注：另外添加黑色底图只是起衬托作用，不属于此实例。

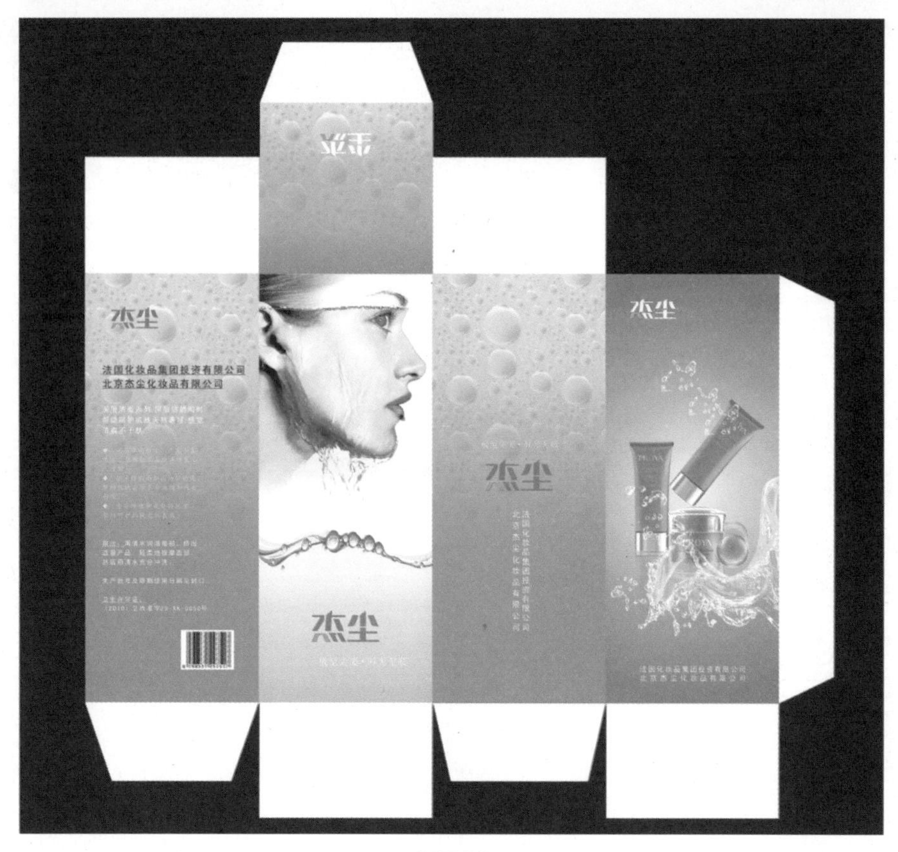

图7-69

5．设计化妆品包装盒的立体效果图

此步骤与设计软件包装外盒的立体效果设计方法相同，在此就不赘述。

选择“文件”→“导入”菜单命令，将素材图P06导入版面中，将其作为底纹背景图并调整大小，立体背景效果如图7-70所示。化妆品包装盒的正反面全景立体效果，如图7-71所示。

图7-70

图7-71

温馨小提示：

值得提醒设计师注意的是，为复杂的图形设置倒影效果时，如果直接添加交互式透明效果的话，其操作较为烦琐，计算机的运算量也偏大；而将其转换为位图后，设置倒影的不透明效果就非常迅捷。另外，在转化之前要备份分层文件，否则不便于修改，尽管直接转换为位图会丢失部分图像色彩的还原，但制作倒影是一个透明渐变的效果，相对整幅画面不会防碍其效果。

章节小絮

在CorelDRAW中，我们可以借用其中的立体化功能为一些图像创建逼真的三维透视效果，而且该方法特别适用于商品的外包装设计。因此在本章节实例中，除了对包装外盒

平面结构图进行详解外，同时反复巧妙地综合运用了交互式透明工具以及镜像工具等，对其立体效果图的制作方法加以详述，使包装盒呈现三维立体感。现代市场竞争中，其包装设计，应该着重表现商品的本体性、趣味性、市场性的意义，追求多元个性风格化的特定价值，以适应消费者的需求，包装应该成为一种促进消费者购买欲望的动力。

第8章　宣传画册设计

学习要点

通过对本章的学习，能够学到以下内容。

* 熟练掌握宣传画册封面封底设计以及贺卡的设计。
* 熟练掌握轮廓笔工具、渐变填充工具、矩形工具等的应用。
* 熟练掌握菜单栏中的选择“效果”→“图框精确剪裁”→“放置在容器中”→“编辑内容”→“结束编辑”菜单命令和选择“效果”→“调整”→“亮度、对比度、强度”菜单命令等的应用。

8.1 关于宣传画册

宣传册设计包含的内涵非常广泛，对比一般的书籍来说，宣传册设计不但包括封面封底的设计，还包括环衬、扉页和内文版式等。宣传册设计讲求一种整体感，对设计者而言，尤其需要具备一种综合把握能力。从宣传册的开本、字体选择到目录和版式的变化，从图片的排列到色彩的设定，从材质的挑选到印刷工艺的求新，都需要做整体的考虑和规划，然后合理调动一切设计要素，将它们有机地融合在一起，服务于内涵。

宣传画册的应用范围及设计要素

宣传画册被广泛地运用在各个行业和领域，如公司、企业、个人宣传册，广告、产品、折页宣传册，学校、房地产、酒店、饭店、宾馆、幼儿园、房产宣传册，服装、婚纱、化妆品宣传册，旅行社、旅游宣传册，汽车、手机、电子宣传册，建筑、网站、装饰宣传册，美容、电影、珠宝宣传册，花卉、茶叶宣传册等。

宣传画册的设计要素主要是图形与文字。一本宣传画册设计成功与否，从它的图形应用可见一斑，因为一本画册第一眼被扫到的，是它所展示的图片引起读者的注意力，重视和强调的“视觉传达”及“信息传达”；图形要为主题思想服务，要引导读者进入文字，了解更多的企业、产品信息。宣传画册设计文字与图形一样，是宣传册设计中的重要设计要素，文字和图形相辅相成，相映生辉。

8.2 宣传画册设计

8.2.1 宣传画册设计步骤

Step 01

选择“文件”→“新建”菜单命令，设置页面的宽为420mm、高为285mm，单击像素设置分辨率为300dpi，其他参数设置为默认值。

注：在设置页面时都可适当按比例缩小页面尺寸，这样可大大提高运算速度。

Step 02

选择“文件”→“导入”菜单命令，将素材图P01导入版面中，如图8-1所示，并同时按住Shift键按比例扩大，移至适当位置将其作为底纹图，选择“效果”→“校正”→“尘埃与刮痕”菜单命令，去尘后图片效果如图8-2所示。

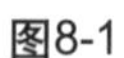
图8-1

图8-2

Step 03

按照上一步中的同样方法，将素材图P02导入版面中，将图形调整到适当位置，并同时选中如图8-2所示的图形，单击“属性栏”上的“对齐和分布”按钮，调节其画面图形，画面中导入的主体图形效果如图8-3所示。

图8-3

Step 04

选中上一步中导入的素材P02图形，单击工具箱中的“交互式透明工具”，在属性栏中选择“编辑透明度”，“透明度类型”为“线性”，制作图形的透明效果，如图8-4所示，宣传画册的封面封底连版图形效果如图8-5所示。

图8-4

图8-5

Step 05

选择“文件”→“导入”菜单命令，将素材LOGO图P03导入版面中，如图8-6所示，并同时按住Shift键按比例扩大，移至适当位置；选择“编辑”→“复制”→“粘贴”菜单命令将其复制，放在图形灯泡的中心位置，并同时按住Shift键按比例扩大，移至适当位置，LOGO图在画面中的效果如图8-7所示。

图8-6

图8-7

Step 06

单击工具箱中的“文本工具”，输入公司中、英文名称，选择“文本”→“编辑文本”菜单命令，选择合适字体后，并将英文字体颜色的CMYK值依次设置为“0、0、0、0”和“0、0、0、20”；单击工具箱中的“钢笔工具”，绘制一条直线，颜色设置为白色，并同时单击工具箱中的“轮廓笔工具”绘制直线，线宽为2点；并将宣传画册版面中的所有图形选中，选择“排列”→“顺序”→“群组”菜单命令，画册的封面封底主体图形效果如图8-8所示。

图8-8

Step 07

按照上一步中的同样方法，单击工具箱中的 “文本工具”，输入画册封面封底中的要素文字，调节色标的CMYK值依次设置为“0、100、100、0”和“0、0、0、0”；并选择“排列”→“转换为曲线”菜单命令，将字体转化为曲线后，再分别成组排列。宣传画册封面封底设计的整体效果即可完成，效果如图8-9所示。

图8-9

8.2.2 宣传画册设计主题介绍和技术分析

通过观察本实例，可以将宣传画册整体图形划分为两部分，分别为背景图、画册主题名称与LOGO。下面将本实例中所使用的技术和解决方案进行深入的剖析。

1. 背景

背景图形主要是由两部分组成，即辐射状的灯泡图形和连绵起伏的山脉。山脉与辐射状的灯泡图形的融合效果，使用了工具箱中的“交互式透明工具”，制作图形的透明效果。由于本实例是将画册的封底封面作为连版来设计，因此背景图形在画面中的运用除了色彩外，还需考虑画册名称的位置。

2. 画册主题名称与LOGO

根据画册的用途，画册主题名称具有直观明确主题的原理，设计封面封底时应该采用跨版式设计，更能彰显其大气，这样也便于后期书脊的装订不用接缝。另外“国家电网公司标志”一大一小的分布更能突出其电力为主题的效果。

温馨小提示：

画册的印刷与封装是画册设计的最后一道工序，在作者设计实践案例中，大部分画册设计采用16开尺寸(即21.0cm×28.5cm)，也有少量做成8开、32开和其他一些特定尺寸的案例。画册的内页建议采用200g纸张，当然也可以根据客户要求采用157g纸张，封面和封底宜采用250g纸张。纸张的材质通常使用铜版纸或者双胶纸，也可以根据客户要求采用不同形式的艺术纸。

8.3 触类旁通——贺卡设计

贺卡设计步骤

Step 01

选择“文件”→“新建”菜单命令，设置页面的宽为274mm、高为214mm，出血3mm，单击像素设置分辨率为300dpi，其他参数设置为默认值。

注：在设置页面时都可以适当按比例缩小页面尺寸，这样可大大提高运算速度。

Step 02

单击工具箱中的□“矩形工具”，绘制覆盖贺卡整幅面的矩形图，并同时单击工具箱中的■“均匀填充工具”，进行参数设置，调节色标的CMYK值设置为“0、5、8、0”，填充图形，单击工具箱中的“轮廓笔工具”，参数设置线宽为“发丝”、样式为“直黑线”，并同时复制已填充的矩形图形，按住Shift键将其扩大，填充选择“无”，贺卡整幅面的背景效果如图8-10所示。

图8-10

Step 03

选择“文件”→“导入”菜单命令，将素材图P01导入版面中，如图8-11所示，并同时按住Shift键按比例缩放，移至适当位置并作为底纹图；选择“效果”→“图框精确剪裁”→“放置在容器中”→“编辑内容”→“结束编辑”菜单命令；选择“效果”→“调整”→“亮度、对比度、强度”菜单命令，对剪裁后的素材图形进行色彩调节，贺卡背景效果如图8-12所示。

图8-11

图8-12

Step 04

单击工具箱中的“矩形工具”，绘制一个占贺卡整个幅面1/2的矩形图，并在属性栏中单击“对齐与分布”按钮；选中绘制的矩形图形，单击工具箱中的“渐变填充工具”，进行参数设置，渐变填充“类型”设置为“线性”，“选项”角度为-89.9°，在“颜色调和”选项组中选中“自定义”单选按钮，调节色标的CMYK值设置为“45、99、97、6”和“25、100、98、0”，填充图形；单击工具箱中的“无轮廓工具”，将轮廓线去除，贺卡背景效果如图8-13所示，将素材图P02导入版面中，如图8-14所示。

图8-13

Step 05

选择“文件”→“导入”菜单命令，将素材图P02～图P05导入版面中，如图8-15～图8-18所示，调整到适当位置，并选中素材图形P02，单击工具箱中的“交互式透明工具”，制作图形的透明效果，贺卡画面中的主体图形效果如图8-19所示。

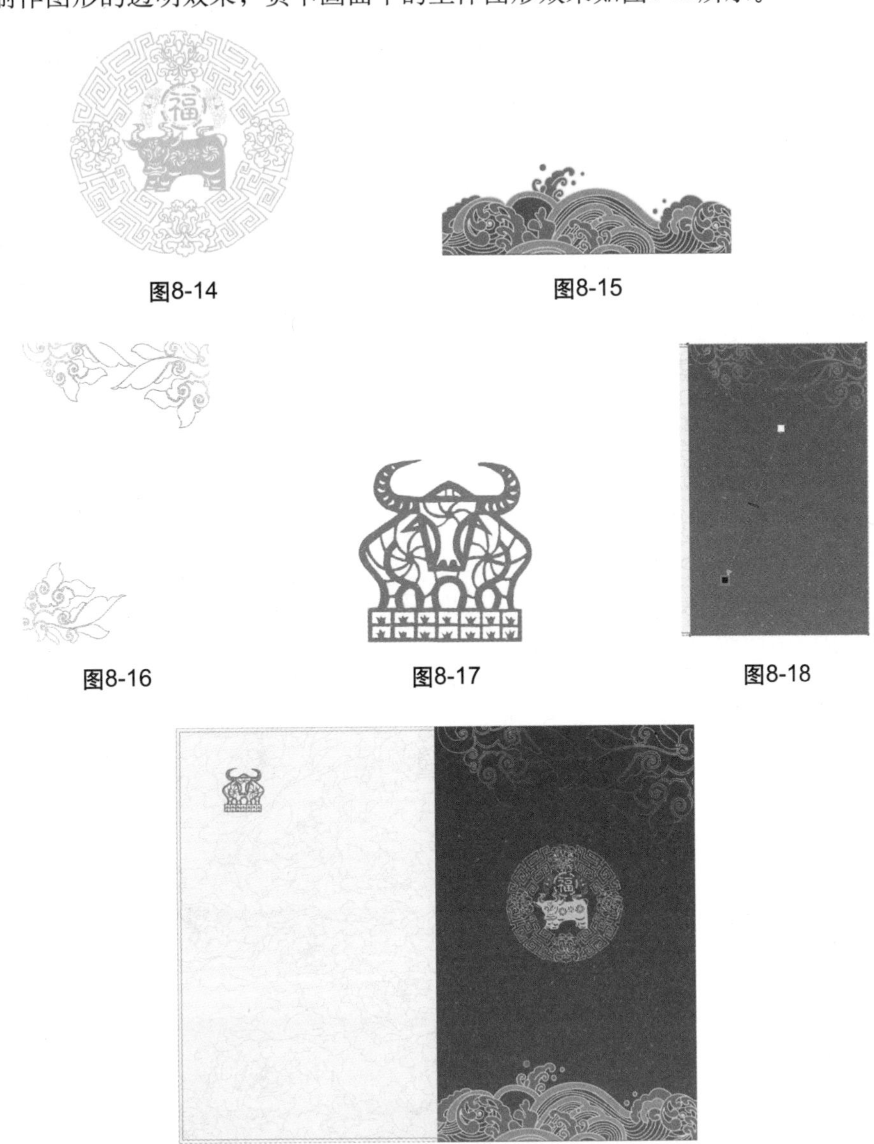

图8-14

图8-15

图8-16

图8-17

图8-18

图8-19

Step 06

单击工具箱中的“矩形工具”，绘制贺卡封面中心位置的矩形图，并同时单击工具箱中的“形状工具”，调整矩形图的边角弧度，单击工具箱中的“轮廓笔工具”，参数设置如图8-20所示，线框颜色的CMYK值设置为“10、100、100、15”；将绘制后的矩形图形复制一份，同时按住Shift键按比例缩小，单击工具箱中的■“均匀填充工具”，

进行参数设置，调节色标的CMYK值设置为“10、100、100、15”，填充图形，选中填充后的图形，单击工具箱中的×“无轮廓工具”，将轮廓线去除；并选择“排列”→“顺序”→“向后一层”菜单命令，贺卡封面效果如图8-21所示。

图8-20　　图8-21

Step 07

单击工具箱中的◎“多边形工具”，边数设置为4，在贺卡封底绘制一个正菱形图，同时将复制后的图形进行排列，单击工具箱中的■“均匀填充工具”，进行参数设置，分别选中复制后的图形，调节色标的CMYK值依次设置为“0、100、100、0”、“0、20、100、0”、“100、0、100、0”和“100、0、0、0”，填充图形。单击工具箱中的×“无轮廓工具”，将轮廓线去除；单击工具箱中的◎“椭圆形工具”绘制贺卡封底左上角金牛的外围图形后，选择“排列”→“转换为曲线”菜单命令，进行形状调节，调节色标的CMYK值设置为“0、20、60、20”，贺卡封底效果如图8-22所示。

图8-22

Step 08

选择“文件”→“导入”菜单命令，将素材字体图P06、图P07导入版面中，如图8-23、图8-24所示，调整到适当位置，并分别选中，单击工具箱中的“均匀填充工具”和“渐变填充工具”，进行参数设置，其中均匀填充调节色标的CMYK值依次设置为“0、0、0、100”和“1、51、95、0”，渐变填充调节色标的CMYK值依次设置为“4、2、76、0”和“2、22、96、0”，渐变填充“类型”设置为“线性”，填充后的字体效果如图8-25所示。

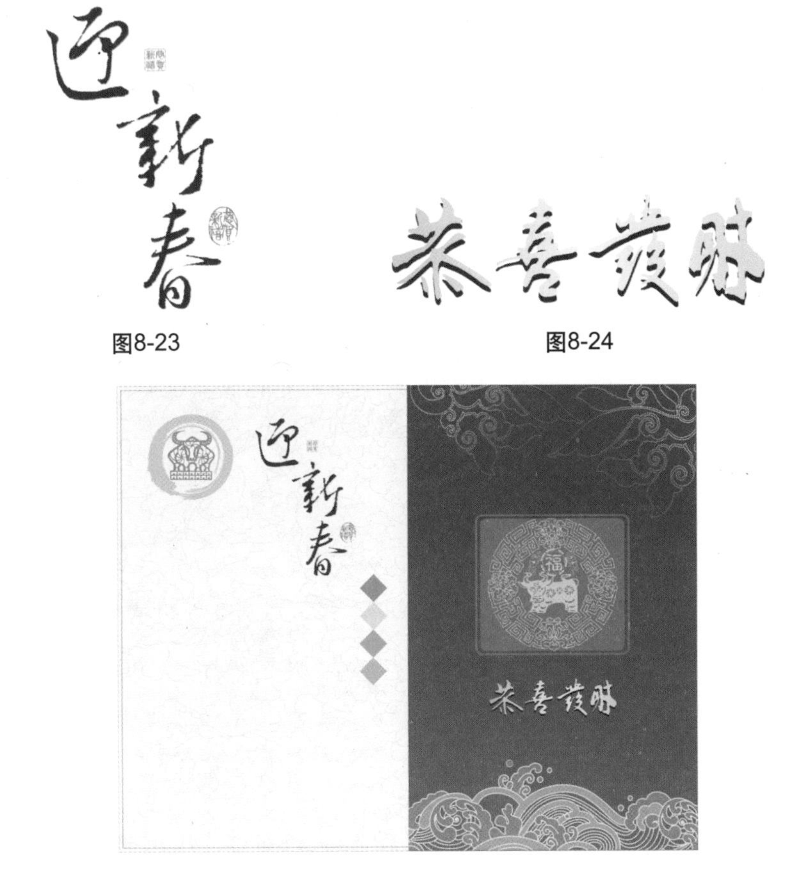

图8-23

图8-24

图8-25

Step 09

选择“排列”→“顺序”菜单命令和选择“排列”→“群组”菜单命令，并调整各部分的相互位置关系；单击工具箱中的“文本工具”输入公司名称，选择“文本”→“编辑文本”菜单命令，并选择合适字体，将英文字复制一份后再将其颜色设置为黑色，挪动位置作为投影效果，调节色标的 CMYK 值依次设置为“0、100、100、0”、“4、2、90、0”、“0、0、0、0”和“0、0、0、100”；并选择“排列”→“转换为曲线”菜单命令，将字体转化为曲线后分别成组排列。单击工具箱中的“轮廓笔工具”绘制直线，线宽为 0.176mm，颜色的 CMYK 值设置为“0、100、100、0”，贺卡设计的整体效果即可完成，效果如图 8-26 所示。

图8-26

章节小絮

本章我们学习了宣传画册封面封底以及贺卡的设计制作流程，提醒设计师值得注意的是，企业宣传画册设计着眼点应该放在企业形象、企业文化和企业理念上。我们就是要让企业画册或者是企业样本给人以艺术的感染、实力的展现、精神的呈现，因此不同类型的企业或产品在宣传画册设计的风格上都有差异；另外在设计之前最好是考虑其后期的加工材质，在画面的色彩处理上也是有区别的。总之，无论是何种印刷封装方案，都是为了给客户呈现出高质量的成品画册。

第9章　标志与VI设计

通过对本章的学习，能够学到以下内容。

* 熟练掌握设计企业标志LOGO的彩色稿及识别墨稿，以及VI应用系统的部分设计方法。
* 熟练掌握均匀填充工具、椭圆形工具、自由变换工具、擦除工具、交互式透明工具、矩形工具、手绘工具及流程图形状工具等的应用。
* 熟练掌握选择“排列”→“造形”→“后减前工具”菜单命令和选择“效果”→“图框精确剪裁”→“放置在容器中”→“编辑内容”→“结束编辑”等菜单命令的应用。

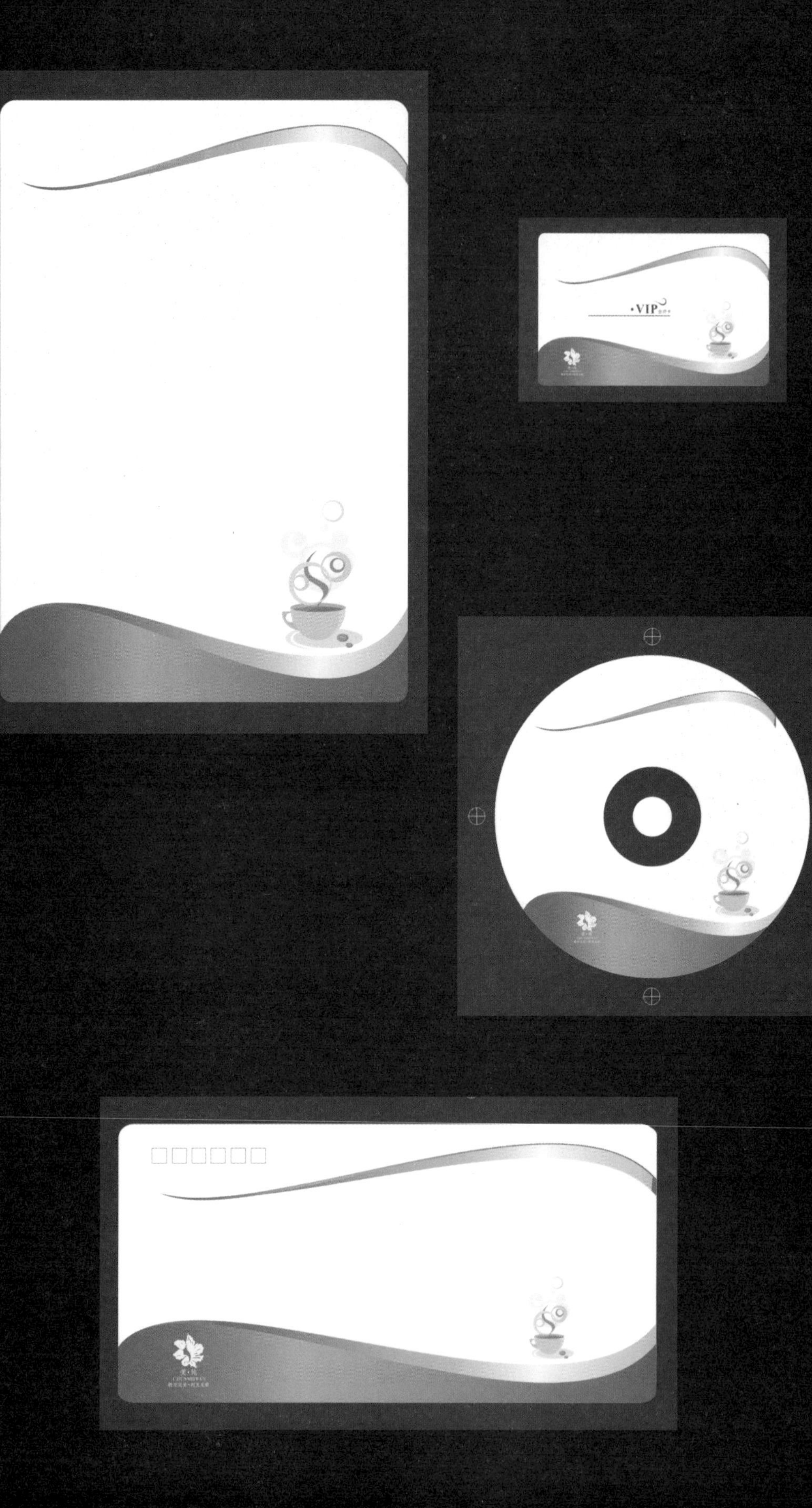
·VIP

9.1 关于标志LOGO的设计

在科学技术飞速发展的今天，印刷、摄影、设计和图像传送的作用越来越重要，这种非语言传送的发展具有了和语言传送相抗衡的竞争力量。标志，则是其中一种独特的传送方式。

作为人类直观联系的特殊方式，标志在社会活动与生产活动中无处不在，越来越显示其极重要的独特功能。例如，国旗、国徽、公共场所标志、交通标志、安全标志、操作标志等，各种国内外重大活动、会议、运动会以及邮政运输、金融财政、机关、团体、公司及个人的图章、签名等几乎都有表明自己特征的标志。随着国际交往的日益频繁，标志的直观、形象、不受语言文字障碍等特性极其有利于国际间的交流与应用，因此国际化标志得以迅速推广和发展，成为视觉传送最有效的手段之一。

9.1.1 标志LOGO的概念及分类

标志是表明事物特征的记号，外来语叫LOGO，是表明事物特征的记号。它以单纯、显著、易识别的物象、图形或文字符号为直观语言，除标示什么、代替什么之外，还具有表达意义、情感和指令行动等作用。

标志，按照使用的功能可分为：商标、徽标、标识、企业标、文化性标、社会活动标、社会公益标、服务性标、交通标、环境标、标记、符号等。

9.1.2 标志LOGO的设计要点及表现形式

标志LOGO的设计要点主要包括：功用性、识别性、显著性、多样性、艺术性、准确性、持久性。

归纳起来就是以下3种表现形式。

(1) 具象形式基本忠实于客观物象的自然形态，经过提炼、概括和简化，突出与夸张其本质特征，作为标志图形，这种形式具有易识别特点。

(2) 意象形式以某种物象的形态为基本意念，以装饰的、抽象的图形或文字符号来表现的形式。

(3) 抽象形式以完全抽象的几何图形、文字或符号来表现的形式。这种图形往往具有深邃的抽象含义、象征意味或神秘感。这种形式往往具有更强烈的现代感和符号感，易于记忆。

9.2 标志LOGO的设计

9.2.1 标志LOGO的设计步骤

9.2.1.1 设计企业标志LOGO的彩色稿

Step 01

选择“文件”→“新建”菜单命令，设置页面的宽为130mm、高为120mm，单击像素设置分辨率为300dpi，其他参数设置为默认值。

注：在设置页面时都可适当按比例缩小页面尺寸，这样可大大提高运算速度。

Step 02

单击工具箱中的■“均匀填充工具”，并同时按住Ctrl键绘制一个正方图形，调节色标的CMYK值设置为“100、60、0、50”，填充图形；并单击工具箱中的×“无轮廓工具”，将轮廓线去除，标志的底纹效果如图9-1所示。

图9-1

Step 03

单击工具箱中的◎“椭圆形工具”，绘制一个椭圆形；选择 “编辑”→“复制”菜单命令和选择“编辑”→“粘贴”菜单命令，选中复制图形的同时按住Shift键按比例扩大，并移至适当位置。

Step 04

选中上一步中的两个椭圆形，选择“排列”→“造型”→“后减前”菜单命令，或直接单击页面上方的弹出属性条上的“后减前”按钮，裁剪后的效果如图9-2所示。

Step 05

选中图 9-2 所示图形，单击工具箱中的■“均匀填充工具”，进行参数设置，调节色标

的 CMYK 值设置为“100、60、0、50”，填充图形；并单击工具箱中的×“无轮廓工具”，将轮廓线去除，填充后的图形效果如图 9-3 所示。

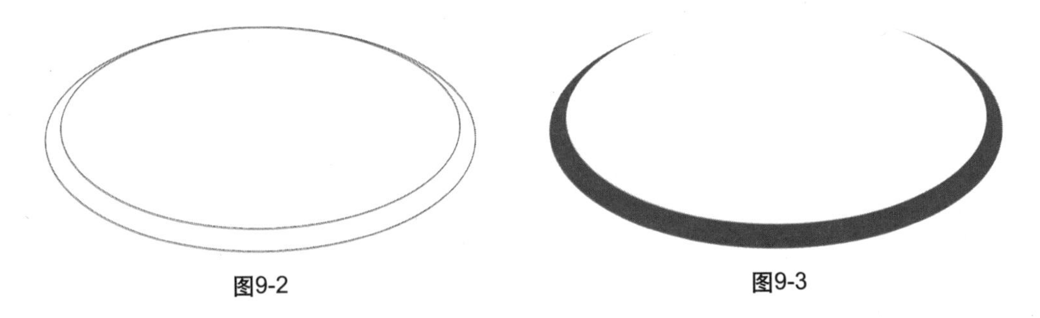

图9-2　　图9-3

Step 06

选中图9-3所示图形，选择“编辑”→“复制”菜单命令和选择“编辑”→“粘贴”菜单命令，重复选中复制填充图形的同时按住Shift键按比例扩大，并移至适合位置，如图9-4所示。

Step 07

选中上一步中的如图9-4所示图形，选择“排列”→“顺序”菜单命令和选择“排列”→“群组”菜单命令；单击工具箱中的“自由变换工具”，将图形旋转变形，如图9-5所示，变形后的效果如图9-6所示。

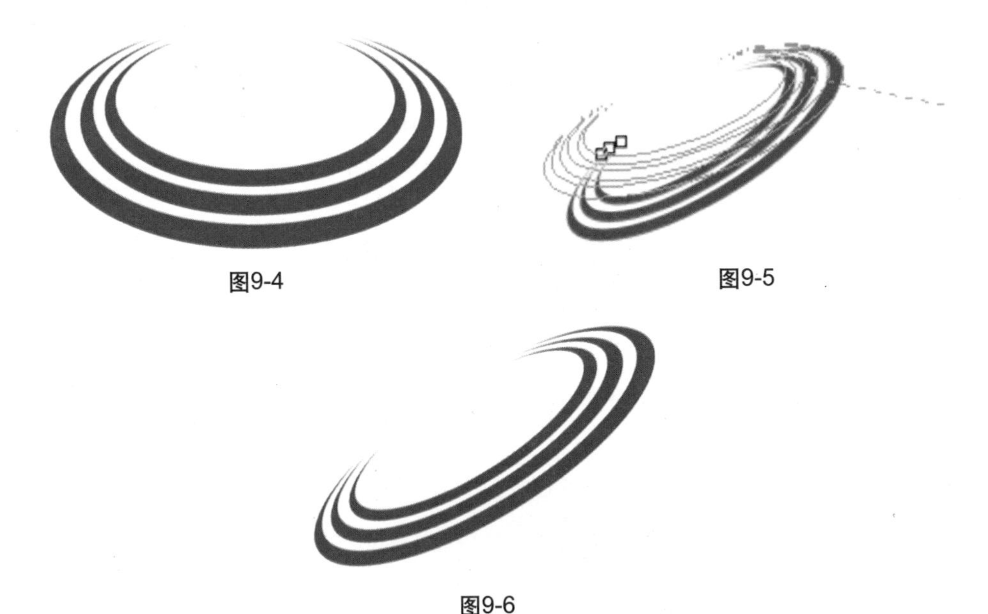

图9-4　　图9-5

图9-6

Step 08

选中上一步中如图9-6所示的图形，选择“编辑”→“复制”→“粘贴”菜单命令；并选中复制的图形，单击工具箱中的“均匀填充工具”，颜色设置为白色，填充图形，并将其与前面图形重叠。

Step 09

选中白色填充图形，选择“排列”→“取消群组”菜单命令；并分别选中分支图形，单击工具箱中的“擦除工具”擦除图形，橡皮擦厚度可以自行调节或选择20mm，形状选择方形，可直接单击需要擦除的部分即可，形状图形效果如图9-7所示。

Step 10

将上一步中绘制的成组环状图形，选择“编辑”→“复制”→“粘贴”菜单命令；选中复制图形，单击工具箱中的“均匀填充工具”，颜色设置为白色，填充图形；并移动到合适位置，标志的形状图形效果如图9-8所示。

图9-7

图9-8

Step 11

选中上一步中如图9-8所示的图形，单击工具箱中的“交互式透明工具”，制作图形的透明效果，如图9-9所示，标志形状图做了透明效果后如图9-10所示。

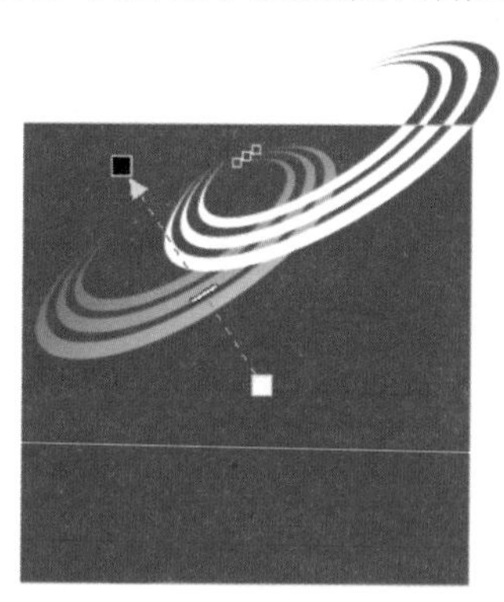

图9-9

Step 12

单击工具箱的“矩形工具”，并同时按住Ctrl键，绘制一个小正方形；将其选中后单击工具箱中的“均匀填充工具”，颜色设置为白色，填充图形。单击工具箱中的“无轮廓工具”，将轮廓线去除，标志的形状图形效果如图9-11所示。

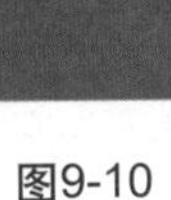

图9-10

图9-11

Step 13

选中如图9-11所示图形中绘制的白色小正方形，选择“编辑”→“复制”菜单命令和选择“编辑”→“粘贴”菜单命令；并重复复制多个小正方形色块，分别单击工具箱中的“均匀填充工具”，进行参数设置，调节色标的CMYK值依次设置为“0、8、100、0”、“80、35、0、0”和“0、100、100、0”，填充图形。

Step 14

结合本小节步骤1～步骤13中已经绘制的图形，调整其各部分的比例关系；将填充后的小正方形进行适当缩放；选择“排列”→“顺序”菜单命令和选择“排列”→“群组”菜单命令，并调整各部分的相互位置关系；以及选择属性栏上的“对齐和分布”按钮，调整图形；单击工具箱中的“文本工具”输入公司名称，选择“文本”→“编辑文本”菜单命令，选择合适字体，颜色设置为黑色；并选择“排列”→“转换为曲线”菜单命令，将字体转化为曲线后，并分别成组排列，标志整体效果即可完成，效果如图9-12所示。

图9-12

9.2.1.2 设计企业标志LOGO的识别墨稿

选取企业标志所有组件，选择“排列”→“群组”菜单命令，或按Ctrl+G组合键组合图形，选择“位图”→“转换为位图”菜单命令，在弹出的“转换为位图”对话框中，将颜色栏设置为“灰度(8位)”，分辨率为300dpi，单击“确定”按钮，参数设置如图9-13所示。

最后企业标志LOGO的识别转换后墨稿效果，如图9-14所示。

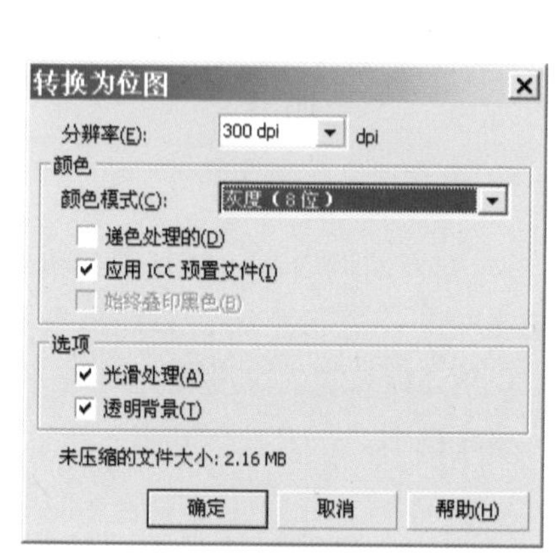

图9-13

亚杰设计

图9-14

注：转换为位图的标志已经从矢量图转换为像素图，能够更好地运用到其他各种设计软件当中。

9.2.2 标志LOGO设计主题介绍和技术分析

通过观察本实例，可以将企业标志整体图像划分为两部分：设计“企业标志LOGO”的彩色稿和LOGO的识别墨稿。下面将本实例中所使用的技术和解决方案进行深入的剖析。

1．绘制彩色LOGO

绘制彩色LOGO时，采用了点线面手法，纯粹用块面构成，也可说由正方形组合交织构成，由于客户要求主题突出、通俗易懂、风格简洁、醒目，强调色彩的丰富，突出美术设计公司的特性。在此，应用了均匀填充工具、椭圆形工具、自由变换工具、擦除工具、交互式透明工具，并反复选择菜单命令中的“排列”→“造型”→“后减前”菜单命令，使得其富有层次感。

笔者在LOGO设计时，采用了三原色的错纵效果，色彩运用简单，富有变化。就这点稍做阐释一下，颜色是根据具体的寓意需要，来具体分析；它是有感觉的，分冷暖、距离、轻重、软硬等；它也是有情绪的，一种颜色分两种情绪，如，红的积极情绪是活力、希望；消极情绪就是危险、恐怖。总之，或强烈、醒目，或古朴凝重……都要恰到好处。

要以内容来定颜色，如：色彩丰富的多运用在艺术类，蓝色多用在电子、通信、科技方面居多；绿色就用在农业、林业居多……各种颜色都有各自的特点。因此，设计标志除了形体符合企业的理念而传神外，色彩恰到好处的应用是非常重要的。

2．绘制墨稿LOGO

为了适应媒体发布需要，标识除彩色图例外，也制定黑白图例，以保证标识在对外的形象中体现一致性。将之前设计的标志转化为标准黑白图。要具有集中、强烈的视觉效果，方便传播，容易记忆。在印刷或制作一些如雕塑、造型、徽章等时，由于成本或制作工艺的限制不能用到多种颜色，所以就需要应用企业识别墨稿。

温馨小提示：

墨稿LOGO它是由单色构成，值得注意的是，将彩色稿转化为墨稿后层次感不佳，适当的需要调节其明、暗层次感，这样制作的墨稿在延伸运用时效果会更好。

9.3 触类旁通——VI设计

VI应用系统(信笺纸、信封、贵宾卡、光盘等)，本实例主要讲解其模板的设计方法。

9.3.1 信笺纸设计步骤

Step 01

选择“文件”→“新建”菜单命令，设置页面的宽为210mm、高为297mm，单击像素设置分辨率为300dpi，其他参数设置为默认值，如图9-15所示。

注：在设置页面时都可适当按比例缩小页面尺寸，这样可大大提高运算速度。

Step 02

单击工具箱的“矩形工具”，绘制一个长方形，制作信笺纸的幅画；并将其选中，单击工具箱的“形状工具”，调整长方形的弧形边角；选择“排列”→“转换为曲线”菜单命令，增加节点后，单击“属性栏”上的“转换直线为曲线”按钮，并调节其弧度；再单击工具箱中的“渐变填充工具”，进行参数设置，渐变填充“类型”设置为“线性”，“角度”、“边界”均为0，在“颜色调和”选项组中选中“自定义”单选按钮，调节色标的CMYK值依次设置为“61、96、95、22”、“10、100、100、40”、“0、50、100、20”和“60、100、100、20”，填充图形；单击工具箱中的“无轮廓工具”，将轮廓线去除，填充后的效果如图9-16所示。

图9-15

图9-16

Step 03

选中图9-15所示图形，选择“编辑”→“复制”→“粘贴”菜单命令，选中复制后的图形，按照本节上一步中的同样方法，单击工具箱中的“渐变填充工具”，进行参数设置，渐变填充“类型”设置为“射线”，“中心位移”水平为-29、垂直为41、“边界”为0，在“颜色调和”选项组中选中“自定义”单选按钮，调节色标的CMYK值依次设置为“54、85、95、20”、“11、35、94、0”、“4、4、3、0”、“10、37、91、5”和“53、91、89、20”，填充图形；并将其拉扯变形，选择“排列”→“顺序”→“到页面后面”菜单命令，单击工具箱中的“无轮廓工具”，将轮廓线去除，信笺纸底部图形效果如图9-17所示。

图9-17

Step 04

选中上一步中的图9-17所示图形，选择“排列”→“群组”菜单命令，并将其复制一份，单击属性栏上“垂直镜像”按钮，制作图形的垂直镜像效果，并调整位置，如图9-18所示；选中全部图形，选择“排列”→“取消群组”菜单命令，并将最顶层图形复制一份，并填充为白色，覆盖原图层的颜色，信笺纸顶端与底部图形效果如图9-19所示。

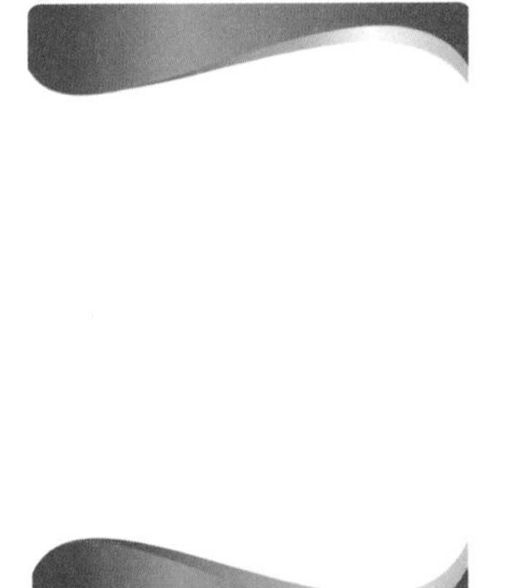

图9-18

图9-19

Step 05

选择“文件”→“导入”菜单命令，将素材LOGO图P01导入版面中，如图9-20所示；同时按住Shift键按比例扩大或缩小，并调节其位置，选择“排列”→“顺序”→“到页面前面”菜单命令，信笺纸主体图形效果如图9-21所示。

图9-20　　图9-21

Step 06

单击工具箱中的“手绘工具”绘制异形小花标志形状图形，并反复调整其形状，同时单击工具箱中的“均匀填充工具”，进行参数设置，调节色标的CMYK值设置为“0、0、40、0”，填充图形；并单击工具箱中的“橡皮擦工具”擦除图形，效果，如图9-22所示；单击工具箱中的“无轮廓工具”，将轮廓线去除；单击工具箱中的“文本工具”输入文字并进行排列，颜色设置与绘制的异形小花标志形状图形一致。并选择“排列”→“转换为曲线”菜单命令，将字体转化为曲线后分别成组排列。信笺纸模板整体效果即可完成，效果如图9-23所示。

注：黑色底图不属本例，起衬托作用。

图9-22

图9-23

9.3.2 信封设计及贵宾卡设计步骤

Step 01

选择“文件”→“新建”菜单命令，分别设置中号信封的页面宽为220mm、高为110mm；贵宾卡的页面宽为85mm、高为55mm；单击像素设置分辨率为300dpi，其他参数设置为默认值。

Step 02

信封或贵宾卡设计可以直接将信笺纸模板中的图案复制到信封或贵宾卡页面当中，并调整尺寸进行排列即可(此步骤较为简单，不作赘述)，效果如图9-24所示。

注：黑色底图不属本例，起衬托作用。

Step 03

单击工具箱中的“矩形工具”，并同时按住Ctrl键，在信封画面的左上角绘制正方形框，单击工具箱中的“轮廓笔工具”，选择1/2点粗的轮廓线，颜色设置为黑色；并同时复制进行排列。在贵宾卡的画面居中的位置，单击工具箱中的“文本工具”输入文字并进行排列，颜色设置为黑色。并选择“排列”→“转换为曲线”菜单命令，将字体转化为曲线后分别成组排列，信封及贵宾卡的整体效果即可完成，效果如图9-25所示。

注：黑色底图不属本例，起衬托作用。

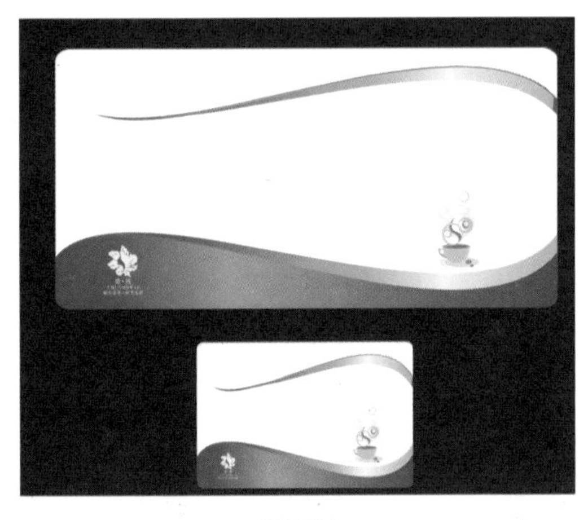

图9-24

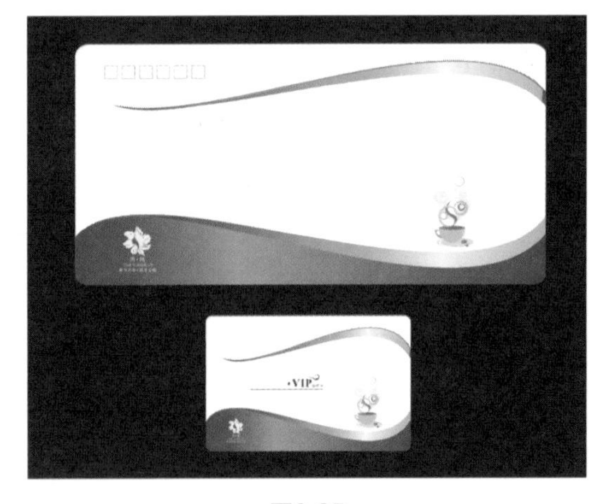

图9-25

9.3.3 光盘设计步骤

Step 01

选择“文件”→“新建”菜单命令，分别将中号信封的页面宽与高均设置为120mm，单击像素设置分辨率为300dpi，其他参数设置为默认值。

注：普通标准120型光盘尺寸：外径120mm、内径15mm。

Step 02

单击工具箱中的“椭圆形工具”，并同时按住 Ctrl 键，在画面上绘制两个光盘的正圆图形；单击工具箱中的“渐变填充工具”，进行参数设置，如图 9-26 所示，渐变填充“类型”设置为“圆锥”,“角度”均为 -13.6、“边界”为 0，在“颜色调和”选项组中选中“自定义”单选按钮，调节色标的 CMYK 值依次设置为“0、0、0、0”、“0、0、0、78”、“0、0、0、88”、“0、0、0、84”和“0、0、0、0”，填充图形。单击工具箱中的“无轮廓工具”，将轮廓线去除。

Step 03

全选中两个正圆图形，选择“排列”→“对齐和分布”菜单命令，或者直接单击属性栏上的“对齐和分布”按钮，在打开的对话框中“对齐”中选择“居中”，即可将两个正圆图形变为同心圆；另一种方法就是，直接在一个正圆图形基础上复制一个正圆图形，同时按住Ctrl键扩大其圆的半径，并将位置不变也可获得同心圆；单击属性栏上的“修剪”按钮，光盘的形状效果如图9-27所示。

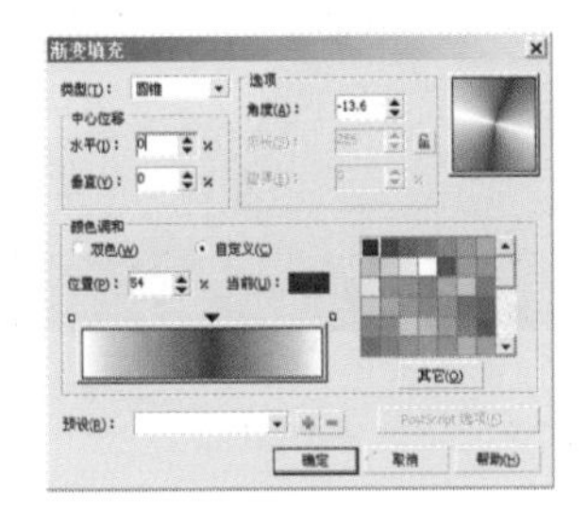

图9-26

图9-27

Step 04

将9.3.1小节中所绘制的信笺纸模板中的图案直接复制到光盘的盘面中，选择“效果”→“图框精确剪裁”→“放置在容器中”→“编辑内容”→“结束编辑”菜单命令；在“编辑内容”时，并调整其大小，搁置适合位置，如图9-28所示；绘制一个内径为15mm的小正圆图形，颜色设置为白色，按照上一步中的同样方法将其排列，光盘的盘面整体设计效果即可完成，效果如图9-29所示。

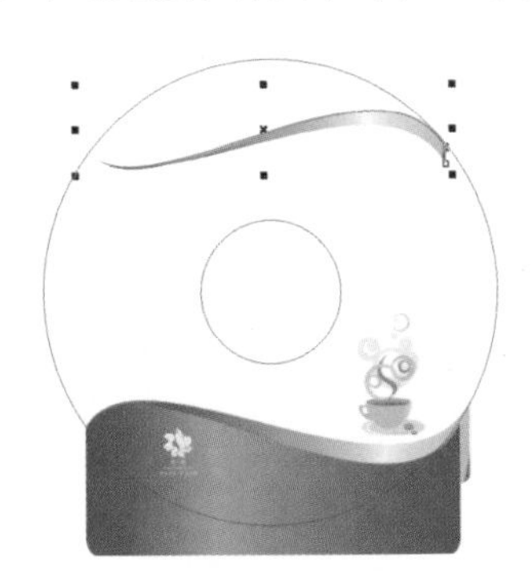

图9-28

图9-29

Step 05

以光盘的圆心为参照，单击工具箱中的“流程图形状工具”后，再单击属性栏上的“完美形状”中的圆圈十字架图形，并同时按住Ctrl键进行绘制，将其复制3份后再进行排列，设置出裁剪线是为了方便后期的出片及印刷制作。将以上设计的信笺纸、信封、贵宾卡及光盘排列在同一个幅面上的效果，如图9-30所示。

注：本节中的黑色底图均不属本例，起衬托作用。

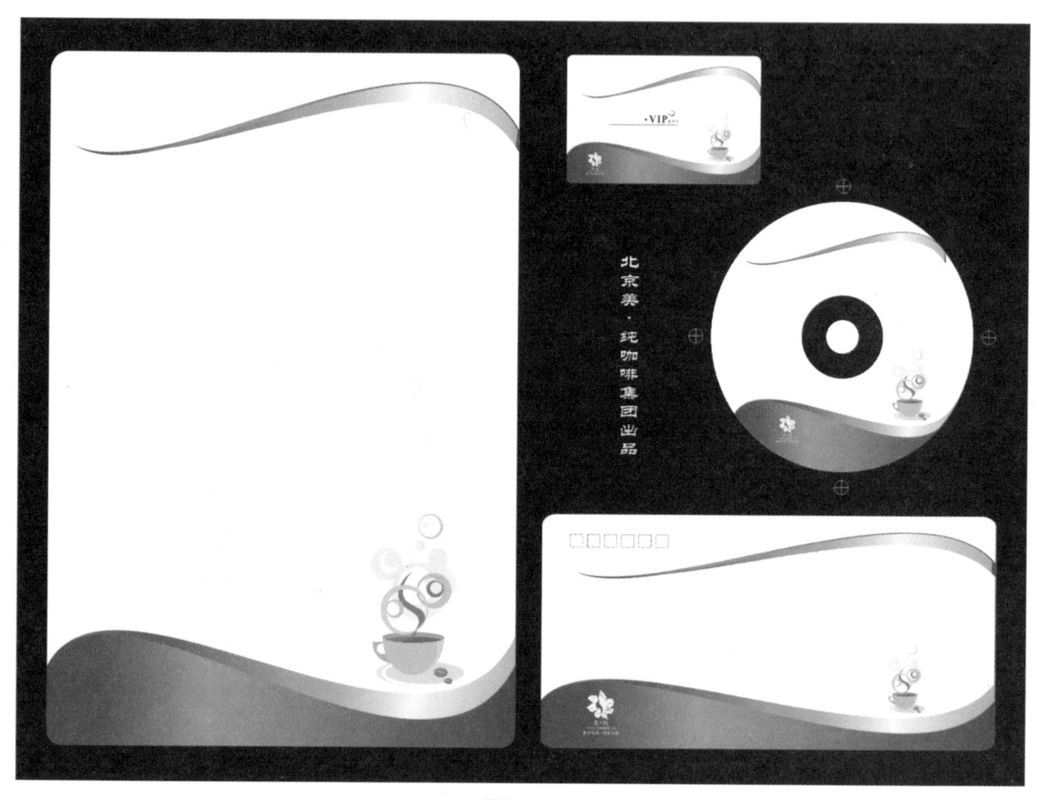

图9-30

温馨小提示：

本节中采用了在菜单栏上选择“排列”→“对齐和分布”菜单命令来调整图形，或者直接单击属性栏上的“对齐和分布”按钮，在打开的对话框中使用的“水平居中对齐”、“垂直居中对齐”命令，可以快速方便地将绘制的图形与原图的中心点对齐。另外，需要注意“后减前”命令，它是以后层图形的属性为中心，留下修剪后的轮廓效果；“前减后”命令是以前层图形的属性为中心，留下修剪后的轮廓效果。

章节小絜

为了适应媒体发布需要，标识除彩色图例外，也制定了黑白图例，以保证标识在对外的形象中体现一致性，可以将之前设计的标志转化为标准黑白图。使其具有集中、强烈的视觉效果，方便传播，容易记忆。在印刷或制作一些如雕塑，造型、徽章等时，由于成本或制作工艺的限制不能用到多种颜色，所以要应用企业识别墨稿。因为企业识别墨稿是由单色构成，值得注意的是将彩色稿转化为墨稿后，如果层次感不佳，适当的需要调节其明、暗层次感，这样制作的墨稿在延伸运用时效果会更好。

第10章 公益海报设计

通过对本章的学习，能够学到以下内容。

* 了解产品广告及公益海报的设计流程。
* 熟练掌握椭圆形工具、渐变填充工具、自由变换工具、椭圆形遮罩工具、交互式透明工具、交互式阴影等工具的应用。
* 熟练掌握选择“效果”→“校正”→“尘埃与刮痕”菜单命令；选择“效果”→“调整”→“色度、饱和度、亮度”菜单命令；选择“效果”→“调整”→“调和曲线”菜单命令；选择“效果”→“调整”→“颜色平衡”菜单命令和选择“遮罩”→“遮罩轮廓”→“羽化”菜单命令，以及属性栏中的“垂直镜像”按钮等应用。

5月18日
全球同步首映
精彩不容错过
驿动年华
WWW.XSUPERMAN.COM
SUPERMAN

10.1 关于海报设计

什么是海报设计？海报又称招贴画，是贴在街巷的墙上，挂在店面橱窗里的大幅艺术设计作品。海报是信息传递很直接的一种宣传工具，因此，无论是商店店内海报设计、招商海报设计还是展览海报设计等，海报的设计都必须有非常大的视觉冲击力和艺术感染力，海报设计的基本元素不拘一格，色彩、图形、文字等既可以单独使用，又可以组合使用。成功的海报画面应有较强的视觉中心，形式新颖、单纯，画面必须具有独特的艺术设计风格和鲜明的设计特点，主题明确显眼，最短的时间内就能让人明白海报设计所要传达的信息。

10.1.1 海报设计的应用分类

海报设计主要有以下几类。

(1) 商业海报设计。这也是现在商业社会应用很普遍的一种广告表现形式，绝大部分的卖场和橱窗都有海报的存在。

(2) 电影海报设计。电影(电视)海报主要是起到吸引观众注意、增加电影票房和电视收视率的目的。

(3) 展览海报设计。它包括各类文化海报、社会文娱活动及各类展览活动的宣传海报。

(4) 公益海报设计。社会公益海报设计带有一定的思想和引导性。这类海报具有特定对公众的教育意义，海报的设计主题主要是包括各种社会公益道德的宣传、政治思想的宣传等。

10.1.2 海报设计的构成要素

海报设计的构成要素分为以下几种。

(1) 图：“图”包括插图、照片、漫画、彩色的画面等，平面海报设计中，除了要运用文字之外，还要运用图片进行视角诉求。一般情况下，图片的视觉更具有冲击力。

(2) 说明文字：主要是对图片的补充，或者是对某些意犹未尽的内容进行深度的说明。

(3) 箱形框：这个是指用各种装饰线条或者花纹画的一个小箱子，放在平面海报的一角或者醒目的位置，给阅读者以提醒。很多公司是用于给顾客提供赠券或者说明活动规则，有时顾客剪下寄回公司可获得赠品等。

(4) 企业的标识或者海报语：这些代表企业的形象或者企业的理念，是标准图案。

10.2 公益海报的设计

10.2.1 公益海报的设计步骤

Step 01

选择“文件”→“新建”菜单命令，或按Ctrl+N组合键创建一个新文件，设置页面为“四开正度”纸张尺寸，宽为390mm、高为543mm，单击像素设置分辨率为300dpi，其他参数设置为默认值。

注：在设置页面时都可适当按比例缩小页面尺寸，这样可大大提高运算速度。

Step 02

单击工具箱中的“文件”→“导入”菜单命令，将素材底图P01导入版面中并调整图像大小，在属性栏中单击“编辑位图”按钮，打开Corel PHOTO-PAINT程序，单击工具箱中的“椭圆形遮罩工具”，并同时按住Ctrl键拖动鼠标光标，在地球图形周围绘制遮罩区域，双击鼠标结束绘制；选择“遮罩”→“遮罩轮廓”→“羽化”菜单命令，设置羽化“宽度”为2，“方向”为“向内”，单击“确定”按钮，关闭Corel PHOTO-PAINT程序，弹出询问对话框，单击“是”按钮，观察到背景区域被隐藏，并调整图像大小。选中地球图像，选择“效果”→“校正”→“尘埃与刮痕” 菜单命令，进行图片处理，地球的效果如图10-1所示。

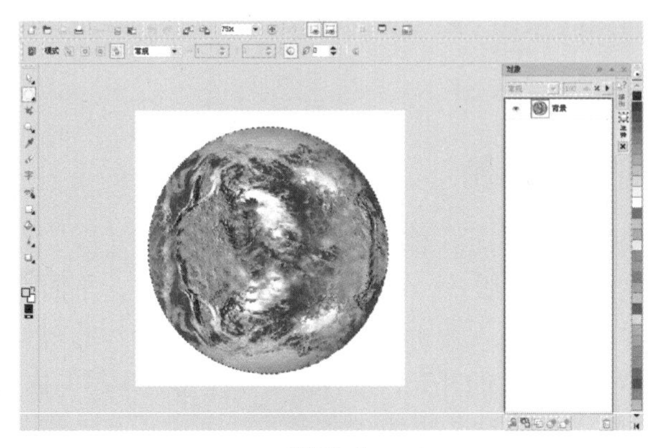

图10-1

Step 03

单击工具箱中的“椭圆形工具”，以地球同样的直径绘制一个椭圆图形；单击工具箱中的“渐变填充工具”，进行参数设置，将填充“类型”设置为“线性”，在“颜色调和”选项组中单击“双色”单选按钮，调节色标的CMYK值依次设置为“91、78、65、47”和“53、24、27、0”，填充图形。选中椭圆图形，单击工具箱中的“无轮廓工具”，将轮廓线去除。

Step 04

将本小节步骤2和步骤3中已绘制的椭圆图形与地球图形，选择“排列”→“顺序”菜单命令，如图10-2所示，并同时选中两个图形，单击属性栏上的“修剪工具”按钮裁剪图形；将绘制的渐变椭圆图形复制一份，并分别选中后与剪切后的上下两半地球图形，选择“排列”→“群组”菜单命令，单击工具箱中的“自由变换工具”进行旋转变换，变形后的地球效果如图10-3所示。

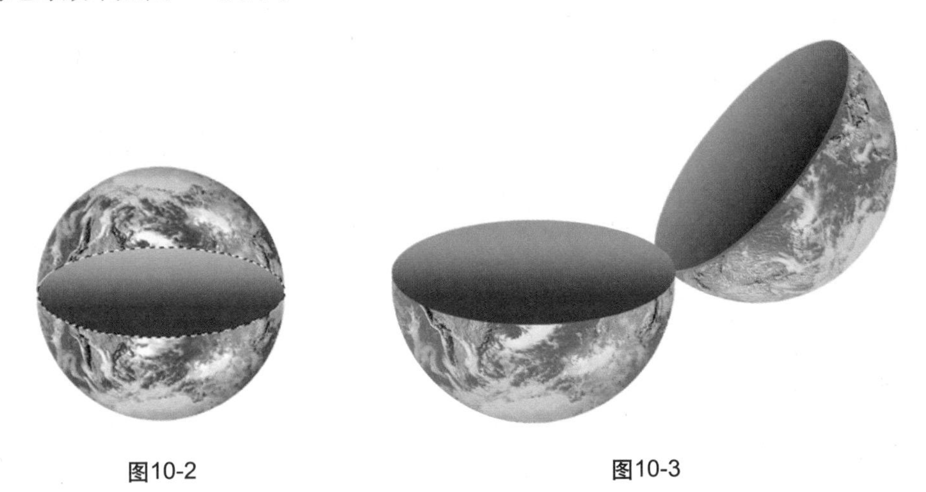

图10-2　　图10-3

Step 05

选择“文件”→“导入”菜单命令，将素材图P02导入版面中并调整图像大小，在属性栏中单击“编辑位图”按钮，打开Corel PHOTO-PAINT程序，单击工具箱中的“椭圆形遮罩工具”，拖动鼠标光标在钟表图形周围绘制遮罩区域，双击鼠标结束绘制，钟表图效果如图10-4所示。选择“遮罩”→“遮罩轮廓”→“羽化”菜单命令，设置羽化“宽度”为2，“方向”为“向内”，单击“确定”按钮，关闭Corel PHOTO-PAINT程序，弹出询问对话框，单击“是”按钮，观察到背景区域被隐藏，并调整图像大小。

图10-4

Step 06

选中钟表图形，选择“排列”→“顺序”菜单命令，并将其拉伸变形后与地球绘制的渐变椭圆图形重叠；再选择“效果””→“校正”→“尘埃与刮痕”菜单命令；选择“效果”→“调整”→“色度、饱和度、亮度”菜单命令；选择“排列”→“顺序”菜单命令；选择“排列”→“群组”菜单命令，参数设置如图10-5所示，效果如图10-6所示。

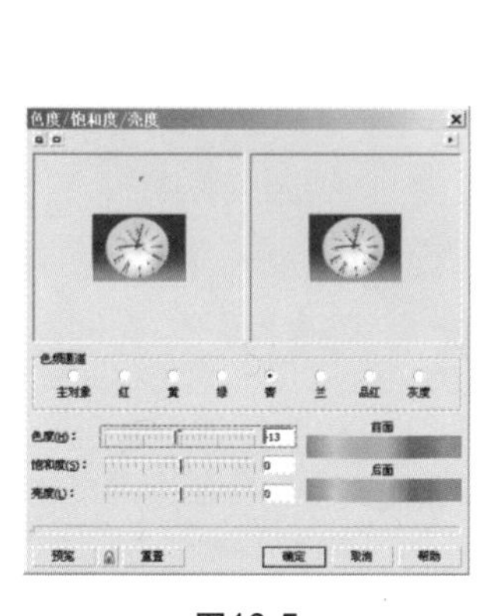

图10-5

图10-6

Step 07

选择“文件”→“导入”将素材图P03导入版面中并调整图像大小，如图10-7所示；并选中其导入的图形，选择“效果”→“调整”→“调和曲线”菜单命令和选择“排列”→“顺序”菜单命令，参数设置如图10-8所示，素材图效果如图10-9所示。

图10-7

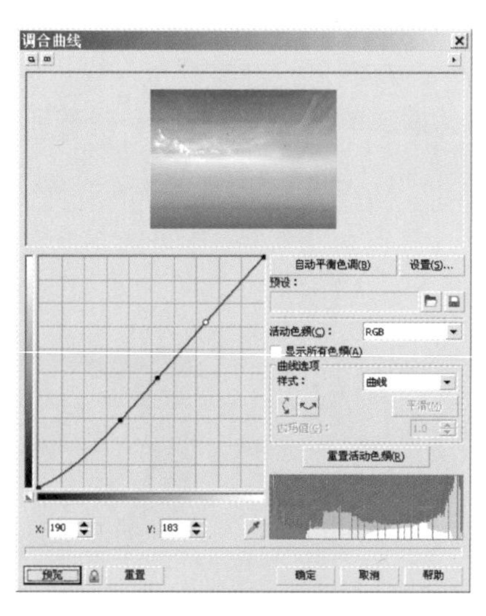

图10-8

图10-9

Step 08

选择“文件”→“导入”菜单命令，将素材图P04导入版面中并调整图像大小，如图10-10所示；在属性栏中单击“编辑位图”按钮，打开Corel PHOTO-PAINT程序，在工具箱中按住“矩形遮罩工具”的同时，在展开的工具箱中选取“圈选遮罩工具”，拖动鼠标光标在图形周围绘制遮罩区域，双击鼠标结束绘制，素材图效果如图10-11所示；选择“遮罩”→“遮罩轮廓”→“羽化”菜单命令，设置“羽化宽度”为1，“方向”为“向内”，单击“确定”按钮，关闭Corel PHOTO-PAINT程序，弹出询问对话框，单击“是”按钮，观察到背景区域被隐藏，并调整图像大小。

图10-10

图10-11

Step 09

选中图10-10所示图形，选择“位图”→“杂点”→“去除杂点”菜单命令，进行图像处理，并调整图像大小，参数设置如图10-12所示；将图像搁置在画面适合位置，选择“排列”→“顺序”菜单命令，公益海报画面中的建筑效果如图10-13所示。

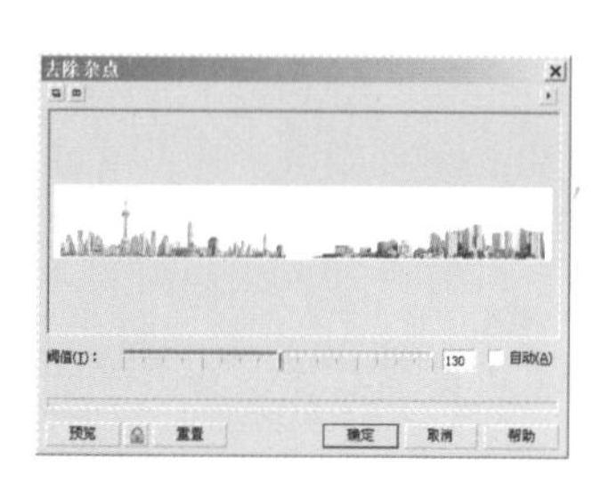

图10-12

图10-13

Step 10

选中图10-10所示图形，将其复制一份，单击属性栏中的“垂直镜像”按钮制作其镜像图形；选择镜像图，单击工具箱中的“交互式透明工具”，制作图像的透明效果，参数设置如图10-14所示；选择“排列”→“顺序”菜单命令，公益海报画面中的建筑倒影效果如图10-15所示。

图10-14

图10-15

Step 11

选择“文件”→“导入”菜单命令，将素材图P05导入版面中并调整图像大小，如图10-16所示；并排列其顺序，单击属性栏中的“对齐和分布”按钮，公益海报画面中的主体效果如图10-17所示。

图10-16

图10-17

Step 12

选中如图10-17所示中打开的地球图形，单击工具箱中的“交互式透明工具”，制作地球图形的透明效果，参数设置如图10-18所示；选择“排列”→“顺序”菜单命令，公益海报画面中的地球效果如图10-19所示。

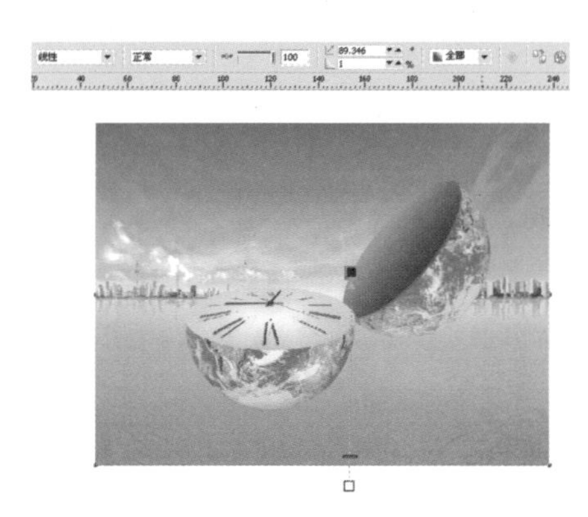

图10-18

图10-19

Step 13

根据画面中图形之间的整体效果，将群组后的地球图形选中，选择“位图”→“转换为位图”菜单命令，并单击工具箱中的“交互式阴影工具”，制作地球图像的阴影效果，参数设置如图10-20所示，制作阴影后的地球效果如图10-21所示。

图10-20

图10-21

Step 14

选中如图10-21所示的地球图形，选择“效果”→“调整”→“颜色平衡”菜单命令，将图片与整体画面的颜色基调进行的处理，参数设置如图10-22所示；选择“文件”→“导入”菜单命令，将素材图P06导入版面中并调整图像大小，单击工具箱中的“文本工具”输入宣传语等，选择“文本”→“编辑文本”菜单命令，选择合适字体，颜色设置为白色；选择“排列”→“转换为曲线” 菜单命令，将字体转化为曲线后再分别成组排列。

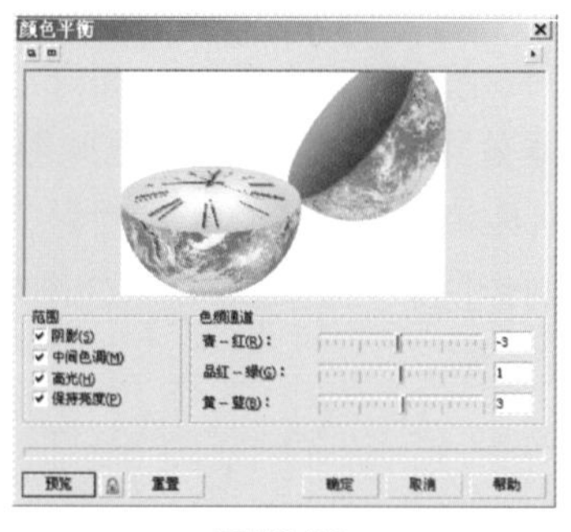

图10-22

Step 15

选中公益海报画面中的图形，单击属性栏中的“对齐和分布”按钮，打开对话框进行对齐调整，并选择“排列”→“顺序”菜单命令，公益海报设计的整体效果即可完成，效果如图10-23所示。

图10-23

10.2.2 公益海报主题介绍和技术分析

通过观察本实例，可以将公益海报整体图形划分为3部分，分别为地球、背景、公益主题语。下面将本实例中所使用的技术和解决方案进行深入的剖析。

1．地球

此则海报笔者在设计时，以“世界地球日”这一主题为主旨，来展开思路进行设计的；从素材图库中导入一幅常规地球图，将其进行分半剖开。其方法是，应用工具箱中的“椭圆形工具”和“渐变填充工具”将已绘制的椭圆图形与地球图形选中，选择“排列”→“顺序”菜单命令，单击属性栏上的“修剪工具”按钮；获得修剪后的地球图形，在属性栏中单击“编辑位图”按钮，打开Corel PHOTO-PAINT程序，使用了工具箱中的“椭圆形遮罩工具”、“圈选遮罩工具”，选择“遮罩”→“遮罩轮廓”→“羽化”菜单命令。再将剪切后的上下两半地球，单击工具箱中的“自由变换工具”进行旋转变换。地球图形截面的“钟表”图形的设计方法也是如此；并选择“效果””→“校正”→“尘埃与刮痕”菜单命令和选择“效果”→“调整”→“色度、饱和度、亮度”菜

单命令；以及选择“排列”→“顺序”菜单命令；以及选择“排列”→“群组”菜单命令，使其与“揭开的地球设计图”效果浑然一体。

2．背景

从素材库中分别导入蓝天白云图、远景建筑图及碧波湖水图，来进行背景的设计；选择“效果”→“调整”→“调和曲线”菜单命令，在属性栏中单击“编辑位图”按钮，打开Corel PHOTO-PAINT程序，单击工具箱中的“圈选遮罩工具”，选择“遮罩”→“遮罩轮廓”→“羽化”菜单命令，去除远景建筑背景，调整大小及位置并复制一份；将复制后的图形再单击属性栏中的“垂直镜像”按钮；选择镜像图形，并单击工具箱中的“交互式透明工具”，制作图像的透明效果，即可获得建筑物在水面的倒影。并选择“排列”→“顺序”菜单命令，调整彼此之间的位置及比例关系，公益海报的背景图效果即可呈现出来。

3．公益主题语

海报主题语的表现手法是使用了单击工具箱中的“文本工具”，输入宣传语等，选择“文本”→“编辑文本”菜单命令，选择“排列”→“转换为曲线”菜单命令，将字体转化为曲线后并分别成组排列。手写字体是直接置入到画面后，再进行变形排列的。由于此则公益海报主要是强调画面的视觉感官效果，在字体上进行了弱化处理。

10.3 触类旁通——电影海报的设计

电影海报的设计步骤

Step 01

选择“文件”→“新建”菜单命令，或按Ctrl+N组合键创建一个新文件，设置页面为“四开正度”纸张尺寸，宽为390mm、高为543mm，设置分辨率为300dpi，其他参数设置为默认值。

注：在设置页面时都可适当按比例缩小页面尺寸，这样可大大提高运算速度。

Step 02

单击工具箱中的“矩形工具”，绘制覆盖电影海报整块幅面的矩形图形，单击工具箱中的“均匀填充工具”，进行参数设置，调节色标的CMYK值设置为“100、100、100、100”，填充图形；单击工具箱中的“无轮廓工具”，将轮廓线去除，效果如图10-24所示。

图10-24

Step 03

选择“文件”→“导入”菜单命令，将素材图 P01 导入版面中，如图 10-25 所示，并同时按住 Shift 键按比例扩大，移至适当位置后将其作为底纹图；选择“效果”→“调整”→“亮度、对比度、强度”菜单命令，对图形进行色彩调节；单击工具箱中的“交互式透明工具”，在属性栏中选择“编辑透明度”，“透明度类型”为“线性”、“透明度操作”为“正常”，制作图形的透明效果，如图 10-26 所示。

图10-25

图10-26

Step 04

选择“文件”→“导入”菜单命令，将素材图P02导入版面中，如图10-27所示，调整到适当位置，并选中图形，选择“位图”→“编辑位图”菜单命令，打开Corel PHOTO-PAINT程序，单击“确定”按钮，关闭Corel PHOTO-PAINT程序，弹出询问对话框，单击“是”按钮，观察到背景区域被隐藏，并调整图像大小，如图10-28所示。选择“效果”→“校正”→“尘埃与刮痕”菜单命令，去尘后的图片效果如图10-29所示。

图10-27

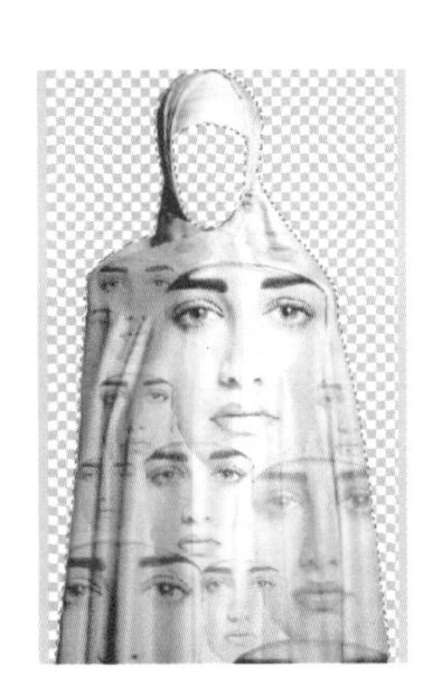

图10-28

图10-29

Step 05

单击工具箱中的“椭圆形工具”和“贝塞尔工具”，绘制椭圆图形，遮盖其人物的面部，并结合单击工具箱中的“均匀填充工具”，颜色设置为黑色，进行填充图形；

选择“排列”→“顺序”→“到页面后面”菜单命令，并调整到合适位置，人物图片效果如图10-30所示。

图10-30

Step 06

选择“文件”→“导入”菜单命令，将素材图P03导入版面中，如图10-31所示，调整到适当位置；选择“效果”→“调整”→“颜色平衡”菜单命令，调节其图形的颜色设置。选中该图形，选择“位图”→“编辑位图”菜单命令，打开Corel PHOTO-PAINT程序，单击工具箱中的“手绘遮罩工具”将背景去除，单击“确定”按钮，关闭Corel PHOTO-PAINT程序，弹出询问对话框，单击“是”按钮，观察到背景区域被隐藏，并调整图像大小，如图10-32所示。选择“排列”→“顺序”菜单命令，另一个人物图片效果如图10-33所示。

图10-31

图10-32

Step 07

按照本节上一步中的同样方法，将素材图P04导入版面中，如图10-34所示；并选中人物图形，单击“属性栏”中的“水平镜像”按钮，制作图形的镜像效果，并将其平行移动；选择“排列”→“顺序””→“向后一层”菜单命令，海报主体人物效果如图10-35所示。

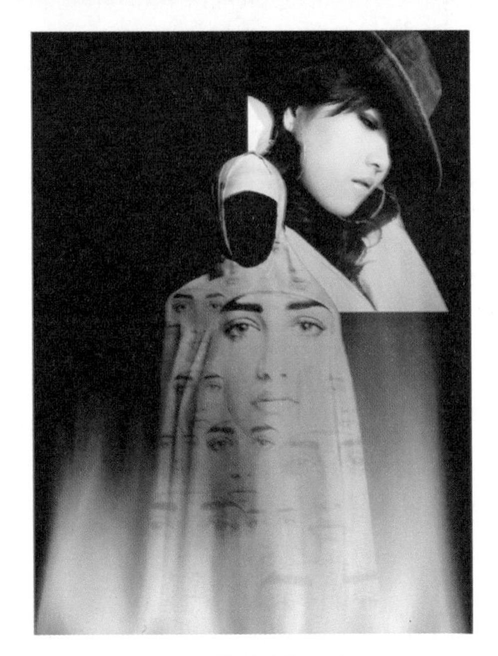

图10-33

图10-34

图10-35

Step 08

分别选中导入的两个人物图形，并调整到适当位置，分别单击工具箱中的"交互式透明工具"，在属性栏中"编辑透明度"的"透明类型"均为"线性"，制作图像的透明效果，参数设置如图10-36所示；选择"排列"→"顺序"→"向后一层"菜单命令，海报画面的主体效果如图10-37所示。

图10-36

图10-37

Step 09

单击工具箱中的“文本工具”输入电影海报名称，选择“文本”→“编辑文本”菜单命令；将字体大小调整到合适位置并选中，选择“排列”→“转换为曲线”菜单命令和选择“排列”→“打散”菜单命令；将字体变形后选择“排列”→“群组”菜单命令。

Step 10

选中转化后的海报主题语文字图形，单击工具箱中的“均匀填充工具”，调节色标的CMYK值设置为“0、0、100、0”，填充图形，并将其复制一份，填充为黑色字体，将其作为投影效果，再选择“排列”→“顺序”→“向后一层”菜单命令。单击工具箱中的“无轮廓工具”，将轮廓线去除，海报的主题字体效果如图10-38所示。

图10-38

Step 11

单击工具箱中的“贝塞尔工具”绘制异形色块形状图，单击工具箱中的“均匀填充工具”，进行参数设置，调节色标的CMYK值依次设置为“0、100、100、0”和“27、11、11、0”，填充图形。单击工具箱中的“无轮廓工具”，将轮廓线去除。单击工具箱中的“文本工具”输入文字，颜色设置为黑色及白色，同时将部分文字选中再单击工具箱中的“自由变换工具”变形排列，海报左上角图形效果如图10-39所示。

图10-39

Step 12

按照上一步同样的方法绘制人物形状图形和异形图，并分别单击工具箱中的“均匀填充工具”，调节色标的CMYK值依次设置为“60、60、0、0”和“27、11、11、0”，填充图形。再单击工具箱中的“文本工具”输入画面右下角的英文字母，字体颜色调节色标的CMYK值设置为“60、60、0、0”。选择“排列”→“顺序”菜单命令和选择“排列”→“群组”菜单命令，并调整各部分的相互位置关系；并将文字选择“排列”→“转换为曲线”菜单命令，将字体转化为曲线后，再分别成组排列，电影海报设计的整体效果即可完成，效果如图10-40所示。

图10-40

温馨小提示：

海报设计的出血可做可不做，根据对方的要求而定，如果做出血的话需要按成品尺寸加上出血位来定尺寸，以方便裁切。如果希望海报幅面看上去显大的话，也可不留出血位，直接四周留白边即可。

通常海报尺寸：

开数(正) 尺寸 单位(mm)	开数(大) 尺寸 单位(mm)
2开 540×780	2开 590×880

3开 360×780	3开 395×880
4开 390×543	4开 440×590

章节小絜

本章节我们学习了关于公益海报的设计及电影海报设计的方法，海报设计制作有四大原则：

(1) 单纯：形象和色彩必须简单明了(也就是简洁性)。

(2) 统一：海报的造型与色彩必须和谐，要具有统一的协调效果。

(3) 均衡：整个画面需要具有魄力感与均衡效果。

(4) 销售重点：海报的构成要素必须化繁为简，尽量挑选重点来表现。具有视觉冲击力的海报最能吸引受众眼球。这样，海报就能在周围那令人混淆的视线中拓出一片天地。好的海报设计应当把观众当作有智慧的人来加以尊重，给他们一种视觉体验。海报设计常用技法有直接展示法、突出特征法、对比衬托法、合理夸张法、以小见大法和运用联想法。

第11章　室内展厅设计

通过对本章的学习，能够学到以下内容。

* 了解室内展厅的绘制流程及方法。
* 熟练掌握贝塞尔工具、渐变填充工具、交互式透明工具、交互式阴影工具、交互式调和工具、矩形工具、椭圆形工具、轮廓笔工具、自由变换工具、钢笔工具、形状工具、3点曲线工具等的应用。
* 熟练掌握室内客厅的绘制方法与技巧。

11.1　关于室内设计

室内设计包括的内容很广泛，也很复杂。它与建筑、设计、绘画、对形态的认知等都有着密切的联系。室内设计主要包括方案阶段、设计阶段、施工阶段和工程验收阶段四大方面。在设计阶段需要完成三方面图形，即构思草图、设计施工图及效果图。

11.1.1　室内环境装饰流派

现代主义设计风格：是指那些摆脱传统的观念及设计风格，以简洁抽象的几何形式，创造开敞、自由、灵活以及流动的空间形式。

后现代主义设计风格：对古典的图形图像进行抽象、夸张、变形和重新组合。

新古典主义设计风格：传统设计语言和现代的设计手法相结合，采用融入了某些古典建筑的构图法，再加上许多古建筑中的构成元素和元件等，达到古典跟现代的结合。

超现实主义设计风格：在有限的室内环境中运用不同手法以求得心理空间的扩大，突破现实空间格局，造成梦幻的线条和抽象的图案，配以炫目强烈的色彩，以及五光十色的灯光效果，追求超现实的表现形式。

高技术派设计风格：强调工业技术的特点，把工业环境中的最新材料技术引入家庭住宅设计上，从公共空间引入高度私密的个人空间；运用精细的技术结构，非常讲究现代工业加工技术的运用，达到具有工业化象征性的特点。

回归自然的设计风格：将室内环境与自然环境相结合、互动等产生的关系，结合自然环境，合理地打通天窗，采用透明天棚，将绿色的自然植物及水流引进室内空间。

除了以上这些设计风格，还包括外国古典主义设计风格、中国古典主义设计风格、欧洲新艺术运动风格等。它们主要表现在柱头、楼梯、椅子扶手、拱门、木制窗格和镜框等设计上，主要表现细节设计上的精致细腻。

11.1.2　室内设计中的表现形式及色彩运用

绘画与任何设计中的最基本的形式有点、线、面和体。世界上任何事物都是由这些基本要素构成的。同样，室内环境的装饰设计也是一门非常重要的艺术学科。它也是由点、线、面和体构成的。室内的装饰因为点、线、面和体的运用，使室内的环境不仅活跃，而且赋予了生命力。因此，点、线、面和体的合理搭配也决定着室内环境设计中造型的完美应用。

色彩是营造室内环境、活跃气氛非常重要的因素。在室内环境设计中，色彩的应用主要侧重于色彩的抽象性。即以色彩的基本理论为指导，在室内环境设计前，必须要考虑到室内空间所能达到的整体色彩效果，它们能给人的视觉、心理等带来各种不同的感受。首先要统一大的色调，注意色彩面积的运用和控制，色与色的衔接、过渡、对比和呼应等。色彩不宜过多，如果太多会显得室内空间杂乱无章。同时，在室内环境装饰设计中应该考

虑整体的层次感，这不单单表现在物体的大小形状上，色彩的前后层次感也很重要。色彩从明度可分为深色调和浅色调，在色相上可分为暖色调和冷色调，在纯度上则可分为鲜色调和灰色调。明度最适合表现物体的立体感和空间感。色彩的完美应用，还要结合材料、光线、环境等诸多因素进行综合搭配。

11.2 绘制室内展厅

11.2.1 绘制室内展厅线稿图

Step 01

选择“文件”→“新建”菜单命令，设置页面的宽为180mm、高为130mm，其他参数设置为默认值。

注： 在设置页面时都可适当成按比例缩小页面尺寸，这样可大大提高运算速度。

Step 02

单击工具箱中的“贝塞尔工具”、“矩形工具”、“钢笔工具”、“椭圆形工具”和“3点椭圆形工具”等，结合起来绘制室内展厅线稿。也可以用铅笔或钢笔在白纸上直接以速写形式绘制室内展厅的大致轮廓，即线稿图，再扫描到计算机中，如图11-1所示。

图11-1

注： 先绘制线稿有利于在后面的实质绘制室内展厅步骤中起到平衡比例的作用，绘制每一部分图形时也可将其作为参照物。

11.2.2 绘制室内展厅轮廓图

11.2.2.1 绘制室内展厅的地面及左侧墙面

Step 01

单击工具箱中的“贝塞尔工具”，绘制室内展厅的地面形状图形并将其选中，单击工具箱中的“渐变填充工具”，进行参数设置，将“填充类型”设置为“线性”，在“颜色调和”选项组中选中“自定义”单选按钮，调节色标的CMYK值依次设置为“0、0、100、0”、“0、0、93、0”、“0、0、20、0”和“0、0、0、0”，填充图形，再单击工具箱中的“交互式透明工具”，制作图形的透明效果。选中该步骤中所绘制的图形，单击工具箱中的“无轮廓工具”，将轮廓线去除，效果如图11-2所示。

Step 02

选中如图 11-2 所示图形，选择“编辑”→“复制”→“粘贴“菜单命令，并选中复制的图形，单击工具箱中的“底纹填充工具”，进行参数设置，调节色标的 CMYK 值设置为“16、15、71、0”和“2、3、25、0”，填充图形。再单击工具箱中的“交互式透明工具”，制作图形的透明效果。选择“排列”→“顺序”菜单命令和选择“排列”→“群组”菜单命令，效果如图 11-3、图 11-4 所示，地面效果如图 11-5 所示。

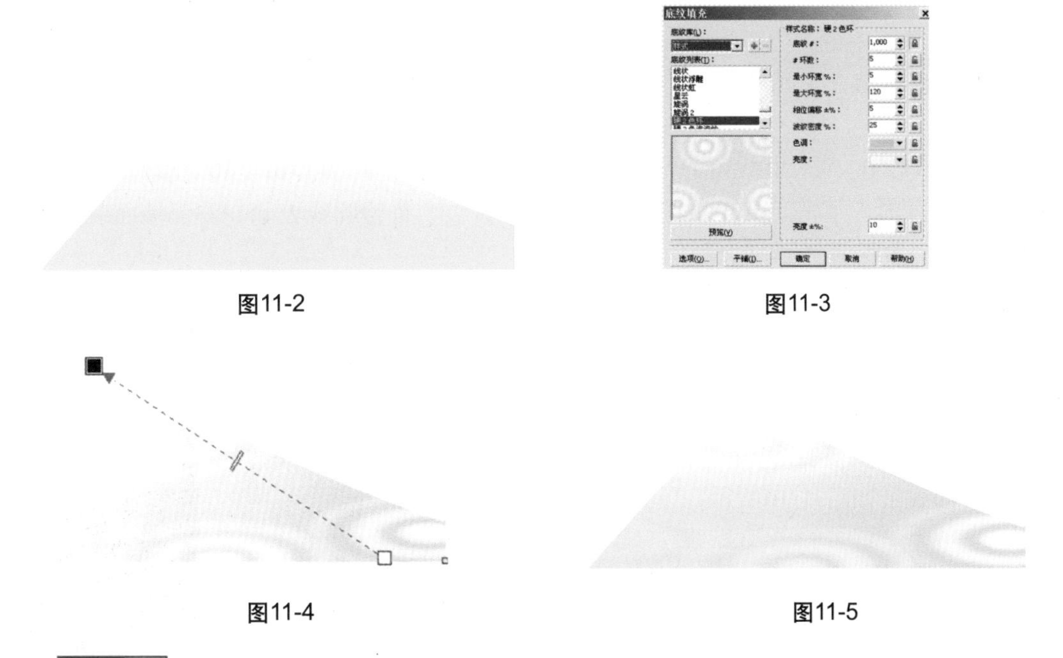

图11-2

图11-3

图11-4

图11-5

Step 03

单击工具箱中的“贝塞尔工具”绘制室内展厅左侧墙面的形状图形并将其选中，单击工具箱中的“均匀填充工具”，进行参数设置，设置色标的CMYK值为“74、70、63、85”，填充图形，左侧墙面效果如图11-6所示。

Step 04

单击工具箱中的 “贝塞尔工具”，绘制室内展厅左侧墙面上的装饰形状图形并选中，单击工具箱中的 “渐变填充工具”或 “交互式填充工具”，进行参数设置，将填充“类型”设置为“线性”，在“颜色调和”选项组中选中“自定义”单选按钮，调节色标的CMYK值依次设置为“28、31、99、0”、“0、0、40、40”、“12、14、45、4”、“23、25、88、8”、“4、5、14、0”、“0、0、40、40”和“0、0、20、0”，填充图形，参数设置如图11-7所示。单击工具箱中的 “无轮廓工具”，轮廓线去除，左侧墙面装饰效果如图11-8所示。

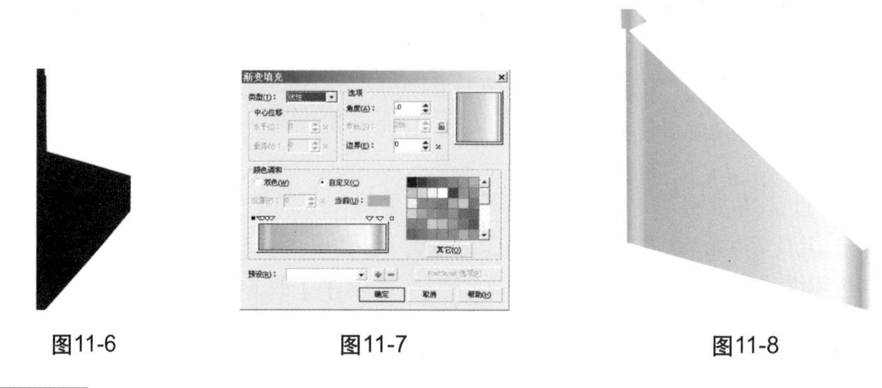

图11-6　　图11-7　　图11-8

Step 05

单击工具箱中的 “矩形工具”绘制一个矩形图形，拉住边角将其变形；单击工具箱中的 “渐变填充工具”或 “交互式填充工具”，进行参数设置，将填充“类型”设置为“线性”，在“颜色调和”选项组中选中“自定义”单选按钮，调节色标的CMYK值依次设置为“0、0、20、80”、“0、0、20、40”、“0、0、40、40”和“0、0、0、10”，填充图形。单击工具箱中的 “无轮廓工具”，将轮廓线去除，左侧墙面装饰图形的效果如图11-9所示。

Step 06

将本小节步骤3～步骤5中所绘制的图形进行适当缩放，并调整其各部分的比例关系，选择“排列”→“顺序”菜单命令，调整各部分的相互位置关系，室内展厅的左侧墙面效果如图11-10所示。

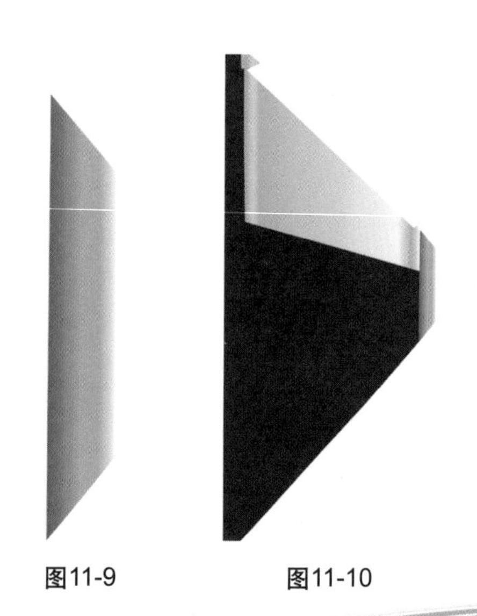

图11-9　　图11-10

11.2.2.2　绘制室内展厅的右侧墙面及正面墙

Step 01

单击工具箱中的“贝塞尔工具”、“矩形工具”、“形状工具”，绘制室内展厅的右侧墙面及正面墙的形状图形并将其选中，单击“属性栏”中“焊接工具”按钮及“修剪工具”按钮；单击工具箱中的“均匀填充工具”，进行参数设置，设置色标的CMYK值为“74、70、63、85”填充图形，效果如图11-11所示。

Step 02

单击工具箱中的“矩形工具”、“形状工具”，绘制室内展厅右侧墙面的装饰形状图形后，单击工具箱中的“交互式封套工具”将其变形；选中所绘图形，单击工具箱中的“渐变填充工具”或“交互式填充工具”进行参数设置，将填充“类型”设置为“线性”，“选项”中的“角度”为-4.1、“边界”为3，在“颜色调和”选项组中选中“自定义”单选按钮，调节色标的CMYK值依次设置为“0、0、100、0”、“0、0、4、0”、“0、0、16、0”、“0、0、90、0”、“0、0、16、0”、“0、0、22、0”、“0、0、14、0”和“0、0、0、0”，填充图形。单击工具箱中的“无轮廓工具”，将轮廓线去除，如图11-12所示，右侧墙面效果如图11-13所示。

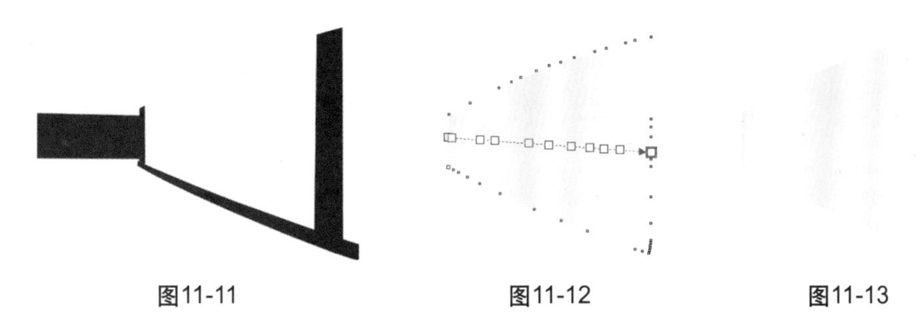

图11-11　　图11-12　　图11-13

Step 03

单击工具箱中的“矩形工具”绘制室内展厅右侧墙面的细节装饰形状图形并选中，单击工具箱中的“均匀填充工具”，进行参数设置，设置色标的CMYK值为“20、50、96、0”，填充图形，并将其复制两份，旋转排列并进行群组；选中图形，单击工具箱中的“交互式透明工具”，制作图形的透明效果，参数设置如图11-14所示，细节装饰效果如图11-15所示。

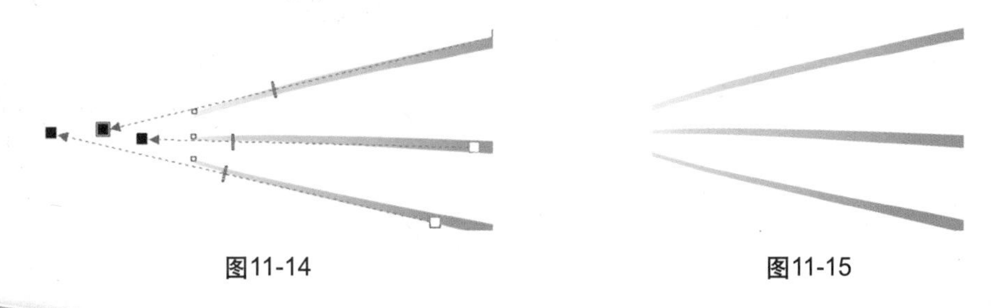

图11-14　　图11-15

Step 04

单击工具箱中的“矩形工具”或“贝塞尔工具”，绘制两个室内展厅右侧装饰形状图形并分别选中，单击工具箱中的“渐变填充工具”或“交互式填充工具”，进行参数设置，将填充“类型”设置为“线性”，在“颜色调和”选项组中选中“自定义”单选按钮，调节色标的CMYK值依次设置为“0、0、20、60”、“0、0、2、5”、“0、0、40、40”、“0、0、20、60”和“0、0、20、0”；“0、0、90、0”、“0、0、22、0”、“0、0、90、0”、“0、0、16、0”和“0、0、0、0”，填充图形，右侧装饰细节效果如图11-16、图11-17所示。

Step 05

单击工具箱中的“贝塞尔工具”或“艺术笔工具”，绘制室内展厅右侧墙面的细节装饰形状图形并选中，单击工具箱中的“渐变填充工具”、“交互式填充工具”进行参数设置，将填充“类型”设置为“线性”，“选项”中的“角度”为150.7、“边界”为2，在“颜色调和”选项组中选中“自定义”单选按钮，调节色标的CMYK值依次设置为“0、0、60、20”、“0、0、40、40”、“0、0、60、20”和“0、0、0、0”，填充图形；再单击工具箱中的“均匀填充工具”，调节色标的CMYK值设置为“2、2、13、0”，填充图形。单击工具箱中的“无轮廓工具”，将轮廓线去除，右侧装饰细节效果如图11-18所示。

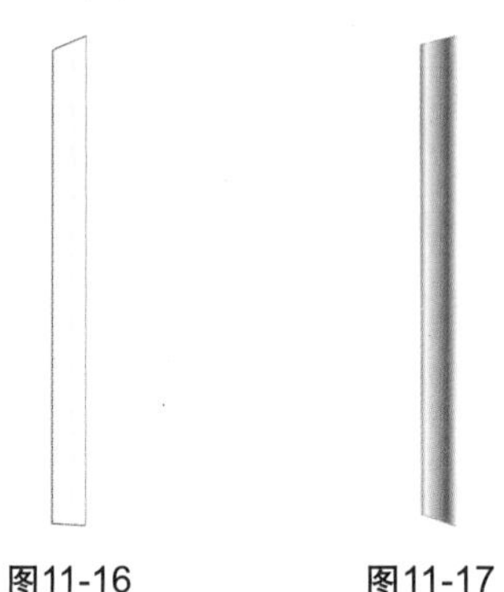

图11-16　　图11-17　　图11-18

Step 06

将11.2.2小节步骤1～步骤5中所绘制的室内展厅右侧墙面及正面墙的形状图形，进行适当缩放，并调整各部分的比例关系，选择“排列”→“顺序”菜单命令，调整各部分的相互位置关系，绘制室内展厅右侧墙面及正面墙效果即可完成，如图11-19所示。

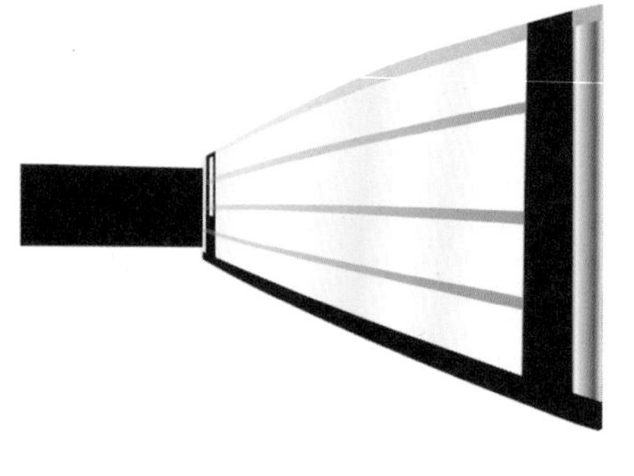

图11-19

11.2.2.3 绘制室内展厅的顶部墙面“天花板”

Step 01

单击工具箱中的“贝塞尔工具”绘制室内展厅“天花板”形状图形，并将其选中，单击工具箱中的“渐变填充工具”或“交互式填充工具”，进行参数设置，将填充“类型”设置为“线性”，“选项”中的“角度”为150.7、“边界”为4，在“颜色调和”选项组中选中“自定义”单选按钮，调节色标的CMYK值设置为“0、0、60、20”、“0、0、40、40”、“0、0、60、20”和“0、0、0、0”，填充图形。单击工具箱中的“无轮廓工具”，将轮廓线去除，“天花板”图形效果如图11-20所示。

图11-20

Step 02

单击工具箱中的“贝塞尔工具”绘制室内展厅“天花板”上的装饰形状图形，并将其选中，单击工具箱中的“渐变填充工具”或“交互式填充工具”，进行参数设置，将填充“类型”设置为“线性”，在“颜色调和”选项组中选中“自定义”单选按钮，调节色标的CMYK值依次设置为“0、0、40、40”、“0、0、42、38”、“0、0、60、20”和“0、0、20、0”，填充图形；单击工具箱中的“交互式透明工具”、“交互式阴影工具”，制作图形的透明效果和阴影效果。单击工具箱中的“无轮廓工具”，将轮廓线去除，“天花板”上的装饰效果如图11-21、图11-22所示。

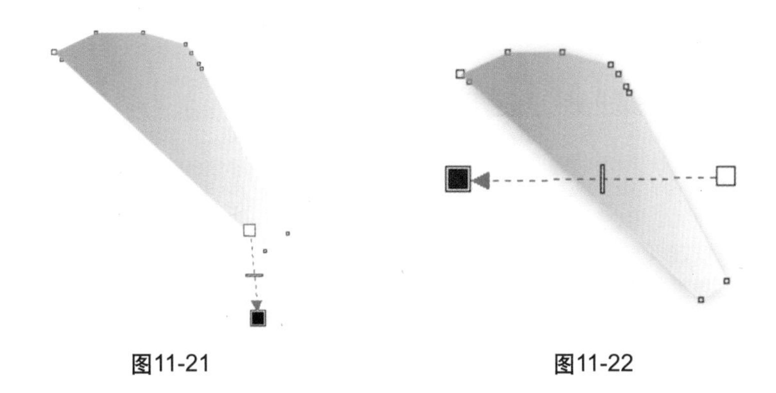

图11-21　　图11-22

Step 03

单击工具箱中的“贝塞尔工具”绘制室内展厅“天花板”上的细节装饰形状图形，并将其选中，单击工具箱中的“渐变填充工具”或“交互式填充工具”，进行参数设置，将填充“类型”设置为“线性”，在“颜色调和”选项组中选中“自定义”单选按

钮，调节色标的CMYK值设置为“0、0、100、0”和“0、0、0、0”，填充图形。单击工具箱中的×“无轮廓工具”，将轮廓线去除，效果如图11-23所示。

注：背景矩形色块不属于本步骤要绘制的最终图形，其目的是为了便于衬托，完成后将其删除。

图11-23

Step 04

选中如图11-23所示图形，单击工具箱中的□“交互式阴影工具”，制作“天花板”图形的阴影效果，效果如图11-24。选择“编辑”→“复制”→“粘贴”菜单命令，重复复制图形后按比例扩大，并彼此叠加；选择“排列”→“顺序”菜单命令后，将其进行群组，“天花板”效果如图11-25所示。

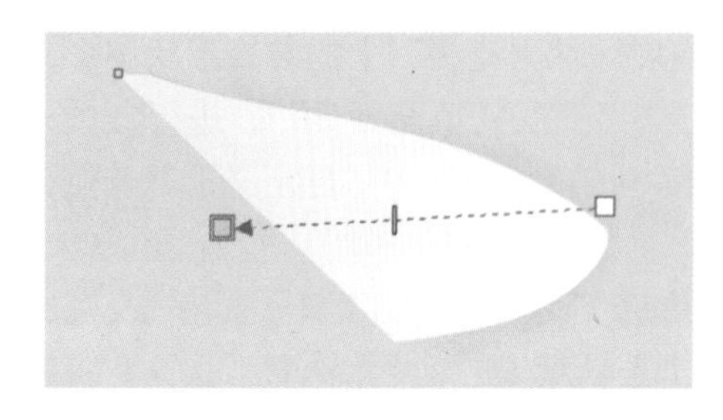

图11-24

图11-25

Step 05

将本小节步骤1～步骤4中所绘制的室内展厅“天花板”的形状图形进行适当缩放，并调整各部分的比例关系，选择“排列”→“顺序”菜单命令，调整各部分的相互位置关系，绘制室内展厅顶部墙面“天花板”的效果即可完成，如图11-26所示。

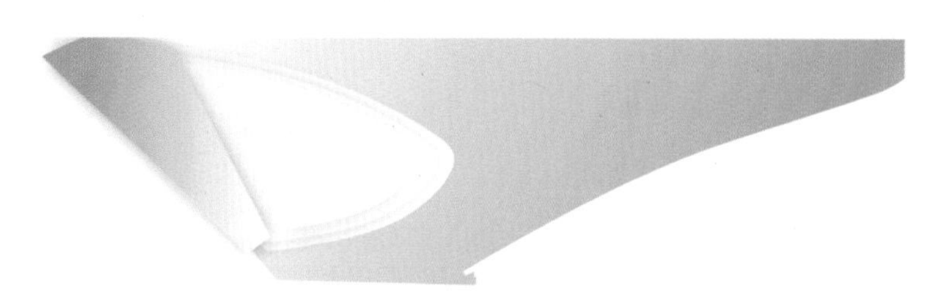

图11-26

11.2.3 绘制室内展厅的装潢效果

11.2.3.1 绘制室内展厅的地面装饰

Step 01

单击工具箱中的□“矩形工具”绘制一个展厅地面的矩形图，选择“排列”→“转换为曲线”菜单命令，将其变形。选中所绘地面装饰形状图形，单击工具箱中的“底纹填充工具”，参数设置如图11-27所示，在选项组中选择“第1矿物质”、“第2矿物质”及“亮度”的CMYK值依次设置为“16、15、71、0”、“2、22、96、0”和“2、3、25、0”，填充图形。单击工具箱中的×“无轮廓工具”，将轮廓线去除，效果如图11-28所示。

Step 02

选中图11-28所示图形，单击工具箱中的“交互式透明工具”，制作图形的透明效果，展厅地面效果如图11-29、图11-30所示。

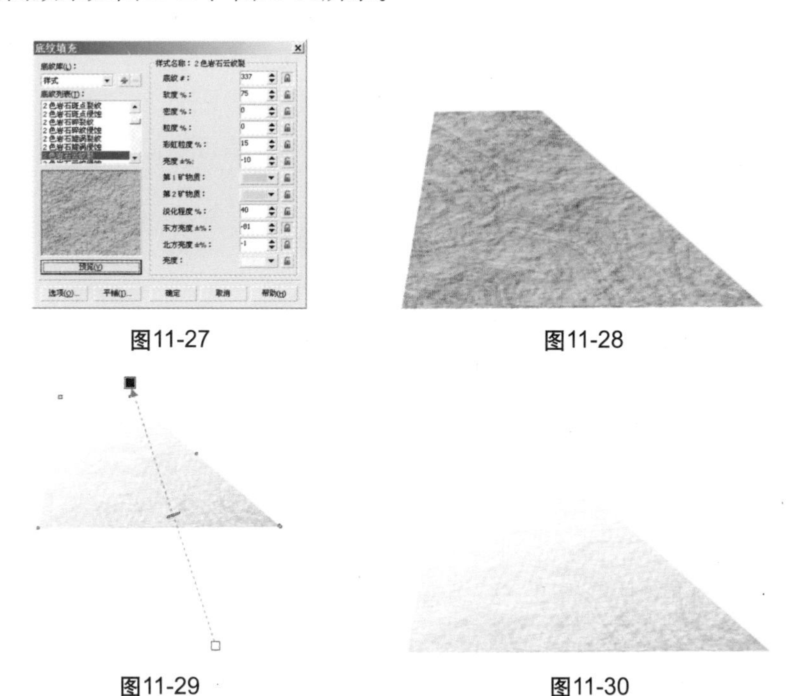

图11-27

图11-28

图11-29

图11-30

Step 03

将11.2.2.1小节中所绘制的图11-5所示图形作为参照物，单击工具箱中的“贝塞尔工具”，绘制线条形状，单击工具箱中的“轮廓画笔工具”，参数设置如图11-31所示。选中所绘图形，选择“排列”→“群组”菜单命令，或按Ctrl+G组合键，单击工具箱中的“交互式透明工具”，制作图形的透明效果，展厅地板的效果如图11-32所示。

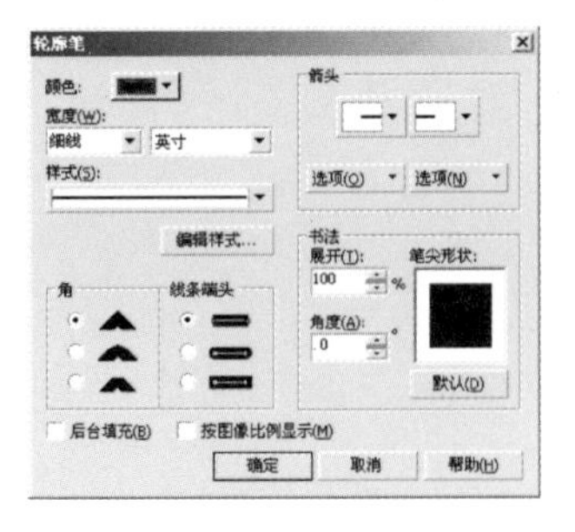

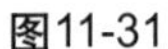
图11-31

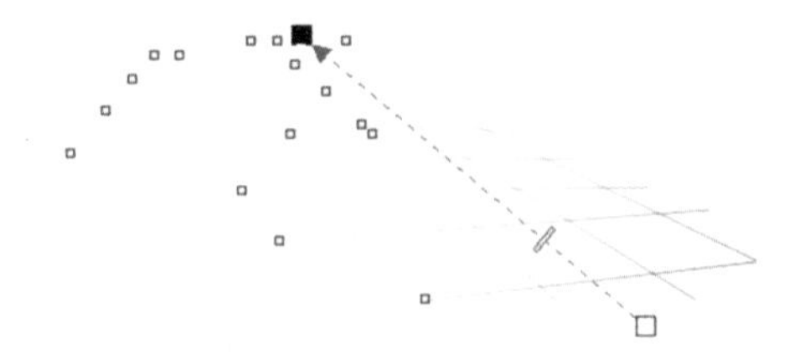

图11-32

Step 04

将已绘制的“绘制室内展厅地面轮廓图”作为参照物，并且结合本小节步骤1～步骤3中所绘制的图形进行适当缩放，并调整其各部分的比例关系，选择“排列”→“顺序”菜单命令，调整各部分的相互位置关系，绘制室内展厅地面装饰效果即可完成，如图11-33所示。

图11-33

11.2.3.2 绘制室内展厅的左侧墙面装饰

Step 01

单击工具箱中的“矩形工具”，绘制一个左侧墙面矩形图，选择“编辑”→“复制”→“粘贴”菜单命令，重复复制图形，并将复制图形稍作变形，选择“效果”→“添加透视”菜单命令和选择“排列”→“顺序”菜单命令；选中所绘室内展厅的左侧墙面装饰形状图形，单击工具箱中的“渐变填充工具”或“交互式填充工具”，进行参数设置，将填充“类型”设置为“线性”，在“颜色调和”选项组中选中“自定义”单选按钮，调节色标的CMYK值依次设置为“40、0、20、60”、“0、0、0、10”和“0、0、8、0”，填充图形，其他参数设置如图11-34所示。单击工具箱中的“无轮廓工具”，将轮廓线去除，左侧墙面效果如图11-35所示。

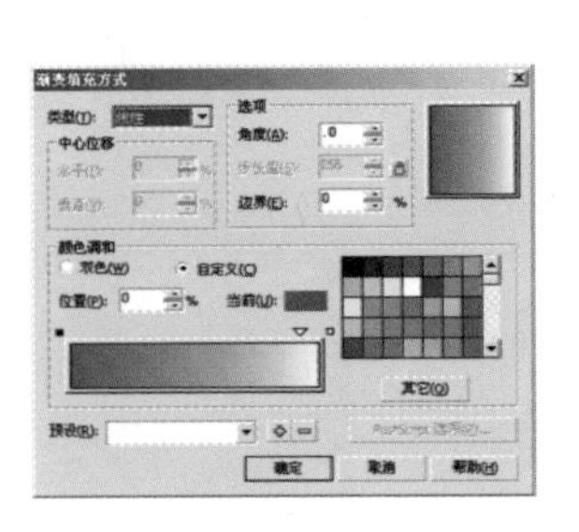

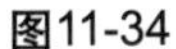
图11-34

图11-35

Step 02

按照上一步中的同样方法，绘制左侧墙面装饰细节形状图形，将填充“类型”设置为“线性”，在“颜色调和”选项组中选中“自定义”单选按钮，调节色标的CMYK值依次设置为“40、0、20、60”、“20、0、0、80”、“2、0、4、2”、“40、0、20、60”和“0、0、5、0”；“0、0、0、100”、“40、0、20、60”、“14、0、7、86”、“40、0、20、60”、“11、0、6、17”、“2、0、1、98”、“20、0、0、80”、“38、0、19、58”、“40、0、20、60”和“2、0、8、0”，填充图形；其他参数设置如图11-36、图11-37所示。并单击工具箱中的×“无轮廓工具”，将轮廓线去除，墙面装饰细节效果如图11-38、图11-39所示。

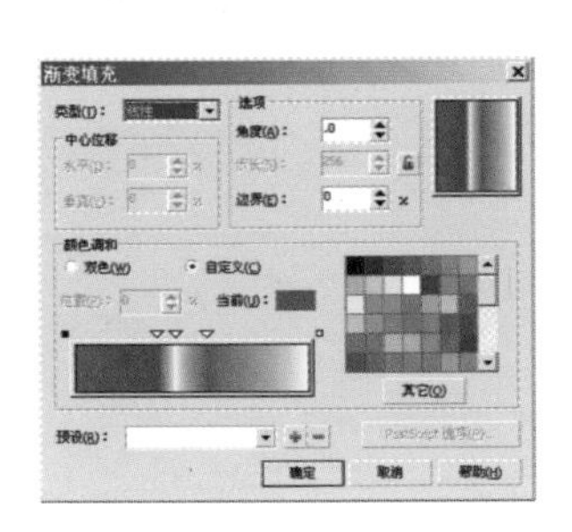
图11-36

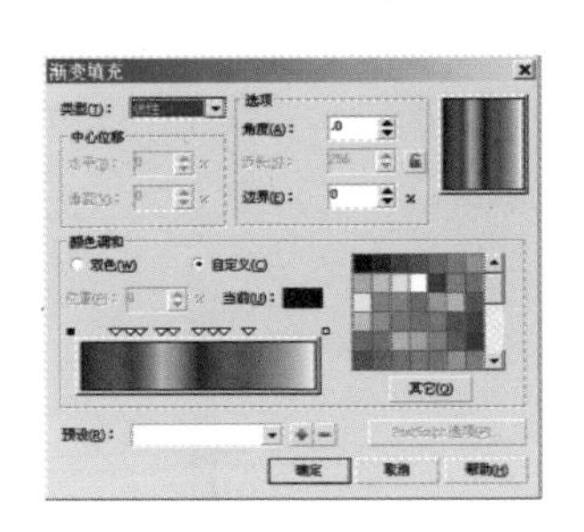
图11-37

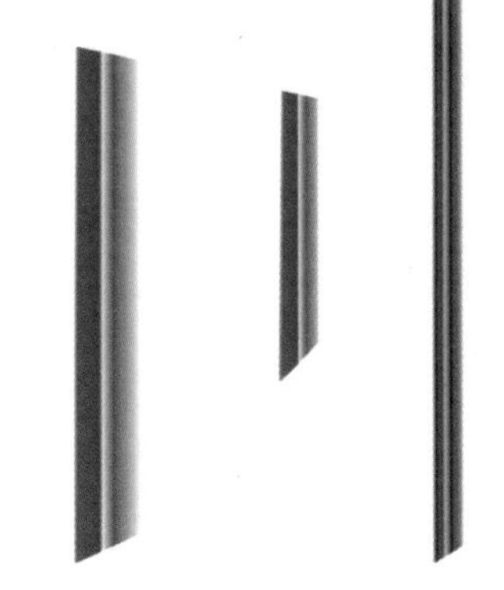
图11-38　图11-39

Step 03

按照步骤1中的同样方法，绘制左侧墙面装饰另一形状图形，将填充“类型”设置为“线性”，在“颜色调和”选项组中选中“自定义”单选按钮，调节色标的CMYK值依次设置为“0、0、20、80”、“0、0、3、11”、“0、0、19、75”、“0、0、40、40”、“0、0、20、78”和“0、0、0、10”，其他参数设置如图11-40所示，填充图形。单击工具箱中的×“无轮廓工具”，将轮廓线去除，墙面装饰细节效果如图11-41所示。

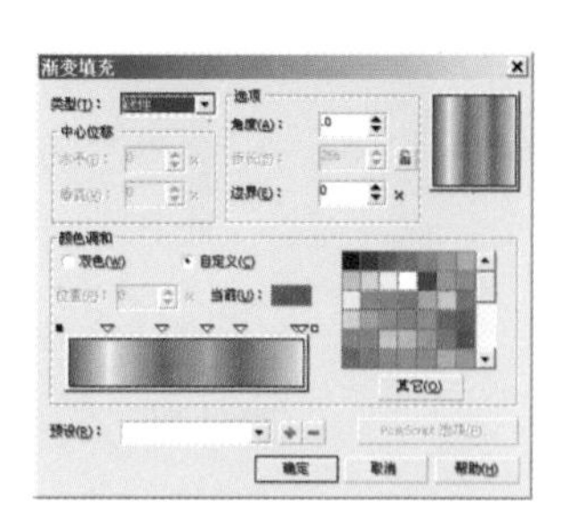

图11-40

图11-41

Step 04

单击工具箱中的 “贝塞尔工具” 绘制左侧墙面装饰又一细节形状图形，并将其选中，单击工具箱中的 “渐变填充工具” 或 “交互式填充工具”，进行参数设置，将填充“类型”设置为“线性”，在“颜色调和”选项组中选中“自定义”单选按钮，调节色标的CMYK值设置为“0、0、40、0”和“0、0、0、0”，填充图形；单击工具箱中的 “无轮廓工具”，将轮廓线去除，装饰细节效果如图11-42所示。

注：背景矩形色块不属于本步骤要绘制的最终图形，其目的只是便于衬托，完成后将其删除。

Step 05

将本小节步骤1～步骤4中所绘制的室内展厅的左侧墙面装饰形状图形进行适当缩放，并调整各部分的比例关系，选择“排列”→“顺序”菜单命令，调整各部分的相互位置关系，左侧墙面装饰效果如图11-43所示。

图11-42

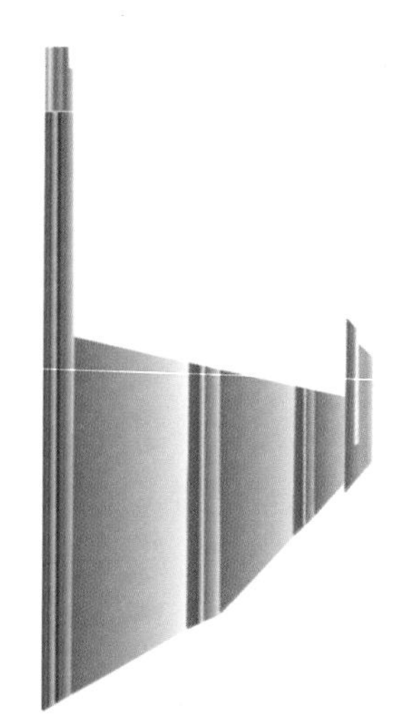
图11-43

Step 06

将线稿中所绘制的“左侧墙面轮廓图形”作为参照物；单击工具箱中的“贝塞尔工具”，绘制网状图形，并单击工具箱中“轮廓画笔工具”，参数设置如图11-44所示，墙面网状效果如图11-45所示。

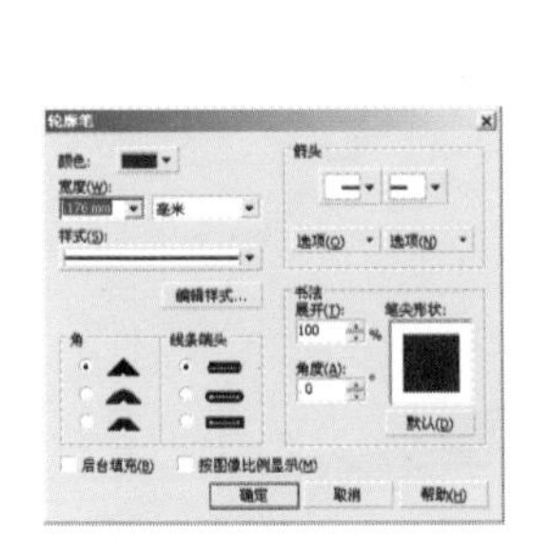

图11-44

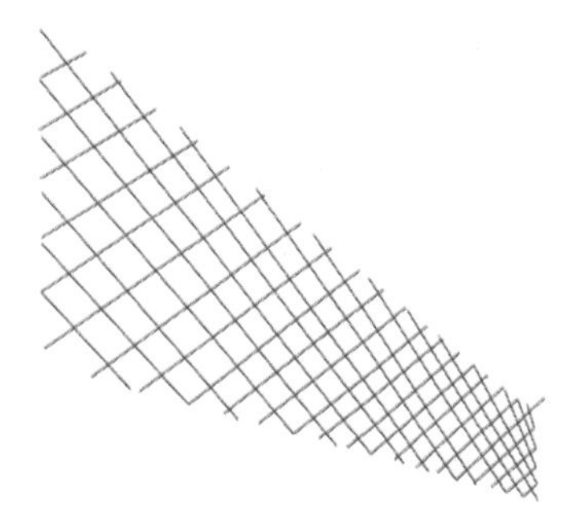

图11-45

Step 07

单击工具箱中的“贝塞尔工具”绘制左侧墙面装饰细节形状图形，并将其选中；单击工具箱中的“渐变填充工具”或“交互式填充工具”，进行参数设置，将填充“类型”设置为“线性”，设置“选项”中的“角度”为-116.2、“边界”为14，在“颜色调和”选项组中选中“自定义”单选按钮，调节色标的CMYK值设置为“4、0、20、60”、“20、0、0、80”、“0、0、0、100”、“0、0、20、60”、“20、0、0、80”和“0、0、0、0”，填充图形。单击工具箱中的“交互式阴影工具”，制作图形的阴影效果。单击工具箱中的×“无轮廓工具”，将轮廓线去除，墙面装饰细节效果如图11-46所示。

Step 08

单击工具箱中的“矩形工具”绘制一个矩形图形并将其变形，并单击工具箱的“自由变换工具”进行旋转；选中所绘制的图形，单击工具箱中的“渐变填充工具”或“交互式填充工具”，进行参数设置，将填充“类型”设置为“线性”，设置“选项”中的“角度”为42.2、“边界”为1，在“颜色调和”选项组中选中“自定义”单选按钮，调节色标的CMYK值依次设置为“0、0、0、100”、“0、0、60、20”、“0、0、4、40”和“0、0、0、0”，填充图形。单击工具箱中的×“无轮廓工具”，将轮廓线去除，墙面装饰细节效果如图11-47所示。

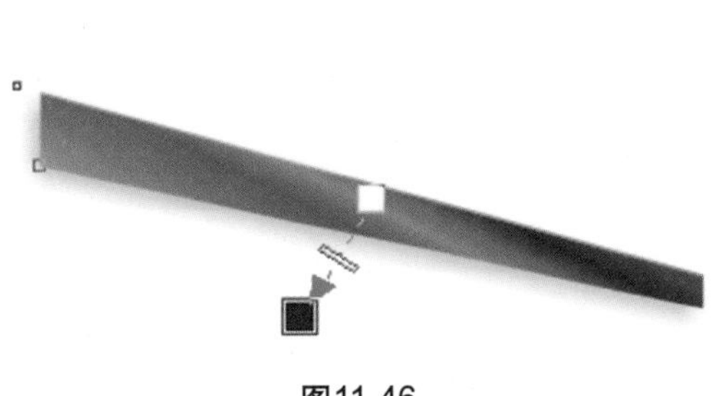

图11-46

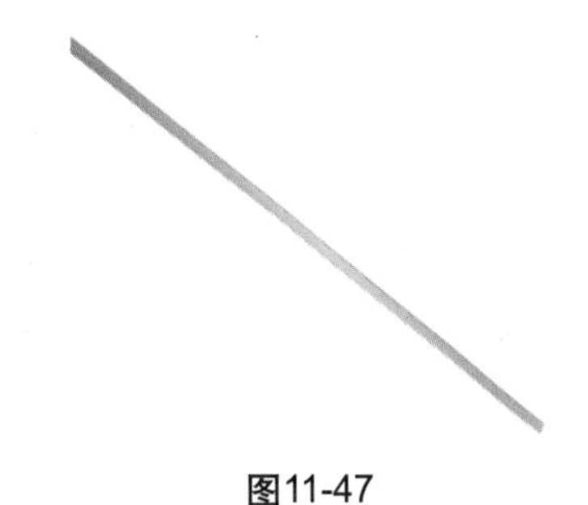

图11-47

Step 09

将本小节步骤6～步骤8中所绘制的室内展厅左侧墙面装饰的网状形图形进行适当缩放，并调整各部分的比例关系，选择“排列”→“顺序”菜单命令，调整各部分的相互位置关系；选中图形，选择“排列”→“群组”菜单命令，单击工具箱中的“交互式透明工具”，制作图形的透明效果，左侧墙面装饰网状效果如图11-48、图11-49所示。

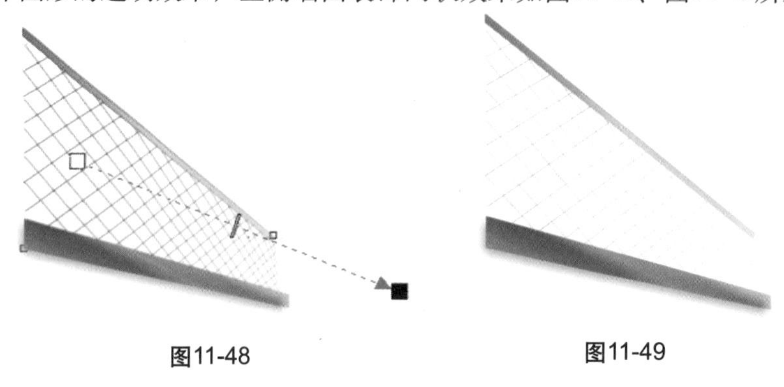

图11-48　　　　图11-49

Step 10

单击工具箱中的“钢笔工具”绘制两条斜线，并分别选中两条斜线，单击工具箱中的“交互式透明工具”，制作图形的透明效果，装饰细节图形效果如图11-50所示。

注： 背景矩形色块不属于本步骤要绘制的最终图形，其目的是便于衬托，完成后将其删除。

Step 11

单击工具箱的“贝塞尔工具”，绘制室内左侧墙面装饰又一细节形状图形，分别选中图形，单击工具箱中的“渐变填充工具”或“交互式填充工具”，进行参数设置，将填充“类型”设置为“线性”，设置“选项”中的“角度”为51.3、“边界”为5，在“颜色调和”选项组中选中“自定义”单选按钮，调节色标CMYK值依次设置为“0、0、0、100”、“0、0、40、40”、“0、0、60、20”、“0、0、40、40”、“0、0、20、60”和“0、0、0、0”，填充图形。单击工具箱中的“交互式透明工具”，制作图形的透明效果；单击工具箱中的“无轮廓工具”，将轮廓线去除，左侧墙面装饰细节效果如图11-51所示。

注： 背景矩形色块不属于本步骤最终要绘制的图形，其目的是便于衬托，完成后将其删除。

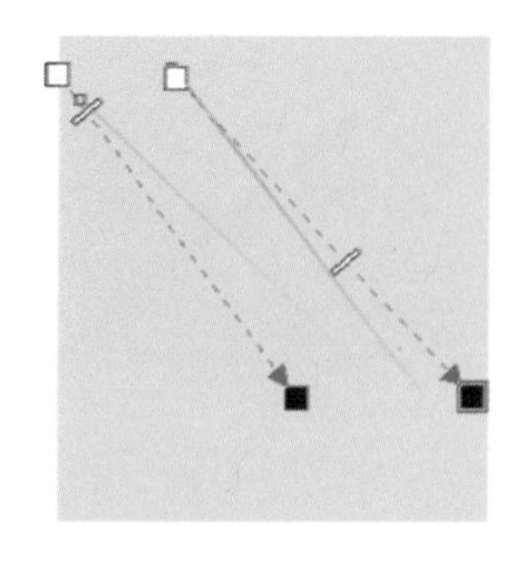

图11-50

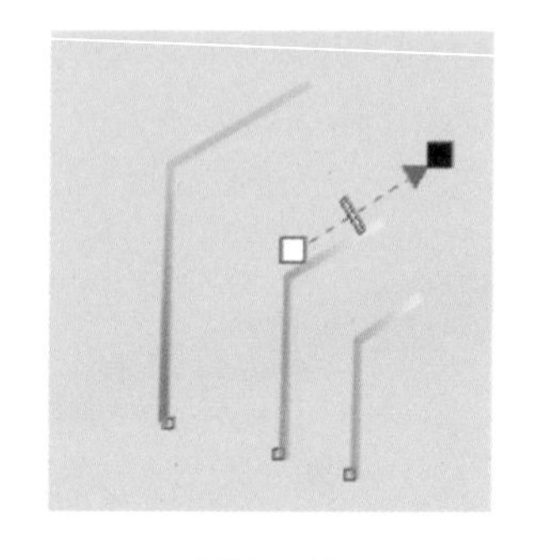

图11-51

Step 12

选中上一步中所绘制的两条斜线图形和填充图形，选择“排列”→“顺序”菜单命令和选择“排列”→“群组”菜单命令，左侧墙面装饰细节效果如图11-52所示。将已绘制的“左侧墙面轮廓图形”作为参照物，对该部分所绘图形进行适当缩放，调整其各部分的比例关系；选择“排列”→“顺序”菜单命令，调整各部分的相互位置关系，绘制室内展厅左侧墙面装饰效果即可完成，如图11-53所示。

图11-52

图11-53

11.2.3.3 绘制室内展厅的右侧墙面装饰

Step 01

单击工具箱中的“矩形工具”绘制一个矩形图形并将其复制，选择“效果”→“添加透视”菜单命令；单击工具箱中的“底纹填充工具”，参数设置如图11-54所示，“第1色”及“第2色”的CMYK值依次设置为“39、81、93、2”、“28、64、98、0”，填充图形。单击工具箱中的“无轮廓工具”，将轮廓线去除，右侧墙面装饰效果如图11-55所示。

图11-54

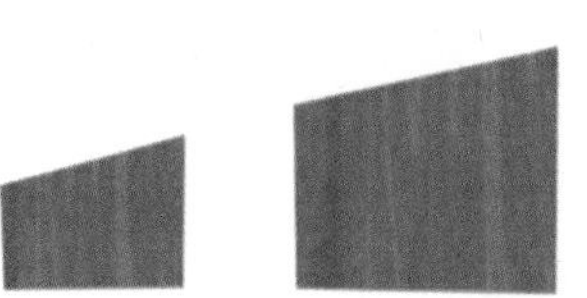

图11-55

Step 02

选择“文件”→“导入”菜单命令，将素材图P01、图P02、图P03导入画面中，如图11-56～图11-58所示。将已绘制的图11-55所示形状图形作为参照物；并分别选中图像，单击工具箱中的“形状工具”将其变形；选择“排列”→“顺序”菜单命令，装饰效果如图11-59所示。

图11-56

图11-57

图11-58

图11-59

Step 03

选中如图11-59所示变形后的所有图像，选择“排列”→“群组”菜单命令；将群组图像镶入到填充底纹图11-55所示图形当中，右侧墙面装饰图形的效果如图11-60所示。

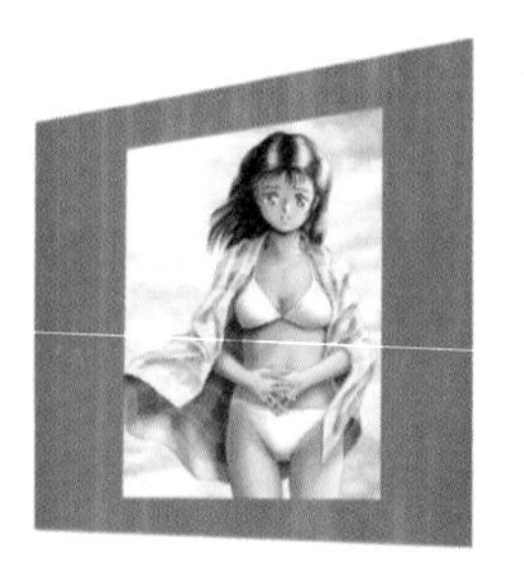

图11-60

Step 04

选中上一步中的图11-60所示图形，选择“排列”→“取消组合”菜单命令；分

别选中变形后图像如图11-56、图11-58所示图像，并分别单击工具箱中的 “交互式透明工具”，制作图形的透明效果，如图11-61、图11-62所示，展厅右侧墙面装饰的整体效果如图11-63所示。

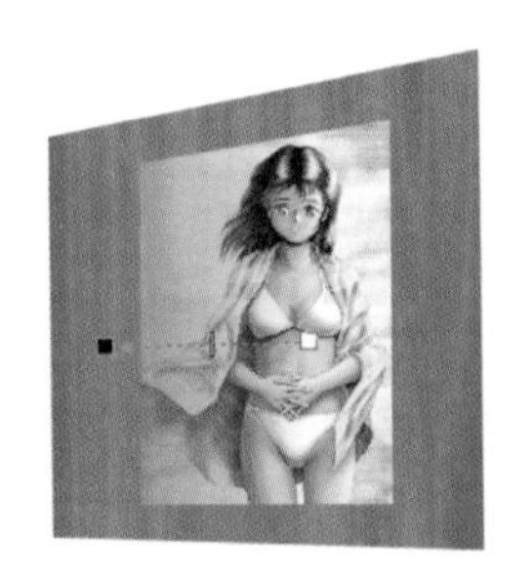

图11-61

图11-62

图11-63

Step 05

单击工具箱中的 “贝塞尔工具”，绘制室内展厅右侧墙面装饰的形状图形，并将其选中，单击工具箱中的 “渐变填充工具”或 “交互式填充工具”，进行参数设置，将填充“类型”设置为“线性”，在“颜色调和”选项组中选中“自定义”单选按钮，调节色标的CMYK值依次设置为“0、0、0、100”、“0、100、100、0”、“0、0、100、0”、“0、98、100、0”和“0、0、20、0”，填充图形，参数设置如图11-64所示。选中该步骤所绘制的图形，单击工具箱中的 “交互式透明工具”，制作图形的透明效果。单击工具箱中的 “无轮廓工具”，将轮廓线去除，墙面细节装饰效果如图11-65所示。

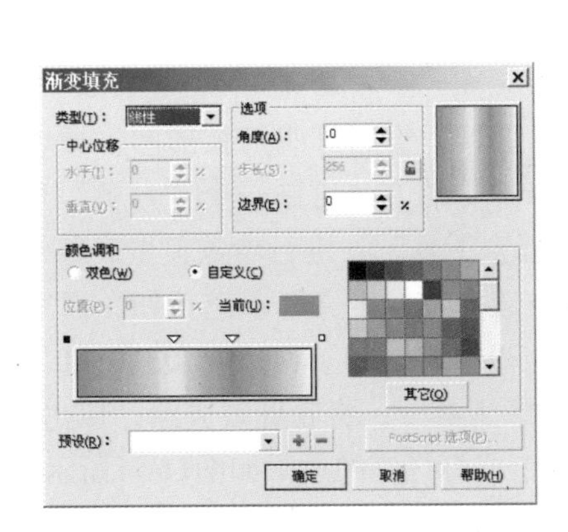

图11-64

图11-65

Step 06

绘制壁灯。

(1) 单击工具箱中的◎“椭圆形工具”绘制一个椭圆形壁灯形状图，填充颜色设置为白色，并单击工具箱中的×“无轮廓工具”，将轮廓线去除。单击工具箱中的▢“交互式透明工具”，制作图形的透明效果，如图11-66所示，壁灯效果如图11-67所示。

注：背景矩形色块不属于本步骤，为了便于衬托，完成后删除。

图11-66

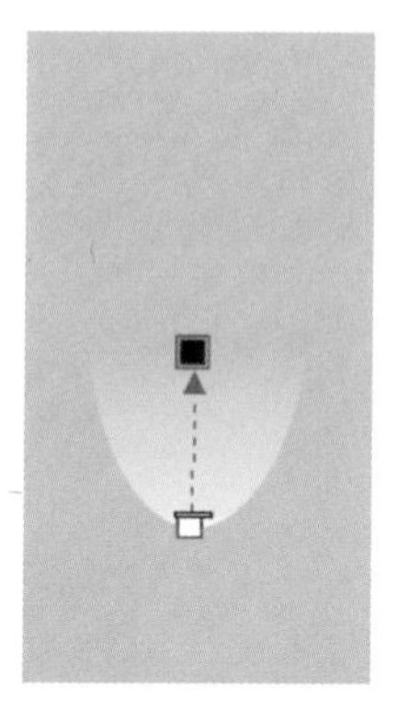

图11-67

(2) 按照绘制壁灯中第(1)步中的同样方法绘制一个椭圆形，单击工具箱中的■“渐变填充工具”或▢“交互式填充工具”，进行参数设置，将填充“类型”设置为“线性”，在“颜色调和”选项组中选中“自定义”单选按钮，调节色标的CMYK值设置为“0、0、100、0”和“0、0、0、0”，填充图形。单击工具箱中的▢“交互式透明工具”，制作图形的透明效果，如图11-68所示，效果如图11-69所示。

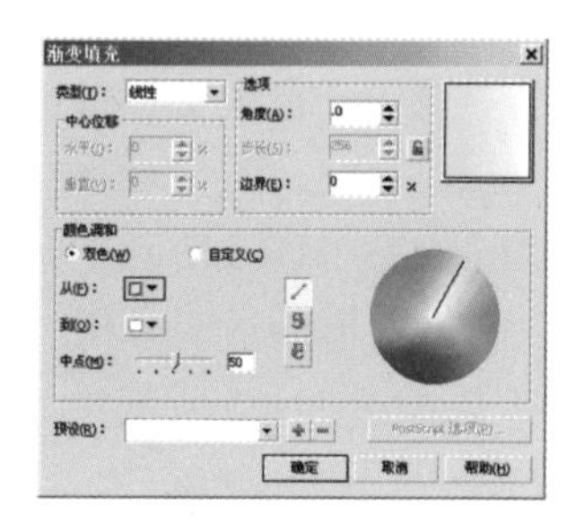

图11-68

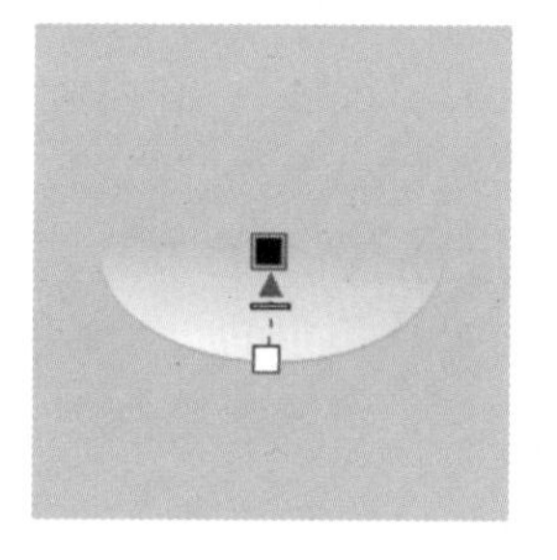

图11-69

(3) 单击工具箱中的▢“3点曲线工具”绘制灯座月弧形图，或者直接绘制两个椭圆形，在“属性栏”中采用“焊接、修剪”的方法绘制一个“月弧”形状，单击工具箱中的■“渐变填充工具”或▢“交互式填充工具”，进行参数设置，将填充“类型”设置为“线性”，在“颜色调和”选项组中选中“自定义”单选按钮，调节色标的CMYK值依次设置为“0、60、60、40”、“0、20、20、60”和“0、0、0、0”，填充图形，如图11-70所示。单击工具箱中的×“无轮廓工具”，将轮廓线去除。单击工具箱中的▢“交互式阴影工具”，制作图形的阴影效果，壁灯灯座的效果如图11-71所示。

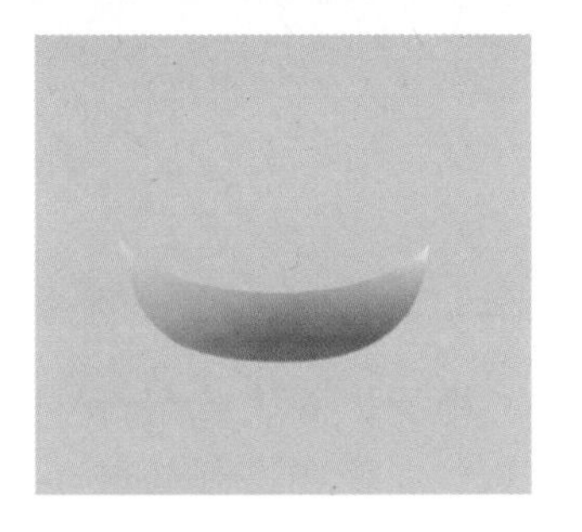

图11-70

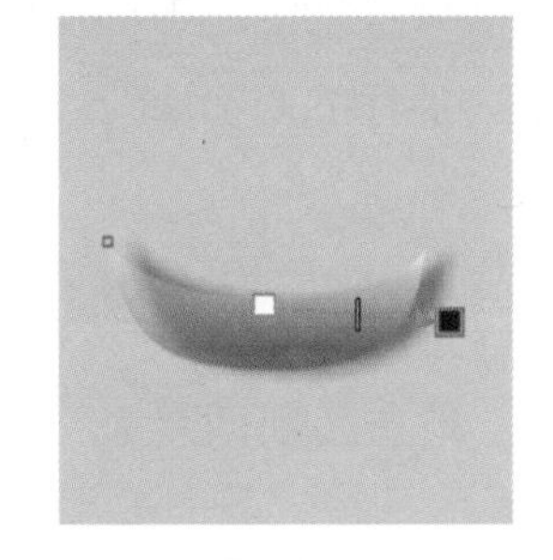

图11-71

(4) 将本步骤中的(1)～(3)所绘制图形进行适当缩放，选择“排列”→“顺序”菜单命令，壁灯获得效果如图11-72所示。

注：背景矩形色块不属于本步骤要绘制的最终图形，其目的是便于衬托，完成后将其删除。

图11-72

Step 07

将已经绘制的“室内展厅右侧墙面轮廓图”(如图11-19所示)作为参照物，对参照物和墙面装饰图形，对本小节步骤1～步骤6中所绘图形进行适当缩放，并调整其各部分的比例关系，选择“排列”→“顺序”菜单命令，调整各部分的相互位置关系，绘制室内展厅右侧墙面装饰效果即可完成，如图11-73所示。

图11-73

11.2.3.4 绘制室内展厅的顶部墙面灯饰

Step 01

绘制墙顶灯饰与11.2.3.3小节步骤中绘制“壁灯”的前期方法类似，在此不赘述，稍有区别的就是“光线方向”相反，并去除了灯座，如图11-74所示。注：背景矩形色块不属于本步骤要绘制的最终图形，其目的是为了便于衬托，完成后将其删除。

图11-74

Step 02

单击如图11-74所示中灯光图形，选择“编辑”→“复制”→“粘贴”菜单命令，并重复复制图形。

Step 03

根据已绘制的“室内展厅顶部墙面轮廓图”，将11.2.2.3小节步骤5中如图11-26所示的图形，作为参照物，并且进行群组；并将所绘制的灯光图形进行适当缩放，调整各部分的比例关系；选择“排列”→“顺序“菜单命令，调整各部分的相互位置关系，室内展厅的顶部墙面的整体装饰效果如图11-75所示。

图11-75

11.2.4 绘制室内展厅的正面墙面装饰

Step 01

单击工具箱中的□“矩形工具”绘制3个矩形图，分别选中两个矩形图，并单击工具箱中的■“均匀填充工具”、■“渐变填充工具”或◙“交互式填充工具”，进行参数设置，其中均匀填充调节色标的CMYK值依次设置为“11、16、55、0”和“25、77、97、0”，填充图形；再将其中另一个小矩形图选中，进行渐变或交互式填充，填充“类型”设置为“线性”，在“颜色调和”选项组中选中“自定义”单选按钮，调节色标的CMYK值设置为“20、0、0、20”和“0、0、0、0”，填充图形；选择“排列”→“顺序”菜单命令，效果如图11-76所示。

Step 02

单击工具箱中的□“矩形工具”，绘制正面墙面的两个矩形图并选中，单击工具箱中

的■“渐变填充工具”或◪“交互式填充工具”，进行参数设置，分别将填充“类型”设置为“线性”，在“颜色调和”选项组中选中“自定义”单选按钮，调节色标的CMYK值依次设置“0、0、20、0”、“0、0、0、0”、“0、20、40、40”、“40、40、0、60”、“0、10、20、20”、“0、4、20、7”、“0、0、20、0”、“0、3、3、8”、“0、20、20、60”、“0、7、22、20”和“0、0、0、0”，填充图形并复制两个填充后的矩形图，单击工具箱中的×“无轮廓工具”，轮廓线去除；选择“排列”→“顺序”菜单命令，参数设置如图11-77所示，正面墙面装饰效果如图11-78所示。

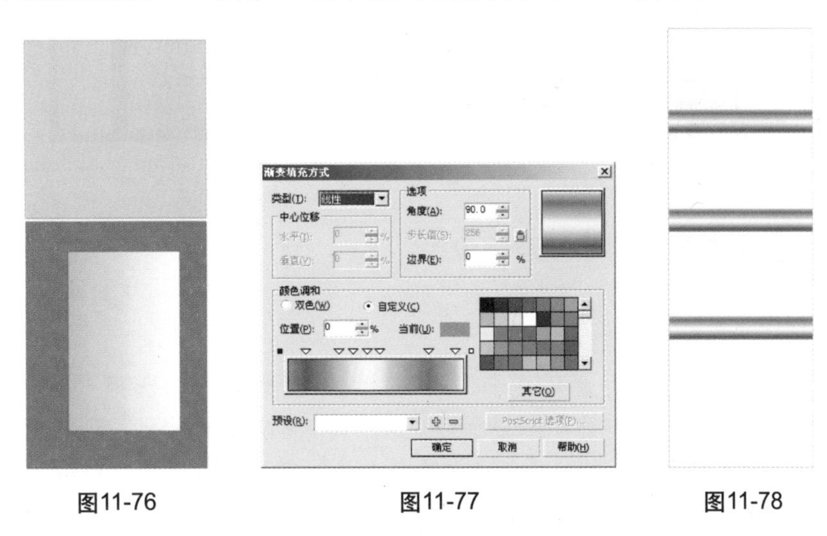

图11-76　图11-77　图11-78

Step 03

按照本小节上一步中的同样方法，绘制正面墙装饰的3个矩形图，单击工具箱中的■“渐变填充工具”或◪“交互式填充工具”，进行参数设置，将3个矩形图填充“类型”设置为“线性”，在“颜色调和”选项组中选中“自定义”单选按钮，调节色标的CMYK值设置为“0、0、40、40”、“0、0、60、20”、“0、10、20、20”、“0、0、20、0”、“0、20、60、20”、“0、0、18、0”和“0、0、0、0”，填充图形，正面墙又一装饰效果如图11-79所示。

图11-79

Step 04

将已绘制的“室内展厅正面墙面轮廓图”(如图11-19所示)作为参照物，并且对参照物和正面墙面装饰图形进行群组；将本小节步骤1～步骤3中所绘图形进行适当缩放，并

复制部分图形，调整各部分的比例关系；选择“排列”→“顺序”菜单命令，调整各部分的相互位置关系，绘制室内展厅的正面墙装饰效果即可完成，如图11-80所示。

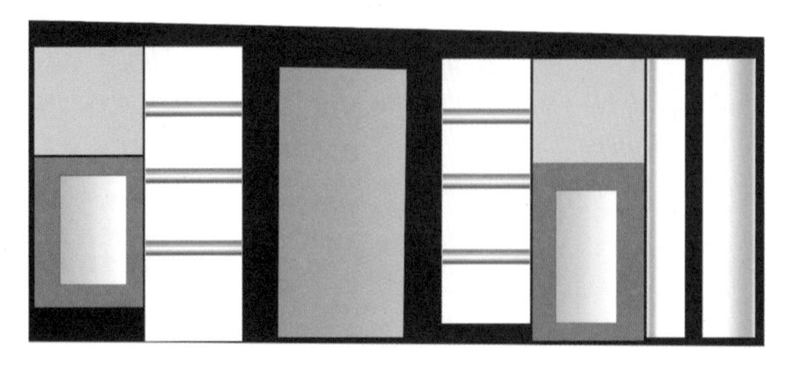

图11-80

11.2.5 绘制室内展厅的沙发及摆设等

Step 01

单击工具箱中的“贝塞尔工具”绘制沙发形状图形；选择“编辑”→“复制”→“粘贴”菜单命令，并将图形复制后变形，再分别选中两个沙发形状图形，单击工具箱中的“渐变填充工具”或“交互式填充工具”进行参数设置，将填充“类型”设置为“线性”，在“颜色调和”选项组中选中“自定义”单选按钮，调节色标的CMYK值依次设置为“20、0、0、80”、“0、0、20、80”、“0、0、0、100”、“0、0、20、40”和“0、0、0、0”，填充图形，参数设置如图11-81所示，分别选中该步骤所绘制的沙发形状图形，单击工具箱中的“交互式调和工具”，制作图形的调和效果。单击工具箱中的“无轮廓工具”，轮廓线去除，沙发效果如图11-82、图11-83所示。

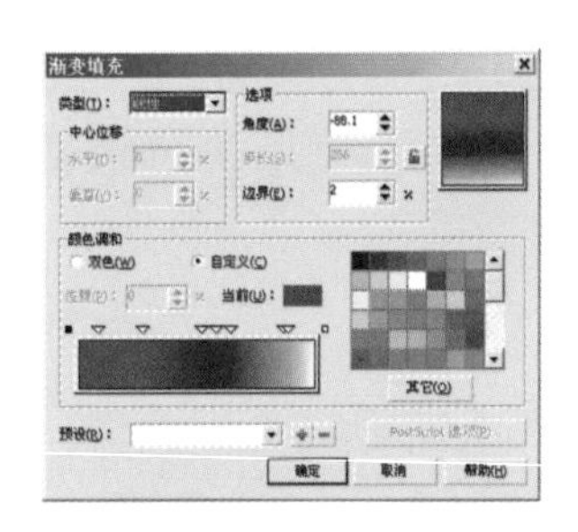

图11-81

图11-82

图11-83

Step 02

分别选中如图11-82、图11-83所示图形，选择“编辑”→“复制”→“粘贴”菜单命令，并同时按住Shift键，将复制图形按比例扩大；单击工具箱中的“均匀填充工具”，调节色标的CMYK值设置为“0、0、20、60”，填充图形，沙发效果如图11-84、图11-85所示。

图11-84

图11-85

Step 03

单击工具箱的“贝塞尔工具”分别绘制沙发上的靠背形状图形，单击工具箱中的“均匀填充工具”，调节色标的CMYK值设置为“0、0、20、60”，填充图形，效果如图11-86所示。

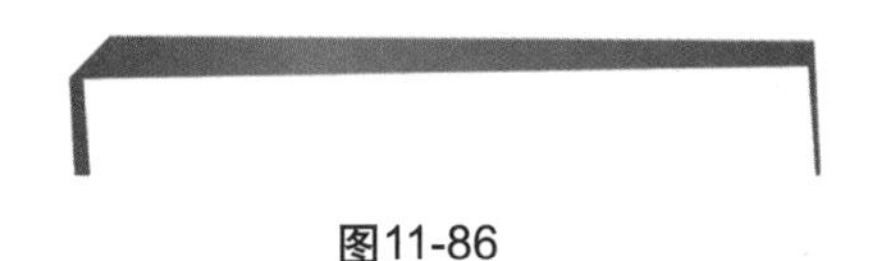

图11-86

Step 04

单击工具箱的“贝塞尔工具”绘制沙发扶手形状图形，单击工具箱中的“渐变填充工具”或“交互式填充工具”，进行参数设置，将填充“类型”设置为“线性”，在“颜色调和”选项组中选中“自定义”单选按钮，调节色标的CMYK值依次设置为“0、0、0、100”、“0、0、20、80”、“71、66、72、21”、“0、0、0、100”和“20、0、0、80”，其他参数设置如图11-87所示，填充图形。单击工具箱中的“交互式阴影工具”，制作图形的阴影效果。单击工具箱中的“无轮廓工具”，轮廓线去除，沙发扶手效果如图11-88所示。

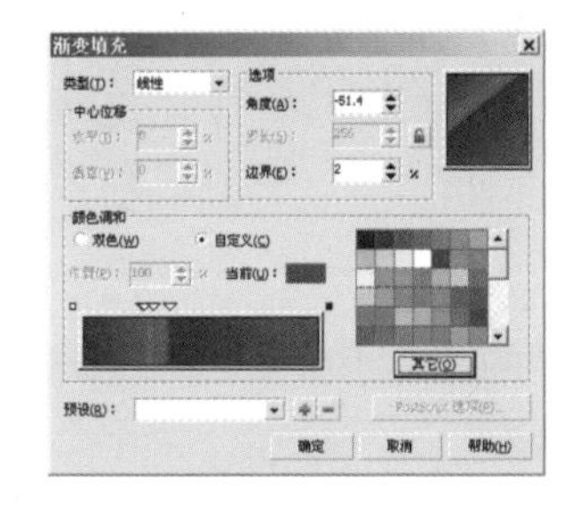

图11-87

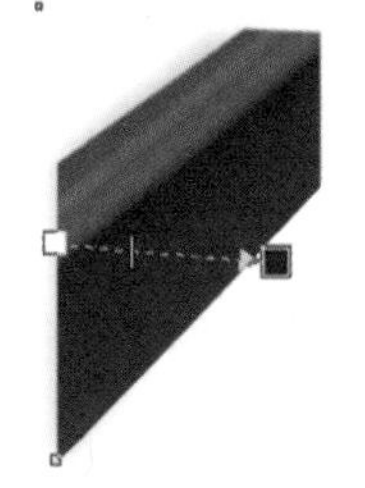

图11-88

Step 05

单击工具箱的“贝塞尔工具”，绘制两个沙发扶手形状图形；单击工具箱中的“渐变填充工具”或“交互式填充工具”，进行参数设置，分别将填充“类型”设置为“线性”，在“颜色调和”选项组中选中“自定义”单选按钮，调节色标的CMYK值依次设置为“0、0、0、100”、“0、0、18、71”、“0、0、15、60”、“0、0、9、83”和“0、0、0、100”、“0、0、0、100”、“0、0、5、89”、“0、0、20、60”、“20、

0、0、80”和“0、0、20、60”；参数设置如图11-89、图11-90所示，填充图形。单击工具箱中的“无轮廓工具”，将轮廓线去除，沙发左右扶手效果如图11-91、图11-92所示。

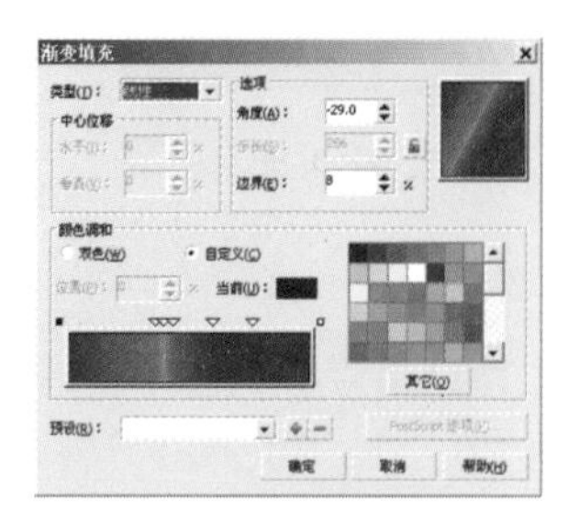

图11-89

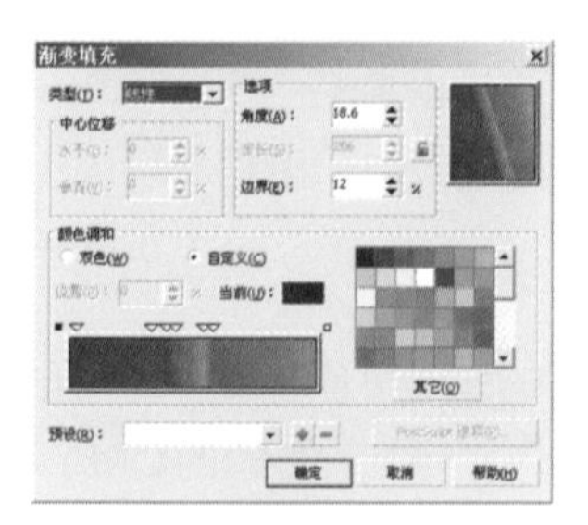

图11-90

图11-91

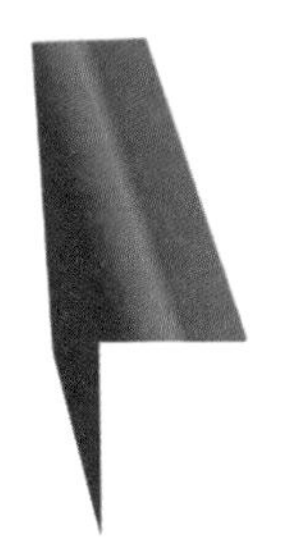

图11-92

Step 06

单击工具箱的“贝塞尔工具”，绘制沙发正面形状图形；单击工具箱中的“渐变填充工具”或“交互式填充工具”，进行参数设置，将填充“类型”设置为“线性”，在“颜色调和”选项组中选中“自定义”单选按钮，调节色标的CMYK值依次设置为“0、0、0、100”、“0、0、0、90”、“0、0、20、80”、“20、0、0、80”和“0、0、0、100”，填充图形，效果如图11-93所示。

Step 07

将已绘制的“沙发线稿图”作为参照物，再将本小节步骤1～步骤6中所绘图形进行适当缩放，并调整各部分的比例关系；选择“排列”→“顺序”菜单命令，调整各部分的相互位置关系，绘制室内展厅沙发效果即可完成，如图11-94所示。

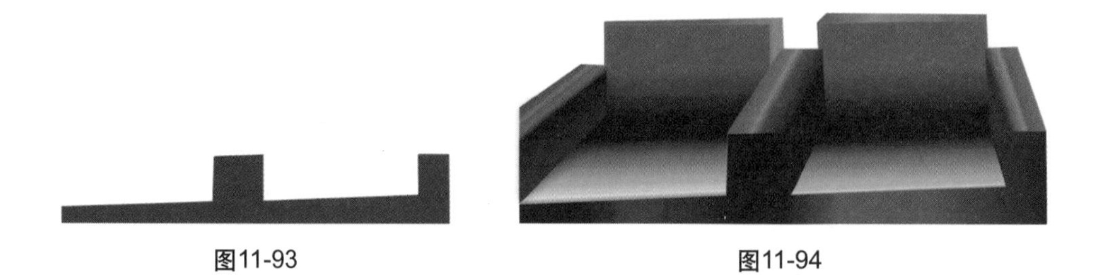

图11-93

图11-94

11.2.6 安排人物角度、点缀摆设饰品

Step 01

选择“文件”→“导入”菜单命令，将素材图P04~图P08导入画面中。如图11-95～图11-99所示。

图11-95　图11-96　图11-97　图11-98　图11-99

Step 02

分别选中上一步中所导入的图像，单击工具箱中的“交互式阴影工具”，制作图形的阴影效果；分别选中阴影效果图像，选择“排列”→“拆分阴影群组”菜单命令；再分别选中图像的阴影，单击工具箱中的“交互式透明工具”，制作图像阴影的透明效果，效果如图11-100～图11-104所示。

图11-100　图11-101　图11-102　图11-103　图11-104

Step 03

根据已绘制的“室内展厅线稿图”，将其作为参照物；并将11.2.1～11.2.5小节中各部分所绘的图形进行适当缩放，调整各部分的比例关系；选择“排列”→“顺序”菜单命令，调整各部分的相互位置关系，室内展厅的最终效果如图11-105所示。

图11-105

11.2.7 室内展厅设计主题介绍和技术分析

通过观察本实例，可以将室内展厅的整体图形划分为5部分，分别为线稿图、轮廓图(即展厅地面及左侧墙面、展厅右侧墙面及正面墙、展厅天花板)、装潢效果(即展厅地面装饰、展厅左侧墙面装饰、展厅右侧墙面装饰、展厅顶部墙面灯饰)、正面墙面装饰、沙发及摆设等、安排人物角度及点缀摆设饰品。下面将本实例中所使用的技术和解决方案进行深入的剖析。

1. 线稿

直接使用工具箱中的“贝塞尔工具”、“矩形工具”、“钢笔工具”、“椭圆形工具”、“3点椭圆形工具”等结合起来绘制室内展厅线稿。

2. 轮廓图

使用工具箱中的“贝塞尔工具”、“矩形工具”、“形状工具”、“渐变填充工具”、“底纹填充工具”、“交互式透明工具”、“交互式封套工具”、“艺术笔工具”，单击属性栏中“焊接工具”按钮及“修剪工具”按钮；选择“排列”→“顺序”菜单命令，调整各部分的相互位置关系，即可获得轮廓图效果。

3. 装潢效果

使用工具箱中的“矩形工具”，选择“排列”→“转换为曲线”菜单命令，“交互式透明工具”，选择“效果”→“添加透视”菜单命令；在属性栏中采用“焊接/修剪”按钮；选择“排列”→“顺序”菜单命令，调整其各部分的比例关系，即可获得装潢效果。

4．正面墙面装饰、沙发及摆设

使用工具箱中的"矩形工具"、"贝塞尔工具"、"渐变填充工具"或"交互式填充工具"填充图形；选择"排列"→"顺序"菜单命令；选择"编辑"→"复制"→"粘贴"菜单命令，调整各部分的相互位置关系。

5．安排人物角度及点缀摆设饰品

根据画面效果，合理点缀，单击工具箱中的"交互式阴影工具"，制作图形的阴影效果；分别选中阴影，选择"排列"→"拆分阴影群组"菜单命令；分别选中图像阴影，单击工具箱中的"交互式透明工具"，制作图像的阴影的透明效果。将各部分所绘图形进行适当缩放，调整各部分的比例关系；再选择"排列"→"顺序"菜单命令，调整各部分的相互位置关系。

11.3 触类旁通——绘制室内客厅

11.3.1 绘制室内客厅线稿图

Step 01

选择"文件"→"新建"菜单命令，设置页面为宽130mm、高100mm，其他参数设置为默认值，或选择"版面"→"页面设置"菜单命令及"背景设置"为白色。

注：在设置页面时都可适当按比例缩小页面尺寸，这样可大大提高运算速度。

Step 02

单击工具箱中的"贝塞尔工具"、"矩形工具"、"钢笔工具"、"椭圆形工具"、"3点椭圆形工具"等结合起来绘制客厅的布局线稿。注：也可以用铅笔或者钢笔在白纸上直接以速写形式勾画客厅的大致轮廓，然后扫描到计算机中，如图11-106所示。

11-106　室内客厅线稿图

注：先绘制线稿有利于在后面的实质绘制室内客厅的过程中平衡比例，也可以为绘制每一部件时起到参照作用。如果室内客厅绘制完稿，即可删除。

11.3.2 绘制室内客厅的基础格局

Step 01

分别多次单击工具箱中的“矩形工具”、“贝塞尔工具”绘制矩形图，并选择“排列”→“转为曲线”菜单命令，或者按Ctrl+Q组合键，并增加节点、调整图形；分别选中图形后，单击工具箱中的颜色“均匀填充工具”，进行参数设置，调节色标的CMYK值依次设置为“41、23、9、0”、“65、54、38、0”、“85、79、55、23”、“38、24、7、0”、“51、31、13、0”、“31、9、0、0”和“72、55、29、0”，填充图形。

Step 02

先绘制客厅地板并选中。单击工具箱中的“渐变填充工具”或“交互式填充工具”进行参数设置，将填充“类型”设置为“线性”，“角度”、“边界”均设置为0，调节色标的CMYK值依次设置为“46、37、25、0”和“0、0、0、0”，填充图形；单击工具箱中的“底纹填充工具”，参数设置如图11-107所示，填充图形。将所绘制图形选中的同时，单击工具箱中的“轮廓笔工具”，选择“无”，客厅地板图形效果如图11-108所示。

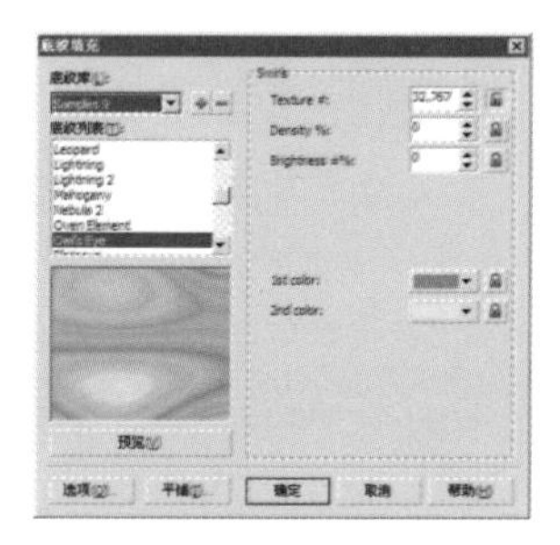

图11-107

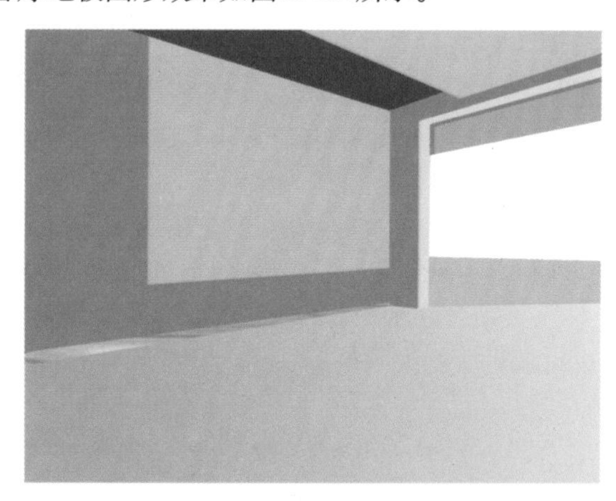

图11-108

Step 03

绘制客厅窗框：首先绘制窗框的横向图形，并将其选中，单击工具箱中的“渐变填充工具”，进行参数设置，“类型”选择“线性”，设置“角度”、“边界”均为0，调节色标的CMYK值依次设置为“38、15、0、0”和“0、0、0、100”，填充图形；同样方法绘制客厅窗框的纵向图形，将其进行参数设置，将填充“类型”设置为“线性”，“角度”设置为-85.5、12，“边界”为0、7，调节色标的CMYK值依次设置为“45、18、5、0”和“0、0、20、80”，填充图形；单击工具箱中的颜色“均匀填充工具”，进行参数设置，调节色标的CMYK值依次设置为“5、0、2、0”，填充图形，效果如图11-109所示。

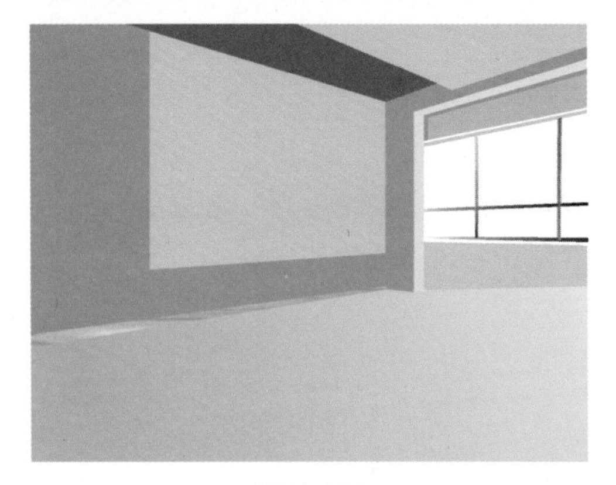

图11-109

Step 04

绘制客厅窗帘及地毯：导入素材库中的两张图 P01、图 P02，如图 11-110、图 11-111 所示。分别单击工具箱中的"贝塞尔工具"绘制地毯及窗帘所要放置的形状图形；再分别选中绘制的图形，选择"效果"→"图框精确剪裁"→"放置在容器中"→"编辑内容"菜单命令，编辑后的效果如图 11-112 和图 11-113 所示。选中图 11-113 所示图形，单击工具箱中的"交互式阴影工具"，制作其阴影效果，如图 11-114 所示，并调整其大小后排列顺序，客厅窗帘及地毯效果如图 11-115 所示。

图11-110 图11-111 图11-112 图11-113

图11-114 图11-115

Step 05

按照上一步中的同样方法，设计客厅窗外风景，导入素材库中的图P03，如图11-116所示。单击工具箱中的“贝塞尔工具”，绘制窗户的形状图形；选择“效果”→“图框精确剪裁”→“放置在容器中”→“编辑内容”菜单命令，如图11-117所示。并调整其大小、位置及排列顺序，客厅窗外风景效果如图11-118所示。

图11-116

图11-117

图11-118

Step 06

绘制客厅墙顶及电视背景墙的细节：分别多次单击工具箱中的“矩形工具”、“贝塞尔工具”等绘制矩形图，选择“排列”→“顺序”菜单命令，并增加节点调整图形；分别选中客厅墙顶及电视背景墙的各装饰形状图形，单击工具箱中的“均匀填充工具”，进行参数设置，调节色标的CMYK值依次设置为“75、70、54、13”、“91、85、52、21”、“70、58、35、0”、“78、69、49、8”、“65、47、25、0”、“85、79、55、23”和“0、0、0、100”，填充图形，墙顶及电视背景墙效果如图11-119所示。

图11-119

Step 07

导入素材库中的图P04、图P05，如图11-120、图11-121所示。分别单击工具箱中的“矩形工具”绘制装饰形状图形；选中装饰形状图形，单击工具箱中的■“均匀填充工具”，进行参数设置，调节色标的CMYK值设置为“73、47、18、0”，填充图形，选择“效果”→“图框精确剪裁”→“放置在容器中”→“编辑内容”菜单命令，进行剪裁编辑时效果如图11-122、图11-123所示。调整装饰图形的大小、位置及排列顺序，客厅装饰效果如图11-124所示。

图11-120

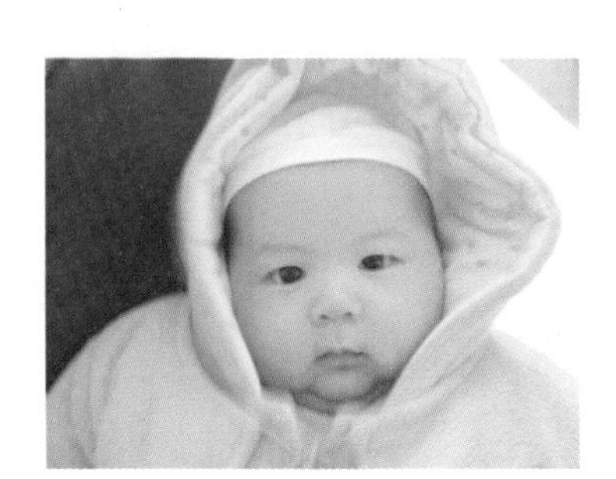

图11-121

图11-122

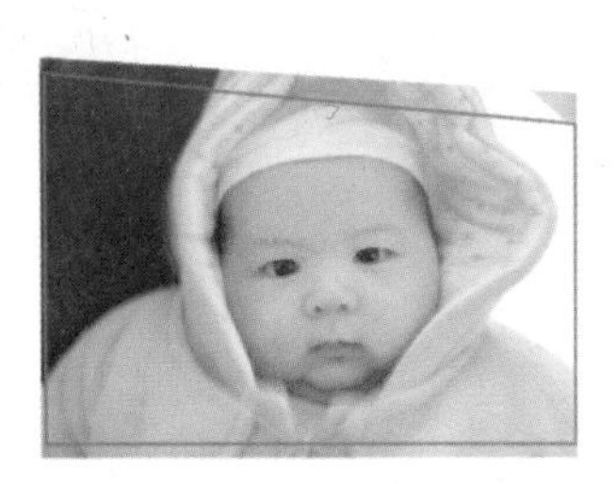

图11-123

图11-124

Step 08

绘制客厅茶几：分别多次单击工具箱中的□“矩形工具”、◱“贝塞尔工具”、◱“2点线工具”以及◱“钢笔工具”等绘制茶几的各个面的形状图形，并选择“排列”→“顺序”菜单命令，调整图形后将其分别选中，单击工具箱中的■“均匀填充工具”，进行参数设置，调节色标的CMYK值依次设置为“55、73、89、23”、“84、90、91、77”、“53、56、58、1”和“45、27、7、0”，填充图形。选中桌面图形，单击工具箱中的■“渐变填充工具”，进行参数设置，将填充“类型”设置为“线性”，“角度”设置为-9.5、“边界”为0，调节色标的CMYK值依次设置为“0、0、0、10”和“0、0、0、0”，填充图形；并调整其大小、位置及排列顺序，效果如图11-125所示。注：蓝基调底色不属于本实例的最终效果图，只是起衬托作用。

图11-125

Step 09

选中上一步中所绘制客厅的茶几，选择“排列”→“群组”菜单命令进行群组后，调整图形，将其置入整体画面中；选中客厅茶几的群组图形，单击工具箱中的◱“交互式阴影工具”，绘制其在客厅地毯上的阴影效果，如图11-126所示，茶几的效果如图11-127所示。

图11-126

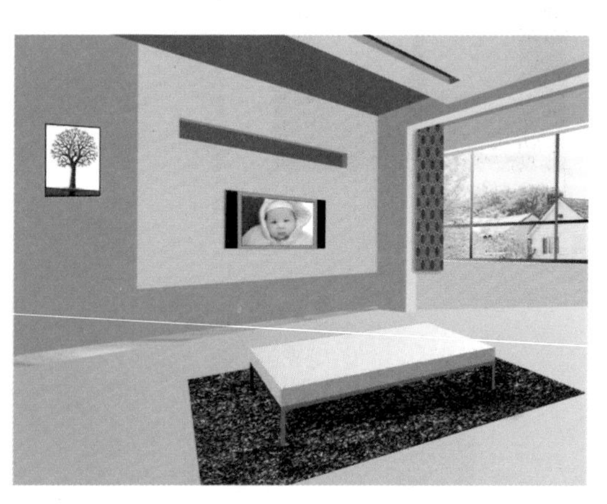

图11-127

Step 10

绘制客厅茶几的摆饰(苹果及花瓶)：分别单击工具箱中的◎“椭圆形工具”及◎“3点椭圆形工具”，绘制椭圆图形，将其双击选中并添加节点，再调整瓶子形状，瓶子口的制作可以直接绘制椭圆形后压扁即可，填充颜色设置为白色。分别选中苹果及瓶身形状图形，并分别单击工具箱中的▦“交互式网状填充工具”，进行参数设置，调节色标的CMYK值依次设置为“0、100、74、0”、“4、0、89、0”；“91、65、2、0”、“91、95、6、0”等，填充图形，并将光影部分进行“线性”渐变填充，从蓝色渐变到白色。使用▦“交互式网状填充工具”填充图形时可以不断增加节点，调整其图形的最佳立体效果，茶几上的苹果和花瓶的效果如图11-128所示。

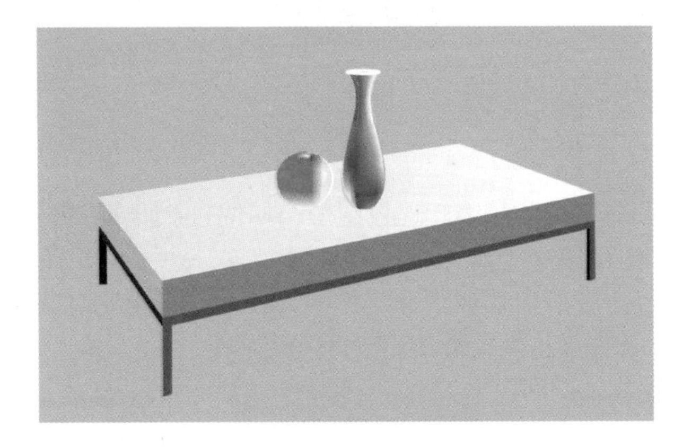

图11-128

Step 11

单击工具箱中的◎“椭圆形工具”，绘制茶几上摆放的苹果及瓶子的阴影，单击工具箱中的■“渐变填充工具”，进行参数设置，将填充“类型”设置为“线性”，“角度”及“边界”均设置为0，调节色标的CMYK值依次设置为“0、0、0、100”和“0、0、0、0”，填充图形；如图11-129所示。并调整其大小、位置及排列顺序，将茶几以及茶几的摆件放在整体画面中的效果如图11-130所示。

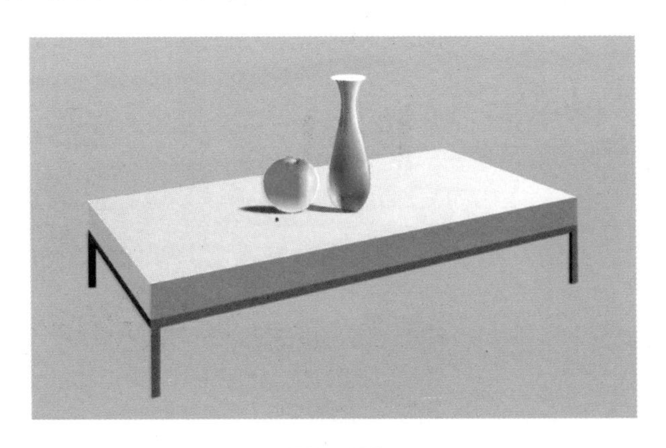

图11-129

图11-130

Step 12

选中本小节步骤3中已绘制的客厅地板图形，如图11-2所示，并选中其地板图形后，单击工具箱中的“图样填充工具”，进行参数设置，如图11-131所示；同时在“图样填充工具”打开的选项组中选择“装入”一项，并将图P06导入样式当中，如图11-132、图11-133所示，客厅地板花纹效果如图11-134所示。

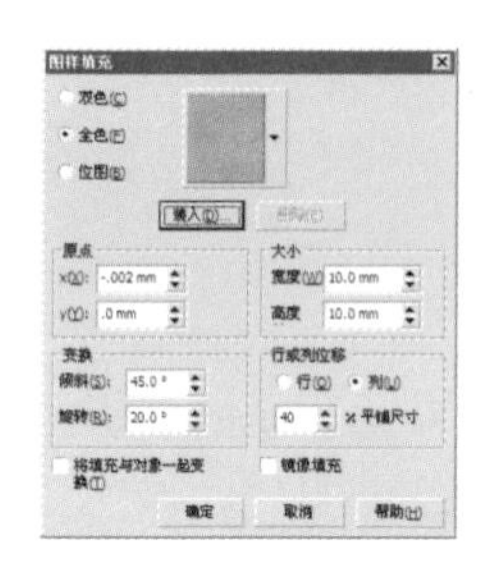

图11-131

图11-132

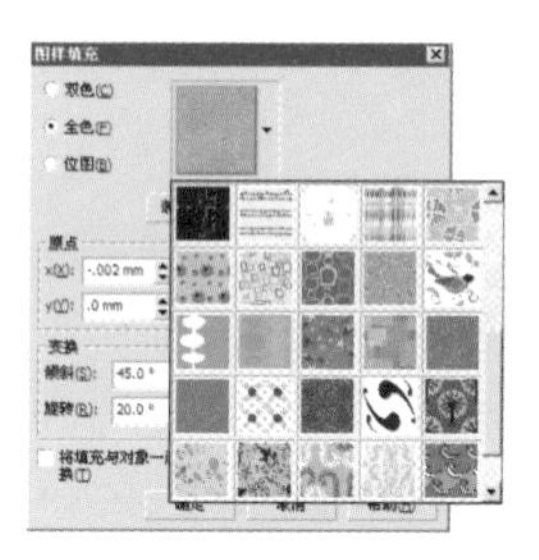

图11-133

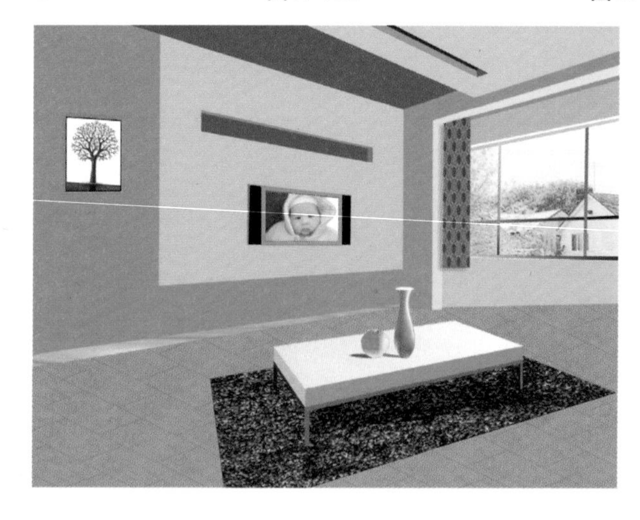

图11-134

Step 13

选中上一步中所绘制的地板图形，并将其选中，单击工具箱中的“交互式透明工具”，绘制出透明效果，参数设置如图11-135所示，地板的透明效果如图11-136所示。导入素材库中的图P07，如图11-137所示；单击工具箱中的“交互式阴影工具”，绘制沙发椅的阴影效果，沙发效果如图11-138所示。

图11-135

图11-136

图11-137

图11-138

Step 14

根据室内客厅线稿画面布局的效果，将本小节步骤1～步骤13中各部分所绘制的图形进行适当缩放，并调整各部分的比例关系；选择“排列”→“顺序”菜单命令，调整各部分的相互位置关系，室内客厅的整体效果即可完成，效果如图11-139所示。

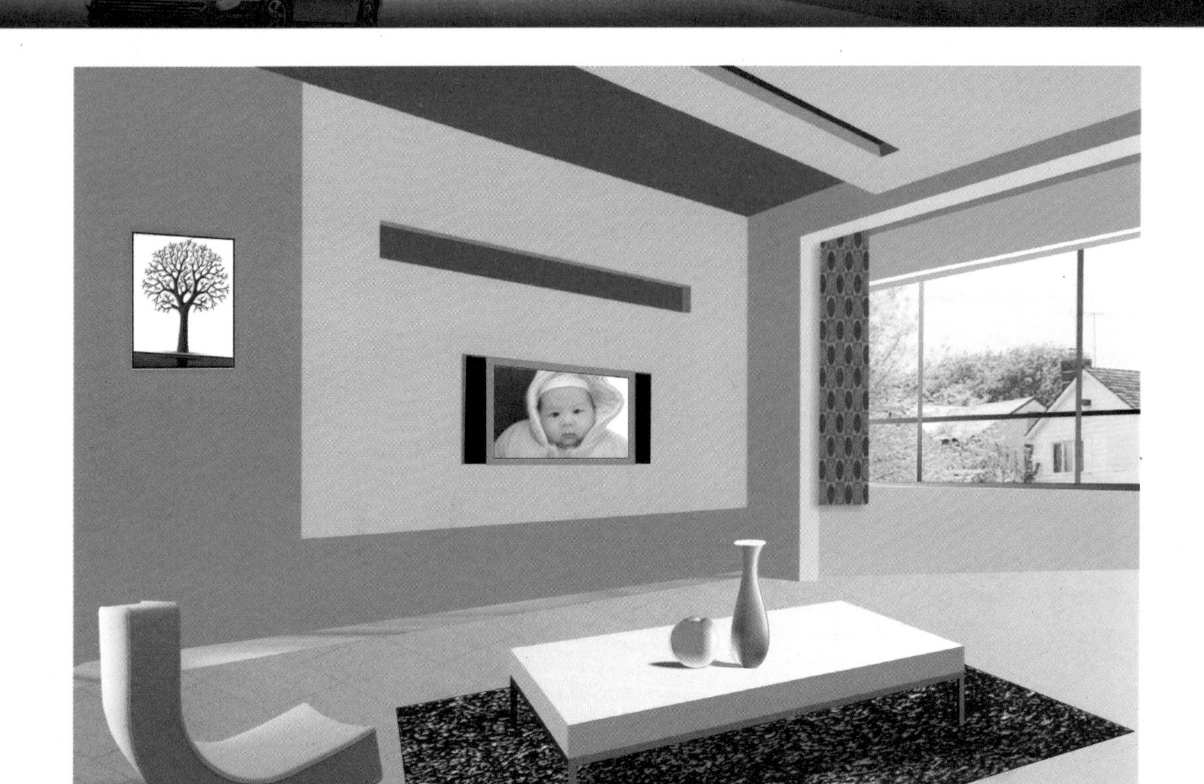

图11-139

章节小絜

本章节我们学习了关于室内展厅及客厅的设计方法，因展厅与客厅是较大的空间，展厅除了着重布局外，还要考虑灯光色彩的搭配以及其他辅助功能的设计。客厅室内家具配置主要有沙发、茶几、电视柜及装饰品等。由于客厅具有多功能的使用性，面积大、活动多、人流导向相互交替等特点，因此在设计中与卧室等其他生活空间有一定的区别，设计时应充分考虑环境空间的弹性利用，突出重点装修部位。在家具配置设计时应合理安排，充分考虑人流导航线路以及各功能区域的划分。然后再考虑灯光色彩的搭配以及其他各项客厅的辅助功能设计。客厅设计在某种程度上能体现主人的个性，好的设计除了顾及用途之外，还要考虑使用者的生活习惯、审美观和文化素养。

附　　录

附录A　桌面出版尺寸对换表

开本按照尺寸的大小，通常分3种类型：大型开本、中型开本和小型开本。以787×1092的纸来说，12开以上为大型开本，16～36开为中型开本，40开以下为小型开本，但以文字为主的书籍一般为中型开本。开本形状除6开、12开、20开、24开、40开近似正方形外，其余均为比例不等的长方形，分别适用于性质和用途不同的各类书籍。

正度纸张：787×1092mm		大度纸张：889×1194mm	
开数(正)尺寸	单位(mm)	开数(大)尺寸	单位(mm)
2开	540×780	2开	590×880
3开	360×780	3开	395×880
4开	390×543	4开	440×590
6开	360×390	6开	395×440
8开	270×390	8开	295×440
16开	195×270	16开	220×295
32开	195×135	32开	220×145
64开	135×95	64开	110×145

注：成品尺寸=纸张尺寸－修边尺寸

附录B CorelDRAW X5快捷键对照表

显示导航窗口 (Navigator window)：N
效果图运行 Visual Basic 应用程序的编辑器：Alt+F11
保存当前的图形：Ctrl+S
打开编辑文本对话框：Ctrl+Shift+T
擦除图形的一部分或将一个对象分为两个封闭路径：X
撤销上一次的操作：Ctrl+Z
撤销上一次的操作：Alt+Backspace
垂直定距对齐选择对象的中心：Shift+A
垂直分散对齐选择对象的中心：Shift+C
垂直对齐选择对象的中心：C
将文本更改为垂直排布 (切换式)：Ctrl+.
打开一个已有绘图文档：Ctrl+O
打印当前的图形：Ctrl+P
打开“大小工具卷帘”：Alt+F10
返回前一个工具：F2
运行缩放动作后返回前一个工具：Z
导出文本或对象到另一种格式：Ctrl+E
导入文本或对象：Ctrl+I
发送选择的对象到后面：Shift+B
将选择的对象放置到后面：Shift+PageDown
发送选择的对象到前面：Shift+T
将选择的对象放置到前面：Shift+PageUp
发送选择的对象到右面：Shift+R
发送选择的对象到左面：Shift+L
将文本对齐基线：Alt+F12
将对象与网格对齐 (切换)：Ctrl+Y
对齐选择对象的中心到页中心：P
绘制对称多边形：Y
拆分选择的对象：Ctrl+K
打开“封套工具卷帘”：Ctrl+F7
打开“符号和特殊字符工具卷帘”：Ctrl+F11
复制选定的项目到剪贴板：Ctrl+C
复制选定的项目到剪贴板：Ctrl+Ins
设置文本属性的格式：Ctrl+T
恢复上一次的“撤销”：Ctrl+Shift+Z

剪切选定对象并将它放置在“剪贴板”：Ctrl+X

剪切选定对象并将它放置在“剪贴板”：Shift+Del

将字体大小减小为上一个字体大小设置：Ctrl+ 小键盘 2

将渐变填充应用到对象：F11

结合选择的对象：Ctrl+L

绘制矩形，双击该工具便可创建页框：F6

打开“轮廓笔”对话框：F12

打开“轮廓图工具卷帘”：Ctrl+F9

绘制螺旋形，双击该工具打开“选项”对话框的“工具框”标签：A

启动“拼写检查器”，检查选定文本的拼写：Ctrl+F12

在当前工具和挑选工具之间切换：Ctrl+Space

取消选择对象或对象群组所组成的群组：Ctrl+U

显示绘图的全屏预览：F9

将选择的对象组成群组：Ctrl+G

删除选定的对象：Del

将选择对象上对齐：T

将字体大小减小为字体大小列表中上一个可用设置：Ctrl+ 小键盘 4

转到上一页：PageUp

将镜头相对于绘画上移：Alt+ ↑

生成“属性栏”并对准可被标记的第一个可视项：Ctrl+Backspase

打开“视图管理器工具卷帘”：Ctrl+F2

在最近使用的两种视图之间进行切换：Shift+F9

用“手绘”模式绘制线条和曲线：F5

使用该工具通过单击及拖动来平移绘图：H

按当前选项或工具显示对象或工具的属性：Alt+Backspace

刷新当前的绘图窗口：Ctrl+W

水平对齐选择对象的中心：E

将文本排列改为水平方向：Ctrl+,

打开“缩放工具卷帘”：Alt+F9

缩放全部的对象到最大：F4

缩放选定的对象到最大：Shift+F2

缩小绘图中的图形：F3

将填充添加到对象；单击并拖动对象实现喷泉式填充：G

打开“透镜工具卷帘”：Alt+F3

打开“图形和文本样式工具卷帘”：Ctrl+F5

退出 CorelDRAW 并提示保存活动绘图：Alt+F4

读者回执卡

欢迎您立即填妥回函

您好！感谢您购买本书，请您抽出宝贵的时间填写这份回执卡，并将此页剪下寄回我公司读者服务部。我们会在以后的工作中充分考虑您的意见和建议，并将您的信息加入公司的客户档案中，以便向您提供全程的一体化服务。您享有的权益：

★ 免费获得我公司的新书资料；
★ 寻求解答阅读中遇到的问题；
★ 免费参加我公司组织的技术交流会及讲座；
★ 可参加不定期的促销活动，免费获取赠品；

读者基本资料

姓　名＿＿＿＿＿＿＿＿ 性　别 □男　□女 年　龄＿＿＿＿＿＿
电　话＿＿＿＿＿＿＿＿ 职　业＿＿＿＿＿＿ 文化程度＿＿＿＿＿＿
E-mail＿＿＿＿＿＿＿＿ 邮　编＿＿＿＿＿＿
通讯地址＿＿＿＿＿＿＿＿＿＿＿＿＿＿＿＿＿＿＿＿

请在您认可处打✓（6至10题可多选）

1、您购买的图书名称是什么：＿＿＿＿＿＿＿＿＿＿＿＿＿＿＿＿
2、您在何处购买的此书：＿＿＿＿＿＿＿＿＿＿＿＿＿＿＿＿
3、您对电脑的掌握程度：□不懂　□基本掌握　□熟练应用　□精通某一领域
4、您学习此书的主要目的是：□工作需要　□个人爱好　□获得证书
5、您希望通过学习达到何种程度：□基本掌握　□熟练应用　□专业水平
6、您想学习的其他电脑知识有：□电脑入门　□操作系统　□办公软件　□多媒体设计　□编程知识　□图像设计　□网页设计　□互联网知识
7、影响您购买图书的因素：□书名　□作者　□出版机构　□印刷、装帧质量　□内容简介　□网络宣传　□图书定价　□书店宣传　□封面，插图及版式　□知名作家（学者）的推荐或书评　□其他
8、您比较喜欢哪些形式的学习方式：□看图书　□上网学习　□用教学光盘　□参加培训班
9、您可以接受的图书的价格是：□ 20 元以内　□ 30 元以内　□ 50 元以内　□ 100 元以内
10、您从何处获知本公司产品信息：□报纸、杂志　□广播、电视　□同事或朋友推荐　□网站
11、您对本书的满意度：□很满意　□较满意　□一般　□不满意
12、您对我们的建议：＿＿＿＿＿＿＿＿＿＿＿＿＿＿＿＿

请剪下本页填写清楚，放入信封寄回，谢谢！

1 0 0 0 8 4

贴邮票处

北京100084—157信箱

读者服务部　　收

邮政编码：□□□□□□

技术支持与资源下载：http://www.tup.com.cn　http://www.wenyuan.com.cn

读 者 服 务 邮 箱：service@wenyuan.com.cn

邮　购　电　话：(010)62791865　(010)62791863　(010)62792097-220

组　稿　编　辑：陆卫民

投　稿　电　话：(010)62788562-600

投　稿　邮　箱：luweimin2009@qq.com